U0162262

李争平————编著

中国酒文化

时事出版社
北京

前　言

　　酒文化是文化百花园中的一朵奇葩，芳香独特。"葡萄美酒夜光杯"的景色、"斗酒诗百篇"的激情、"借酒消愁愁更愁"的比喻、"对酒当歌，人生几何"的洒脱、"莫使金樽空对月"的气概、"酒逢知己千杯少"的喜悦、"绿酒一杯歌一遍"的心情、"酒不醉人人自醉"的意境、"醉翁之意不在酒"的妙喻、"今朝有酒今朝醉"的无奈、"牧童遥指杏花村"的悲伤、"红酥手，黄縢酒"的苦痛、"一醉方休"的痛快……千百年来，多少文人墨客饮酒吟诵、借酒明志，留下佳作无数。酒也成就了多少英雄豪杰不凡的壮举，也赐予了文化浓厚的生活气息。曹操"煮酒论英雄"、李白"举杯邀明月"、辛弃疾"醉里挑灯看剑"、苏东坡"把酒问青天"、李清照"浓睡不消残酒"……历史与文化同样给了酒全新的诠释，可见中国酒文化的源远流长、根深叶茂。

　　可以说，酒文化自出现至今，已丰富发展了数千年，具有鲜明的时代烙印。也就是说，在不同的历史时期，酒文化有着不同的表现。

　　商周时期，纣王造个酒池可行船，整日里不是美酒就是美色。还时常抱着美女跳进酒池戏饮，玩昏了头，把江山也玩没了，验证了大禹"日后必有酒色亡国者"之预言。商代留下的无疑是"酒色文化"，从《封神演义》这本书中就可窥见一斑。

　　周代吸取纣王的教训，颁布《酒诰》，开始了中国历史上的第一次禁酒。不仅规定王公诸侯不许非礼饮酒，最严厉的一条是不准百姓群饮："群饮，汝勿佚，尽执拘以归于周，予其杀。"即对民众聚饮不能放过，统统抓起来送到京城杀掉。周代把酒的主要用途限制在祭祀上，于是"酒祭文化"出现了，这对中国酒文化的贡献是属于开创性的。

　　东汉献帝建安初年，北方初定，群雄未灭。当时曹操当政，励精图治、练兵屯田、下令禁酒。没想到第一个站出来反对的是孔融。他写了著名的《与曹操论禁酒书》，探讨禁酒的是非，列举酒的好处，说明治国不能无酒，特别指出大汉江山靠的就是酒。他列举了"高祖非醉斩白蛇，无以畅其灵""樊哙解厄鸿门，非豕肩厄酒""郦生以高阳酒徒，著功与汉"等论据。

三国时期，酒已经成为一种较为普及的消费品。魏文帝曹丕尤其喜欢喝葡萄酒。他不仅自己喜欢葡萄酒，还把对葡萄及葡萄酒的喜爱和见解写进诏书，告之于群臣。《三国志·魏书·魏文帝记》是这样评价魏文帝的：文帝天资文藻、下笔成章、博闻强识、才艺兼备。有了魏文帝的提倡和身体力行，葡萄酒业得到恢复和发展，使得后来的晋朝及南北朝时的葡萄酒文化日渐兴起。

秦汉年间出现了"酒政文化"，也就是说专司酒务的酒吏出现了。同时，酒与政治的冲突鲜明化。这时期统治者站在"政治"的高度屡次禁酒，却是屡禁不止。

东晋时，穆帝永和九年（353 年）王羲之与名士谢安、孙绰等在会稽山阴兰亭举行"曲水流觞"的盛会，乘着酒兴写下了千古珍品——《兰亭集序》，可以说是酒文化中熠熠生辉的一页。

隋文帝重新统一中国后，经过了短暂的过渡，即进入了唐朝的"贞观之治"以及一百多年的盛唐时期。据传：唐代魏征造酒手艺很高明，曾酿出"酃禄""翠涛"两种酒，最为珍奇。而且藏于缸中，十年不会腐败变质。唐太宗非常喜欢魏征的酒，题诗曰："酃禄胜兰生（汉宫名酒），翠涛过玉薤（隋炀帝宫中名酒）。千日醉不醒，十年味不败。"

唐代的酒与文艺紧密联系，这种现象使唐代成为中国酒文化发展史上的一个特殊时期，出现了辉煌的"酒章文化"。这一时期，酒与诗、酒与词、酒与音乐、酒与书法、酒与美术等，相融相兴。诸如："李白斗酒诗百篇"，许多与酒相关的名句都出自这一时期。"酒中八仙"之首的贺知章晚年从长安回到故乡，寓居"鉴湖一曲"，饮酒作诗自娱。张乔《越中赠别》一首有句云："东越相逢几醉眠，满楼明月镜湖边。"与知己畅饮绍兴美酒，饮赏鉴湖月色，该是多么令人惬意的赏心乐事。

到了元代，忽必烈入主中原，不断征伐，中国人的居住地大分散，地域文化逐渐形成。与此相应的"酒域文化"也随之产生，如不同地域的不同酒俗、酒礼等，丰富多彩。

葡萄酒常被元代统治者用于宴请、赏赐王公大臣，还用于赏赐外国和外族使节。同时，由于葡萄种植业和葡萄酒酿造业的大发展，饮用葡萄酒不再是王公贵族的专利，平民百姓也开始享用。

在清代，葡萄酒不仅是王公贵族的饮品，一般社交场合以及酒馆里都可以饮用。这些都从当时的文学作品中反映了出来。曹雪芹的祖父曹寅所作的《赴淮舟行杂诗之六·相忘》写道：

> 短日千帆急，湖河簸浪高。
> 绿烟飞蛱蝶，金斗泛葡萄。
> 失薮衰鸿叫，搏空黄鹄劳。
> 蓬窗漫抒笔，何处写逋逃。

　　曹寅由内务府郎中出为苏州、江宁织造，累官至通政使。这些都是实实在在、令人眼红的肥缺，让曹寅生前享尽荣华富贵。这首诗告诉我们：葡萄酒在清代仍然是上层社会常饮的樽中美酒。

　　纵观中国酒文化的发展史，我们不难发现：在中国文化的总范畴里，一直存在着一个相对独立、蕴涵丰富、完整而系统的酒文化体系。诸如：在酒制造方面，有几千年不断改进和提高的酿酒技术和工艺；在社会历史方面，有历代政府为酒的酿造和销售所制定的各项法律法规；在地域风情方面，不同地域的不同民族有着多姿多彩的酒礼、酒俗；在诗词歌赋方面，多少墨客骚人所写的关于酒的诗文词曲，载于各种典籍，至今广为流传；在考古方面，各类形形色色的酿酒工具和饮酒器皿丰富着中国文物市场；还有花样百出的酒令、诗意浓郁的酒名等等，构成了一个博大宏伟的中国酒文化宝库。而且，酒文化之所以成为文化园中的一朵耀眼花朵，还在于其紧紧地抓住了文眼：一个"喜"字和一个"醉"字。"喜"派生出吉祥欢庆氛围，酒会酒令交杯酒、满月开业祝寿酒、谢师寄名壮行酒，真可谓无酒不成宴、无酒庆不烈。"醉"更是酒的精华：汉高祖斩白蛇，"灌夫骂座"，"贵妃醉酒"，李清照"沉醉不知归路"，黄公望"酒不醉，不能画"，武松十八碗酒醉上景阳岗，武术中有醉拳，词牌中有"醉花阴""酒泉子"。酒还有雅俗共享之魅力：从绿林好汉的大块吃肉、大碗喝酒到红楼丽人的猜迷酒令。一杯泯恩怨，醉生梦死，唯有杜康。而酒区别于其他生活品的一个因素，却是它的政治性。古有饮酒结盟，越王勾践"箪醪劳师"，战国时"鲁酒薄而邯郸围"，楚霸王项羽的鸿门宴，宋太祖的"杯酒释兵权"。还附生出蒙汗酒、毒酒——许慎在他的《说文解字》里提过：酒既可制造吉利，又可制造凶光。正可谓"醉里乾坤大，壶中日月长"。酒演绎了人间多少恩恩怨怨、千年绝唱。酒作为人类文明的结晶，不仅是人们生活的日常饮品，也获得了各个民族的认同。它不但丰富了人们的生活，而且也有着灿烂辉煌的酒文化。酒的历史和酒文化还将伴随着人类历史不断地演绎、不断地丰富，创造出更加美好的明天。

　　为了让更多的读者了解中国酒文化，了解中国和世界的经典文化，我们特地编撰了这套经典文化系列丛书以飨读者。本书作为其中的重要组成部分，以中华民族悠久的酒文化为主线，运用生动朴实的语言详尽地介绍了中华的美酒趣闻，其涉及美酒溯源、制作方法、传说、典故及文化内涵等诸多方面，集趣味性、知识性与文化性于一体。饱览此书，犹如畅游浩瀚的中华美酒长河，不亦乐乎！

编　者
2016 年 8 月

目

录

第 一 章
悠 悠 酒 史

第一节　酿酒的起源

在中华民族悠久历史的长河中，很多事物都走在了世界前列，酒也是一样，有着属于它自身的光辉篇章。据考证，我国酒的历史可以追溯到上古时期。而且，《史记·殷本纪》中关于纣王"以酒为池，悬肉为林"，"为长夜之饮"的记载，以及《诗经》中"十月获稻，为此春酒"和"为此春酒，以介眉寿"的诗句等，都表明我国酒的兴起已有五千年的历史了。同时，据考古学家证明：在近现代出土的新石器时代的陶器制品中，已有了专用的酒器。这无疑说明：在原始社会，我国的酿酒已很盛行。此后，经过夏、商两代的发展，饮酒的器具越来越多，饮酒之风日益盛行。在出土的殷商文物中，青铜酒器就占有相当大的比重，这足以说明当时酿酒、饮酒的风气确实很盛行。

自此之后的文字记载中关于酒的起源的记载虽然不多，但关于酒的记述却不胜枚举。综合起来，我们可以从三个方面来探究酒的起源。

一、酿酒起源的传说

对于酿酒起源的观点，宋代《酒谱》曾提出过质疑，认为"皆不足以考据，而多其赘说也"。虽然现存的资料不足以考据酒的起源，但作为一种文化认同现象，酿酒的起源传说却具有较高的文化价值，值得品读。总的来看，主要有以下几种传说：

1. 仪狄酿酒

仪狄造酒说始载于《世本》。《世本》是秦汉间人辑录古代帝王公卿谱系的书，书中讲："仪狄始作酒醪，变五味；少康作秫酒。"认为仪狄是酒的始作人。后来，在东汉人许慎编写的《说文解字》中也有关于仪狄造酒的记载。

当然，很多学者并不相信"仪狄始作酒醪"的说法。古籍中也有许多否定仪狄"始"作酒的记载。其中一种说法是"酒之所兴，肇自上皇，成于仪狄"。意思是说：自上古三皇五帝时就有各种各样造酒的方法流行于民间，后来是仪狄将这些造酒的方法归纳总结起来，使之流传于后世的。可见，仪狄酿酒说并不足以服众。

2. 杜康酿酒

晋朝人江统的《酒诰》一书曾记载：杜康"有饭不尽，委之空桑，郁积成味，久蓄气芳；本出于此，不由奇方"。意思是说：杜康将未吃完的剩饭放置在桑园的树洞里，剩饭在洞中发酵后，就有芳香的气味传出。这就是酒的做法，并没有什么奇异的方法。从此，这段记载在后世流传，杜康便成了能够留心周围小事，并能及时启动创造灵感的酒的发明家了。

但是，历史上确有杜康其人，"杜康，字仲宇，相传为白水县康家卫人，善造酒"。古籍中如《世本》《吕氏春秋》《战国策》《说文解字》等书，对杜康都有过记载。清乾隆十九年重修的《白水县志》中，也对杜康有过较详细的记载。白水县位于陕北高原南缘与关中平原交界处，因流经县治的一条河水底多白色石头而得名。白水因曾有过所谓的"四大贤人"而名蕈中外：一是相传为黄帝的史官即创造汉字的仓颉，出生于本县阳武村；二是死后被封为彭衙土神的雷祥，生前善制瓷器；三是我国"四大发明"之一的造纸发明者东汉人蔡伦，不知为何也在此地留有坟墓；此外就是相传为酿酒鼻祖的杜康了。一个黄土高原上的小小县城一下子拥有了仓颉、雷祥、蔡伦、杜康这四大贤人的遗址，那显赫程度自然就不言而喻了。

3. 上天造酒说

读古人诗文，经常遇到"酒星"或"酒旗"这两个词。如：素有"诗仙"之称的李白在《月下独酌·其二》一诗中有"天若不爱酒，酒星不在天"的诗句；另外，窦苹所撰《酒谱》中也有"酒星之作也"的语句，意思是说：自古以来，我国祖先就有酒是天上"酒星"所造的说法。东汉末年，以"座上客常满，樽中酒不空"自诩的孔融在《与曹操论酒禁书》中也有"天垂酒星之耀，地列酒泉之郡"之说。而经常喝得大醉、被誉为"鬼才"的诗人李贺也在《秦王饮酒》一诗中有"龙头泻酒邀酒星"。此外,还有如"吾爱李太白,身是酒星魂","酒星不照九泉下","仰酒旗之景曜","拟酒旗于元象","囚酒星于天岳"等等,不一而足。

"酒星"发明了酒,当然只能是一种神话传说。但细细品味,又令人不得不钦佩古人的想象力与智慧。

酒旗星的发现最早见于《周礼》一书中,距今已有近3000年的历史。二十八宿的说法始于殷代而确立于周代,是我国古代天文学的伟大创造之一。在当时科学仪器极其简陋的情况下,我们的祖先能在浩淼的星河中观察到这几颗并不怎样明亮的"酒旗星",并留下关于酒旗星的种种记载,这不能不说是一种奇迹。至于因何而命名为"酒旗星",并曾一度认为它"主宴飨饮食",我们不得而知。但这仍然足以说明我们的祖先有丰富的想象力,而且也证明酒在当时的社会活动与日常生活中确实占有相当重要的位置。

然而,酒自"上天造"之说既无立论之理,又无科学论据,确实是附会之说、文学渲染罢了。不过,当我们站在广袤无垠的星空下,仰望着亘古辉耀的群星,想到我们聪明、睿智的祖先对人类发展做出的伟大贡献时,崇敬之情油然而生。

4. 猿猴造酒说

早在明代,就有过关于"猿猴造酒"的古代传说的记载。明代文人李日华在他的著述中有过类似的记载:"黄山多猿猴,春夏采花果于石洼中,酝酿成酒,香气溢发,闻数百步。"清代文人李调元在他的著述中也有"琼州多猿……尝于石岩深处得猿酒,盖猿酒以稻米与百花所造,一百六扎有五六升许,味最辣,然极难得"的记载。

江苏淮阴洪泽湖畔下草湾曾经发现过醉猿化石,证明天然果酒是在"人猿相揖别"之前就已产生的。"猿猴造酒"说听起来近乎荒唐,其实却很有科学道理。

猿猴是十分机敏的动物,深居于山林之中。经过长时间的观察,当地的人们发现猿猴不但"嗜酒",而且还会"造酒"。这是由于猿猴以山林中野生的水果为主要食物,在水果成熟的季节,猿猴收贮大量水果于"石洼"中,堆积的水果受到自然界中酵母菌的作用而发酵,于是酒在"石洼"中析出了一种被后人称为"酒"的液体。

当然,这里的"酝酿"是指自然变化养成,而非人工制作的。猿猴居深山老林之中，完全有可能遇到成熟后坠落发酵而带有酒味的果子，从而使猿猴采"花果"以"酝酿成酒"。不过，猿猴造的这种酒与人类酿的酒有质的区别，充其量只能是带有酒味的野果。

5. 少数民族酒的起源传说

当汉文化中关于酒的起源的各种传说异彩纷呈时，各少数民族也开始以种种神话传说来探究酒的起源。少数民族酒神话传说大致可分酒神话传说和酒曲神话传说两类。其中，酒神话传说直接阐述酒的起源，而酒曲神话传说则说明了酒曲的来历。

偶然发现说

在柯尔克孜族中流传着这样一个传说：很早以前，有一个正在迁徙的小部落经过一天奔波后，于傍晚来到一个山口，住宿在草地上。当时，人们饥渴交迫，争先恐后地从马背上取下大块的肉和羊皮袋中的马奶来食用。谁知，当其中一个人打开他装有半袋马奶的羊皮袋时，一股清香迅速扑鼻而来。他立刻唤来伙伴们，并把马奶倒在几只木碗中与大家分享。大家小心翼翼地品尝着，都觉得香甜爽口，不禁大口大口地喝了起来。喝完之后，人们感到浑身的疲劳和困倦顿时全都消失了。后来，人们就有意识地去观察与探究马奶酒的形成过程。结果发现，马奶变成酒的羊皮袋都是挂在马镫附近的。马疾行时，骑马人的脚不停地踢打在羊皮袋上，从而使袋中的马奶发酵变成了奶酒。为此，他们做了一个试验：把一只装着鲜马奶的羊皮袋放在草地上，几个人每天轮流用脚在上面踩上一阵子。几天后，再打开羊皮袋，里面的马奶就变成了马奶酒。就这样，制作马奶酒的方法很快传遍了整个柯尔克孜草原。这就是马奶酒的诞生过程。

神魔赐予说

怒族认为酒是神仙赐给人的绝妙饮料，这与汉文化中"天有酒星，酒之作也"是一脉相承的。而且他们认为仙人赐给怒族人民三样食品："挫确"（醋酒）、"挫辣"（烧酒）、"挫仁"（包谷花）。而这三种食品中有两种都是酒。

普米族认为：他们的酥理玛美酒是先祖什撰何大祖冒着生命危险从妖怪那里偷学来的。这无疑反映了少数民族先民们与险恶的自然环境抗争的艰难历程。

瑶族创世史诗《密洛陀》讲：人类的始祖密洛陀是半人半神的怪

物，她创造了世间万物后开始创造人，"她拿米饭来造人，却变成了酒"。神最初造出了米饭，再用米饭造人，人还没有造出，已先造出了酒，这其实是以稻文化为生存发展背景的人们对自我历史的回顾。

在拉祜族创世神话里，最早的酒是由天神厄莎掌管，人间万物的出现都与酒有着千丝万缕的联系，都是因天神撒下的酒气才有了活泼的灵性和诱人的芳香甘甜。因此在拉祜族先民的眼里，自然界万物都蕴藏着迷人的酒香，都孕育着醉人的酒香。

少数民族的酒神话同样具有神奇的想象和迷人的色彩。虽然关于酒的传说，不同民族各说各异，但总的来说，他们都说出了酒制作工艺中的点滴之妙，也鲜明地告诉我们：现实生活中这个奇特食品——"酒"的出现，经历了久远的时代、漫长的历程。透过原始文化的光环，我们不难感觉到：步入人类文明初期的先民们对发现酒有着由衷的喜悦之情。

这些传说尽管各不相同，但大致说明酿酒早在夏朝或者夏朝以前就存在了，这一点是可信的，而且已被考古学家所证实。夏朝距今约4000多年，而目前已经出土距今5000多年的酿酒器具。这一发现表明：我国的酿酒史起码在5000年前已经开始，而酿酒之起源当然还在此之前。在远古时代，人们可能先接触到某些天然发酵的酒，然后才加以仿制，而这个过程必然需要一段相当长的时间。

二、考古与酿酒起源

酿酒与考古有着密切的联系，通过对酿酒史的研究，我们可以推测那个时代的许多文明的发展历程与成果，甚至可以清晰地再现原始社会的风貌。

众所周知，谷物酿酒的两个先决条件是酿酒原料和酿酒容器。以下几个典型的新石器文化时期的情况对酿酒的起源均有一定的参考作用。

裴李岗文化时期（公元前5600—前4900年）

河姆渡文化时期（公元前4000—前5000年）

上述两个文化时期，均有陶器和农作物遗存，具备酿酒的物质条件。

磁山文化时期

磁山文化时期距今5400—5100年，有发达的农业经济。据有关专家统计：在遗址中发现的"粮食堆积为 100 平米，折合重量 5 万公斤"，还发现了一些形制类似于后世酒器的陶器。有人认为：磁山文化时期，谷物酿酒的可能性是很大的。

三星堆遗址

该遗址地处四川省广汉，埋藏物为公元前 2800 年—前 800 年之间的遗物。该遗址中出土了大量的陶器和青铜酒器，其器形有杯、觚、壶等。其体积之大也为史前文物所少见。

山东莒县陵阴河大汶口文化墓葬

1979 年，考古工作者在山东莒县陵阴河大汶口文化墓葬中发掘到大量酒器。尤其引人注意的是其中的一组合酒器，包括酿造发酵所用的大陶尊、滤酒所用的漏缸、贮酒所用的陶瓮、煮熟物料所用的炊具陶鼎等，还有各种类型的饮酒器具 100 多件。据考古人员分析，墓主生前可能是一职业酿酒者。在发掘到的陶缸壁上还发现刻有一幅图，据分析是滤酒图。

在龙山文化时期，酒器就更多了。国内学者普遍认为龙山文化时期酿酒业已是较为发达的行业。

以上考古得到的资料都证实：古代传说中的黄帝、夏禹时期确实存在着酿酒这一行业。

三、现代学者对酿酒起源的看法

酒是天然产物

最近科学家发现，在漫漫宇宙中存在着一些天体，它们就是由酒精所组成的，而其所蕴藏的酒精，如制成啤酒，可供人类饮几亿年。这说明了什么问题？正好可以证明酒是自然界的一种天然产物。所以，人类不是发明了酒，而仅仅是发现了酒。酒里最主要的成分是酒精（学名乙醇），许多物质都可以通过多种方式转变为酒精。如：葡萄糖可在微生物所分泌的酶的作用下，转变成酒精。因此，大自然完全具备产生这些条件的基础。

我国晋代的江统是历史上第一个提出谷物自然发酵酒学说的人，他在《酒诰》中写道："酒之所兴，肇自上皇，或云仪狄，又云杜康。有饭不尽，委之空桑，郁积成味，久蓄气芳，本出于此，不由奇方。"在这里，古人提出的剩饭自然发酵成酒的观点，是符合科学道理及实际情况的。总之，人类开始酿造谷物酒并非发明创造，而是一个发现。

果酒和乳酒——第一代饮料酒

人类有意识地酿酒，其实是从模仿大自然的杰作开始的。我国古代书籍中有不少关于水果自然发酵成酒的记载。如宋代周密在《癸辛杂识》中曾记载：山梨被人们贮藏在陶缸中后竟变成了清香扑鼻的梨酒。元代的元好问在《蒲桃酒赋》的序言中也记载道：某山民因避难山中，发现堆积在缸中的葡萄变成了芳香醇美的葡萄酒。

远在旧石器时代，人们以采集和狩猎为生，水果自然是主食之一。水果中含有较多的糖分（如葡萄糖、果糖）及其他成分，在自然界中微生物的作用下，很容易自然发酵生成香气扑鼻、美味可口的果酒。另外，动物的乳汁中含有蛋白质、乳糖，也极易发酵成酒。以狩猎为生的先民们很有可能是意外从留存的乳汁中得到乳酒。《黄帝内经》中记载着一种"醴酪"，是关于我国乳酒的最早记载。根据古代的传说及酿酒原理来推测：人类有意识地酿造的最原始的酒应是果酒和乳酒。因为果物和动物的乳汁均极易发酵成酒，所需的酿造技术较为简单。

第二节　中国酿酒史

商代的甲骨文中关于酒的记述虽然有很多，但从中很难找到完整的酿酒过程的记载。对于周朝的酿酒技术，我们仅能根据只言片语加以推测。而在长沙马王堆西汉墓中出土的帛书《养生方》和《杂疗方》中，可看到我国迄今为止发现的最早的酿酒工艺记载。

总之，我国酿酒技术的发展可分为两个阶段：第一阶段是自然发酵阶段，经历数千年，传统发酵技术由孕育、发展到成熟。即使在现代，天然发酵技术也并未完全消失，其中的一些奥秘仍有待于人们去解开。此时人们主要是凭经验酿酒，生产规模一般不大，基本上是手工操作，酒的质量也没有一套可信的检测指标作保证。

第二阶段是从中华民国开始的。由于引入了西方的科技知识，尤其是微生物学、生物化学和工程知识，传统酿酒技术发生了巨大的变化。人们懂得了酿酒微观世界的奥秘，生产劳动强度大大降低、机械化水平提高，酒的质量更有保障。

一、中国古代黄酒的酿造

中国的黄酒也称为米酒（Rice Wine），属于酿造酒，在世界三大酿造酒（黄酒、葡萄酒和啤酒）中占有重要的一席。其酿酒技术独树一帜，成为东方酿造界的典型代表和楷模。

1. 概述

黄酒酿造原料：黄酒是用谷物作原料，以麦曲或小曲做糖化发酵剂制成的酿造酒。在历史上，黄酒的生产原料在北方以粟（粟在古代是秫、粱、稷、黍的总称。现在也称为谷子，去壳后的颗粒叫小米）为主；在南方，普遍用稻米（尤其以糯米为最佳）为原料。

黄酒的名称：黄酒，顾名思义就是黄颜色的酒，所以有人将黄酒这一名称译成"Yellow Wine"。其实这并不恰当，因为黄酒的颜色并不总是黄色的。因为在古代，酒的过滤技术并不成熟，酒是呈混浊状态的，当时称为"浊酒"。而且，黄酒的颜色放在现在也有黑色的、红色的，所以不能光从字面上来理解。现在通行用"Rice Wine"表示黄酒，其酒精度一般为15度左右。

在当代，黄酒是谷物酿造酒的统称，以粮食为原料的酿造酒（不包括蒸馏的烧酒）都可归于黄酒类。黄酒虽作为谷物酿造酒的统称，但民间有些地区对本地酿造，且局限于本地销售的酒仍保留了一些传统的称谓，如江西的水酒、陕西的稠酒、西藏的青稞酒等。如果硬要说它们是黄酒，当地人未必能接受。

2. 商周时期

商代贵族饮酒极为盛行，已发掘出来的大量青铜酒器均可佐证。当时的酒精饮料有酒、醴和鬯，且商代甲骨文中对醴和蘖都有记载。由此可见，用蘖法酿醴（啤酒）可能是我国远古时期的酿造技术之一。

西周王朝曾建立了一整套机构对酿酒、用酒进行严格的管理。首先，这套机构中有专门的技术人才、固定的酿酒式法，以及酒的评定质量标准。正如《周礼·天官》中记载："酒正，中士四人，下士八人，府二人，史八人"，"酒正掌酒之政令，以式法授酒材，……辨五齐之名，一曰泛齐，二曰醴齐，三曰盎齐，四曰醍齐，五曰沈齐。辨三酒之物，一曰事酒，二曰昔酒，三曰清酒"。"五齐"可理解为酿酒过程的五个阶段，在有些场合下又可理解为五种不同规格的酒。

"三酒"即事酒、昔酒、清酒，大概是西周时期王宫内酒的分类。事酒是专门为祭祀而准备的酒，有祭祀活动才会酿造，故酿造期较短，酒酿成后立即使用，无需经过贮藏；昔酒则是经过贮藏的酒；清酒可能是最高档的酒，一般要经过过滤、澄清等步骤。这些都说明当时的酿酒技术是较为完善的。因为在远古很长一段时间，酒和酒糟是不经过分离就直接食用的。

3. 秦汉时期

反映秦汉以前各种礼仪制度的《礼记·月令》虽作于西汉，但其中记载了一段至今仍被认为是酿酒技术精华的文字："仲冬之月，乃命大酋，秫稻必齐，曲蘖必时，湛炽必洁，水泉必香，陶器必良，火齐必得，兼用六物，大酋监之，无有差忒。""六必"字数虽少，但所涉及的内容相当广泛全面、缺一不可，是酿酒时要掌握的六大原则问题。从现在来看仍具有指导意义。

4. 唐宋时期

唐代和宋代是我国黄酒酿造技术最辉煌的发展时期。酿酒行业在经过了数千年的实践之后，传统的酿造经验得到了升华，形成了传统的酿造理论。传统的黄酒酿酒工艺流程、技术措施及主要的工艺设备至迟在宋代基本定型。唐代留传下来的完整的酿酒技术文献资料虽较少，但散见于其他史籍中的零星资料却极为丰富。而宋代的酿酒技术文献资料不仅数量多，且内容丰富，具有较高的理论水平。

在我国古代酿酒历史上，学术水平最高、最能完整体现我国黄酒酿造科技精华、在酿酒实践中最有指导价值的酿酒专著是北宋末期朱肱写的《北山酒经》。它共分三卷：上卷为"经"，总结了历代酿酒的重要理论，并对全书的酿酒、制曲做了提纲挈领的阐述；中卷论述制曲技术，并收录了十几种酒曲的配方及制法；下卷论述酿酒技术。《北山酒经》与《齐民要术》中关于制曲酿酒部分的内容相比，显然更进了一步。它不仅罗列制曲酿酒的方法，更重要的是对其中的道理进行了分析，因而更具有理论指导作用。

《北山酒经》还借用"五行"学说解释谷物转变成酒的过程。"五行"指水、火、木、金、土五种物质。可见，中国古代思想家企图用日常生活中习见的五种物质来说明世界万物的起源和多样性的统一。在

《北山酒经》中，朱肱则用"五行"学说阐述谷物转变成酒的过程。他认为："酒之名以甘辛为义，金木间隔，以土为媒，自酸之甘，自甘之辛，而酒成焉。所谓以土之甘，合水作酸，以水之酸，合土作辛，然后知投者，所以作辛也。"

"土"是指谷物生长的所在地，"以土为媒"可理解为以土为介质生产谷物，"土"在此又可代指谷物。"甘"代表有甜味的物质，"以土之甘"，即表示从谷物转变成糖。"辛"代表有酒味的物质。"酸"表示酸浆，是酿酒过程中必加的物质之一。

在这一过程中，可明显地看到酿酒分成了两个阶段，即先是谷物变成糖（甘），然后由糖转变成酒（甘变成辛）。

现代酿酒理论阐明了谷物酿酒过程的机理和详细步骤。从大的方面来说也是分为两个阶段：其一是由淀粉转变成糖的阶段，由淀粉酶、糖化酶等完成；其二是由糖发酵成酒精（乙醇）的阶段，由一系列的酶（也称为酒化酶）完成。

其实，现代理论和古代理论二者是相通的，只不过前者是从分子水平和酶作用机理来阐述的，后者是从酒的口感推论出来的。

如果说《北山酒经》是阐述较大规模酿酒作坊酿酒技术的典范，那么与朱肱同一时期的苏轼的《酒经》则是描述家庭酿酒的佳作。苏轼的《酒经》言简意赅，把他所学到的酿酒方法用数百字就完整地体现出来了。苏轼还有许多关于酿酒的诗词，如《蜜酒歌》《真一酒》《桂酒》等。

北宋田锡所作的《麴本草》中，也载有大量的酒曲和药酒方面的资料。尤为可贵的是书中记载了当时暹罗（今位于泰国）的烧酒，为研究蒸馏烧酒的起源提供了宝贵的史料。

大概由于酒在宋代的特殊地位，社会上迫切需要一本关于酒的百科全书。因此，北宋时期的窦苹写了一本《酒谱》。该书引用了大量与酒有关的历史资料，从酒的起源、酒之名、酒之事、酒之功、温克（指饮酒有节）、乱德（指酗酒无度）、诫失（诫酒）、神异（有关酒的一些奇异古怪之事）、异域（外国的酒）、性味、饮器和酒令等十几个方面对酒及与酒有关的内容进行了多方位的描述，堪称典范。

而大概成书于南宋的《酒名记》，全面地记载了北宋时期全国各地100多种较有名气的酒名。这些酒有的出自皇亲国戚，有的出自名臣，有的出自著名的酒店、酒库，也有的出自民间，尤为有趣的是这些酒名大多极为雅致。

5. 元明清时期

传统的黄酒生产技术自宋代后有所发展、设备有所改进，而以绍兴酒为代表的黄酒酿造技术更是精益求精，但工艺路线基本固定，方法没有较大的改动。由于黄酒酿造仍局限于传统思路之中，在理论上还是处于知其然而不知其所以然的状况，因此一直到近代，都没有很大的改观。

元明清时期，酿酒的文献资料较多，大多分布于医书、烹饪饮食书籍、日用百科全书、笔记，主要著作有：成书于 1330 年的《饮膳正要》、元代的《居家必用事类全集》、元末明初的《易牙遗意》和《墨娥小录》。《本草纲目》中关于酒的内容较为丰富，书中将酒分成米酒、烧酒、葡萄酒三大类，还收录了大量的药酒方，并较为详细地介绍了红曲的制法。明代的《天工开物》中制曲酿酒部分较为宝贵的内容是关于红曲的制造方法，书中还附有红曲制造技术的插图。清代的《调鼎集》则较为全面地反映了黄酒酿造技术。《调鼎集》原是一本手抄本，内容主要涉及烹饪饮食方面，关于酒的内容多达百种以上，且关于绍兴酒的内容最为珍贵。其中的"酒谱"记载了清代时期绍兴酒的酿造技术。"酒谱"还下设了 40 多个专题，包含了与酒有关的所有内容，如酿法、用具等。在酿造技术上主要的内容有：论水、论米、论麦、制曲、浸米、酒酿、发酵、发酵控制技术、榨酒、做糟烧酒、煎酒、酒糟的再次发酵、酒糟的综合利用、医酒、酒坛的泥头、酒坛的购置、修补、酒的贮藏、酒的运销、酒的蒸馏、酒的品种、酿酒用具等。书中罗列与酿酒有关的全套用具共 106 件，大至榨酒器、蒸馏器、灶，小至扫帚、石块，可以说是包罗万象、无一遗漏。有蒸饭用具系列，有发酵、贮酒用的陶器系列，有榨具系列，有煎酒器具系列，有蒸馏器系列等。

清代许多笔记小说中也保存了大量与酒有关的历史资料，如《闽小记》记载了清初福建省内的地方名酒，《浪迹丛谈、续谈、三谈》中关于酒的内容多达 15 条。

明清有些小说中还提到过不少酒名，这些酒应是当时的名酒，因为这在许多史籍中都得到了验证。如：《金瓶梅词话》中提到次数最多的"金华酒"；《红楼梦》中的"绍兴酒""惠泉酒"；清代小说《镜花缘》的作者借酒保之口列举了 70 多种酒名，汾酒、绍兴酒等都名列其中。

二、中国古代蒸馏酒的酿造

由于酵母菌在高浓度酒精下不能继续发酵，因此所得到的酒醪或酒液酒精浓度一般不会超过 20%。采用蒸馏器，利用酒液中不同物质挥发性不同的特点，可以将易挥发的酒精（乙醇）蒸馏出来。蒸馏出来的酒汽往往酒精含量较高，经冷凝、收集就成为浓度约为 65%—70% 的蒸馏酒。所以，蒸馏器的采用对酿酒工业来说具有划时代意义。而且蒸馏技术还可以用于其他行业，尤其是现代的石油工业广泛使用蒸馏器，这些都为现代文明立下了汗马功劳。

在我国古代，由于历史悠久、地域不一，留传下来的蒸馏酒的名称很多，但古代文献中所说的"白酒"这一名称却不是指蒸馏酒而是一种酿造的米酒。只是到了现代，人们才用白酒代表经蒸馏的酒。

（一）古代蒸馏酒起源和名称

1. 古代蒸馏酒起源

用特制的蒸馏器将酒液、酒醪或酒醅加热，由于它们所含的各种物质的挥发性不同，在加热蒸馏时，蒸汽和酒液中各种物质的相对含量就有所不同。酒精（乙醇）较易挥发，加热后产生的蒸汽中含有的酒精浓度就会增加，而酒液或酒醪中酒精浓度则会下降。收集酒汽并经过冷却得到的酒液虽然无色，气味却辛辣浓烈。其酒度比原酒液要高得多。一般的酿造酒，酒度低于 20%，蒸馏酒则可高达 60% 以上。我国的蒸馏酒主要是用谷物原料酿造后经蒸馏得到的。

现在人们所熟悉的蒸馏酒分为"白酒"（古时也称"烧酒"）、"白兰地"、"威士忌"、"朗姆酒"等。白酒是中国所特有的，一般是粮食酿成后经蒸馏而成的。白兰地是葡萄酒蒸馏而成的，威士忌是大麦等谷物发酵酿制后蒸馏而成的，朗姆酒则是甘蔗酒蒸馏而成的。

（1）蒸馏酒起源的种种观点

关于蒸馏酒的起源，从古代起就有人关注过，历来都众说纷纭。现代国内外学者围绕这个问题仍在进行资料收集及研究工作。随着考古资料的充实及对古代文献资料的查证，人们对蒸馏酒起源的认识逐步深化。因为这不仅涉及到酒的蒸馏，还涉及到具有划时代意义的蒸馏器。

关于蒸馏酒的起源，主要有两个需要解决的问题：其一是我国蒸馏酒起源于何时？其二是我国的蒸馏器或蒸馏技术是从外国传入的，还是由本国发明的，或者我国的蒸馏器或蒸馏技术是否曾向国外输出？

历代关于蒸馏酒起源的观点，可谓不尽相同，现将主要的观点归纳如下：

蒸馏酒始创于元代

最早提出此观点的是明代医学家李时珍。他在《本草纲目》中写道："烧酒非古法也，自元时始创。其法用浓酒和糟，蒸令汽上，用器承取滴露，凡酸坏之酒，皆可蒸。"元代文献中已有蒸馏酒及蒸馏器的记载。如《饮膳正要》作于1331年，故14世纪初，我国已有蒸馏酒。但是否始创于元代，史料中都没有明确说明。

宋代已有蒸馏酒

这个观点是经过现代学者大量考证提出的，现将主要依据罗列于下：

①宋代史籍中已有关于蒸馏器的记载

宋代已有蒸馏器是支持这一观点的最重要依据之一。南宋张世南的《游宦纪闻·卷五》中记载了一例蒸馏器，用于蒸馏花露。宋代的《丹房须知》一书中还画有当时蒸馏器的图形。

②考古发现了金代的蒸馏器

20世纪70年代，考古工作者在河北青龙县发现了被认为是金世宗时期的铜制蒸馏烧锅。从所发现的这一蒸馏器的结构来看，与元代朱德润在《轧赖机酒赋》中所描述的蒸馏器结构相同。器内液体经加热后，蒸汽垂直上升，被上部盛冷水的容器内壁所冷却，从内壁冷凝，沿壁流下被收集，而元代《居家必用事类全集》中所记载的南番烧酒所用的蒸馏器尚未采用此法。南番的蒸馏器与阿拉伯式的蒸馏器相同，器内酒的蒸汽是左右斜行走向，流酒管较长。从器形结构来考察，我国的蒸馏器具有鲜明的民族传统特色，因此有可能我国在宋代就自创了蒸馏技术。

③宋代文献中关于"烧酒"的记载更符合蒸馏酒的特征

宋代的文献记载中，烧酒一词出现得更为频繁，而且据推测所说的烧酒即为蒸馏烧酒。如宋代宋慈在《洗冤录·卷四》记载："虺蝮伤人，……令人口含米醋或烧酒，吮伤以吸拔其毒。"这里所指的烧酒，有人认为应是蒸馏烧酒。"蒸酒"一词，也有人认为是指酒的蒸馏过程。如宋代洪迈的《夷坚丁志·卷四》中的《镇江酒库》记有"一酒匠因蒸酒堕入火中"。这里的蒸酒并未注明是蒸煮米饭还是酒的蒸馏，但"蒸酒"一词在清代却是表示蒸馏酒的。《宋史食货志》中关于"蒸酒"的记载也较多。采用"蒸酒"操作而得到的一种"大酒"，也有人认为是烧酒。但宋代几部重要的酿酒专著（朱肱的《北山酒经》、苏轼的《酒经》等）及酒类百科全书《酒谱》中，均未提到蒸馏的烧酒。北宋和南宋都实行酒的专卖，酒库大都由官府有关机构所控制。如果蒸馏酒确实出现的话，普及速度应该是很快的。

唐代初创蒸馏酒

唐代是否有蒸馏烧酒一直是人们所关注的焦点，因为"烧酒"一词是首次出现于唐代文献中的。如白居易（772—846年）的"荔枝新熟鸡冠色，烧酒初开琥珀香"。陶雍（唐大和至大中年间人）的诗句"自到成都烧酒熟，不思身更入长安"。李肇在《唐国史补》中罗列的一些名酒中就有"剑南之烧春"。因此，现代一些人认为所提到的烧酒即是蒸馏的烧酒。

2. 古代蒸馏酒名称

我国古代文献中蒸馏酒的称谓主要有：

"烧酒""烧春"，始用于唐代，但是唐代所说的"烧酒""烧春"是否指蒸馏酒还存有争议。宋代以后，"烧酒""烧春"才是指真正的蒸馏酒；阿剌吉酒（元代《饮膳正要》）；南番烧酒（元代《居家必用事类全集》，原注为"阿里乞"）；轧赖机（元代《轧赖机酒赋》）；法酒（明初《草木子》，原书又称为"哈剌基"）；汗酒、气酒（清代《浪迹丛谈、续谈、三谈》中引元代人李宗表诗）；火酒（明代《本草纲目》）；酒露（清代《滇海虞衡志》）；高粱酒、高粱滴烧（清代《随园食单》），在清代和民国时期，这往往是蒸馏酒的统称；白酒和老白干，这是现代才启用的名称；糟烧或糟烧酒，是黄酒过滤后的酒糟经再次发酵，并经蒸馏得到的蒸馏酒。有的书将糟烧酒称为"酒汗"。

据考证：阿剌吉、轧赖机、阿里乞、哈剌基等名称都是来自"Arrack"的译音。关于"Arrack"这个字，有人认为在语源上它是"汗"的同义词，本来是指"树汁"，后来发展成植物的液汁自然发酵成的酒。这个字既可指未经蒸馏的树汁及其自然发酵而成的酒，又可用来指经蒸馏而成的酒。"Arrack"这个字在世界各国古代都通行过，写法上稍有不同，如德语 "Arack" 或 "Rack"、荷兰语 "Arak" 或 "Rak"、葡萄牙语 "Araca"。通过对一些国外酒史资料的研究来看，古代用 "Arrack" 等名称所指的酒一般都是蒸馏酒。

对于蒸馏器的称呼则更多，有"蒸锅""烧锅""酒甑"等等。而对于蒸馏这一过程的描述，古人及现代人所用的词汇也有不少，如"蒸酒""烧酒""吊酒""拷酒"等。

（二）古代蒸馏酒生产技术

1. 蒸馏酒的传统发酵技术

发酵容器

发酵容器的多样性也是造成烧酒香型各异的主要原因之一。传统的发酵容器分为陶缸和地窖两大类型。陶缸还有地缸（将缸的大部分埋入地面之下）和一般置放在室内的缸。

自古以来，酒的发酵便离不开容器，黄酒发酵的容器多数为陶质容器，有的烧酒仍继承陶质容器发酵的传统。如南方的烧酒发酵容器几乎都是采用陶器。即使是糟烧酒，也是如此。但自从出现蒸馏酒后，这一传统观念发生了变化，地窖这一特殊的容器应运而生。所谓地窖发酵，就是掘地为窖，将原料堆积其中，让其自然发酵。

发酵工艺

蒸馏酒的发酵工艺脱胎于黄酒发酵工艺，但基于蒸馏酒本身的特点，也形成了独特的发酵工艺技术。

第一，与黄酒类似的米烧酒发酵工艺。

明代李时珍的《本草纲目》简单地记载了当时蒸馏酒的生产方法，这可以被认为是一种与黄酒类似的发酵方法，所不同的是增加了一道蒸馏工艺。该书记载："其法用浓酒和糟入甑蒸，令气上，用器承取滴露。凡酸坏之酒，皆可蒸烧。近时惟以糯米或粳米，或黍或秫或大麦蒸熟，和曲酿瓮中，七日，以甑蒸取，其清如水，味极浓烈，盖酒露也。"简而言之，就是用黄酒发酵常用的一些原料，在酒瓮中发酵7天，然后用甑蒸馏。所以说，这是类似于黄酒的发酵工艺。

明末清初写成的《沈氏农书》中记载了一例大麦烧酒方法，从中可知当时南方的烧酒酿造法类似于黄酒的酿造方法。发酵是在陶缸中进行，采用固态发酵。发酵时间为7天，最后才增加了一道蒸馏工艺。

第二，混蒸续渣法发酵工艺。

　　续渣法可视为循环发酵法。此法的特点是酒醅或酒糟经过蒸馏后，一部分仍入窖（或瓮）发酵，同时加入一定数量的新料和酒曲，还有一部分则丢弃不用。初始采用这种方法的目的可能是为了节约粮食，同时反复发酵的酒质量也较好。

　　采用续渣法的主要优点是原料经过多次发酵，提高了原料的利用率，也有利于积累酒香物质。在蒸馏的同时又对原料加以蒸煮，可把新鲜原料中的香气成分带入酒中。加入谷糠作填充剂，可使酒醅保持疏松，有利于蒸汽流通。在发酵时，谷糠也起到了稀释淀粉浓度、冲淡酸度、吸收酒精、保持浆水的作用。加入谷糠作填充剂的做法起码在明末清初就采用了，最早的文字记载见《沈氏农书》。在《调鼎集》记载的"糟烧"生产过程中，也有类似的做法。

　　第三，茅台酒工艺。

　　烧酒中最著名的是茅台酒。1936年编修的《续遵义府志》记载："茅台酒，……出仁怀县茅台村，黔省称第一……法纯用高粱作沙，煮熟和小麦曲三分，纳粮地窖中，经月而出蒸烤之，即烤而复酿。必经数回然后成，初日生沙，三四轮日燧沙，六七轮日大回沙，以次概日小回沙，终乃得酒可饮。"

　　以上记载虽简单，但茅台酒所特有的酿造工艺却跃然纸上。近代对茅台酒的生产工艺进行了整理，其过程如下所述：

　　茅台酒生产采用高粱为原料，并且称之为"沙"。一年为一个周期，只投料两次，第一次称为下沙投料，第二次为糙沙，各占投料量的50%。

　　第一次投料，先经热水润料后加入5%—7%的母糟（即上一年最后一轮发酵出窖未经蒸酒的优质酒醅），进行混蒸（蒸粮蒸酒同时进行），冷却后堆积发酵，入窖发酵1个月。

　　第二次原料经粉碎、润料后加入等量的上述酒糟进行混蒸，蒸馏后所得到的第一次酒称为"生沙酒"，全部泼回原酒醅中，摊冷后，加上一批蒸馏得到的尾酒，再加曲入窖发酵1个月。

　　发酵成熟的酒醅经蒸馏，得到第二次的蒸馏酒，称为"糙沙酒"。酒头部分单独贮存，用于勾兑，酒尾则仍泼回酒醅中重新发酵。酒醅经摊冷后，加酒尾、酒曲，堆积后再入窖发酵1个月，蒸馏，从此周而复始，再分别发酵、蒸馏。总共要经过8次发酵、8次蒸酒。第3次蒸馏得到的酒称为"生沙酒"，第4、5、6次所蒸馏得到的酒统称为"大回酒"，第 7 次蒸馏所得到的称为"小回酒"，第 8 次蒸馏得到的称为"追糟酒"。其中最后 7 次蒸馏出来的酒作为产品分别入库，再行勾兑。

3. 蒸馏工艺技术

液态蒸馏和固态蒸馏

最早的蒸馏方式可能是液态蒸馏法，也可能是固态蒸馏法。但在元代的《饮膳正要》《轧赖机酒赋》及《居家必用事类全集》中所记载的蒸馏方式都是液态法，因为液态法是最为简单的方法。元代时的葡萄烧酒、马奶烧酒都属于液态蒸馏这一类型。固态法蒸馏烧酒的历史演变情况不详，但固态法蒸馏花露的最早记载见于南宋《游宦纪闻》。另外据考古工作者分析，挖掘出来的金代青铜烧酒锅是固态蒸馏法的工具。

冷却和酒液的收集

蒸馏时，酒汽的冷却及蒸馏酒液的收集是重要的操作。我国传统的蒸馏器有两种冷却方式：一种是把蒸馏出来的酒蒸汽引至蒸馏器外面的冷却器中冷却后被收集，或让蒸馏出来的酒汽在蒸馏器上部内壁自然冷却。最古老的冷却方法见于元代《居家必用事类全集》中的"南番烧酒法"；另一种是在蒸馏锅上部的冷凝器（古称"天锅""天湖"）中冷却，酒液在蒸馏锅内的汇酒槽中汇集，排出后被收集。如《调鼎集》中记载："天湖之水，每蒸二放，三放不等，看流酒之长短，时候之冷热，大约花散而味淡即止。"

看酒花与分段取酒

古人起码在 16 世纪就懂得在蒸馏时，蒸馏出来的酒的质量是随蒸馏时间发生变化的。在《本草纲目》中记载道："烧酒，……面有细花者为真，小便清者，以头烧酒饮之，即止。"这里所说的"酒花"并非酿造啤酒时所用的香料植物酒花，而是在蒸馏时或烧酒经摇晃后，在酒的表面所形成的泡沫。由于酒度不同，或由于酒液中其他一些成分的种类含量不同，酒的表面张力也有所不同，这会通过起泡性能的差异而表现出来。古人通过看酒花就可大致确定烧酒的质量，从而决定馏出物的舍取，在商业上则用酒花的性状来决定酒的价钱，因此酒花成了度量酒度酒质的客观标准。《调鼎集》中总结道："烧酒，碧清堆细花者顶高，花粗而疏者次之（名曰'朝奉花'），无花而浑者下之。"传统的茅台酒的酒花可分为：鱼眼花、堆花、满花、碎米花和圈花。汾酒的酒花则分为：大花、小花、云花、水花和油花。虽然名称各异，有一些内容实际上却是相同的。在古代,还没有酒精度的概念。到民国时,由于当时科技并不发达,酒度计的使用不普遍,为了便于民间烧酒作坊统一看酒花的标准,当时的黄海化学工业研究社的方心芳先生创造了一种方法,力图把酒花与酒度联系起来。这套方法规定了酒花的定义、测验方法及单位,并明确了测量时的标准条件,得到了计算公式。

古代由于掌握了看酒花的方法,分段取酒便有了可靠的依据。《本草纲目》中所说的"头烧酒"就是蒸馏时首先流出来的酒。"头烧酒"的概念与现在所说的"酒头"稍有不同。古代取酒,一般为二段取酒。头烧酒质量较好,第二段取的酒,质量明显较差。头烧酒和第二次取酒的数量比为3∶1。如《沈氏农书》中的大麦烧酒,头烧酒为15斤、次酒为5斤。现代一般分为三段,中间所取的部分作为成品酒,酒头、酒尾不作为成品酒,即所谓的"掐头去尾,中间取酒"。酒头可作为调味酒或重新发酵,酒尾也重新发酵。

4. 风格多样的蒸馏酒

从文史资料的角度考察,古代的蒸馏酒分为南北两大类型。如在明代,蒸馏酒就起码分为两大流派:一类为北方烧酒,一类为南方烧酒。《金瓶梅词话》中的烧酒种类除了有"烧酒"(未注明产地)外,还有"南烧酒"这一名称。但实际情况是在北方除了粮食原料酿造的蒸馏酒外,还有西北的葡萄烧酒、内蒙的马乳烧酒;在南方还可分为西南(以四川、贵州为中心)及中南和东南(包括广西、广东)两种类型。这样的分类仅仅是粗略的,并无统一的划分标准。

由于烧酒的主要特点是酒精浓度高,许多芳香成分在酒中的浓度是随着酒精度而提高的,所以酒的香气成分及其浓淡就成了判断烧酒质量的标准之一。我国风格多样的烧酒,主要是由于酿造原料的不同而自然形成的,其次是酿造技术等因素。

北方盛产小麦、高粱,南方盛产稻米,广西一带产玉米,新疆盛产葡萄。蒸馏烧酒的酿造原料因地制宜,不同原料用来酿造烧酒是很自然的事。在蒸馏酒发展的初期,人们也许并不清楚究竟哪种原料最适于酿造烧酒。经过长时间的比较,人们渐渐有机会品尝、比较各种原料酿造的烧酒,因而对不同原料酿造的烧酒特点有了较为统一的看法。

高粱酒

在古代,高粱烧酒受到交口称赞。清代中后期成书的《浪迹丛谈、续谈、三谈》在评论各地的烧酒时说："今各地皆有烧酒，而以高粱所酿为最正。北方之沛酒、潞酒、汾酒皆高粱所为。"清代中后期至民国时期，高粱酒几乎成了烧酒的专用名称，这是由高粱原料的特性所决定的。

杂粮酒

西南地区的烧酒在选料方面大概继承了其饮食特点，为强调酒香及酒体的丰富，采用各种原料，按一定的比例搭配发酵酿造。据四川博物馆的有关资料：四川宜宾的五粮液酒在明代隆庆至万历年间（1567—1619年）就被称为"杂粮酒"，所用的混合原料中有高粱、大米、糯米、荞麦、玉米。当地文物部门所收集到的一例祖传秘方中这样写道："饭米酒米各两成，荞子成半添半成，川南红粱凑足数，糟糠拌料天锅蒸，此方传子不传女，儿孙务必深藏之。"

米烧酒

东南一带，米烧酒盛行，如明末清初成书的《沈氏农书》曾提到，米烧酒和大麦烧酒相比，后者的口味"粗猛"，质量不及前者。

糟烧酒

主产于南方黄酒产区，以黄酒压榨后的糟粕为原料，进一步发酵后经蒸馏而成。《沈氏农书》中记载了黄酒糟用来制造糟烧酒的方法。

经过长期的品尝比较，人们认识到不同的原料所酿造的烧酒各有其特点，总结为"高粱香，玉米甜，大米净，大麦冲"。

从元代开始，蒸馏酒在文献中已有明确的记载。经过数百年的发展，我国蒸馏酒形成了几大流派，如清蒸清烧二遍清的清香型酒（以汾酒为代表）；混蒸混烧续糟法老窖发酵的浓香型酒（以泸州老窖为代表）；酿造周期多达一年、数次发酵、数次蒸馏而得到的酱香型酒（以茅台酒为代表）；大小曲并用、采用独特的串香工艺酿造得到的董酒；先培菌糖化后发酵、液态蒸馏的三花酒；富有广东特色的玉冰烧；黄酒糟再次发酵蒸馏得到的糟烧酒。此外还有葡萄烧酒、马乳烧酒。

三、中国古代啤酒（醴）的酿造

啤酒是采用发芽的谷物作原料，经磨碎、糖化、发酵等工序制成的。按现行国家产品标准规定，啤酒的定义是：啤酒是以麦芽为主要原料，加酒花，经酵母发酵酿制而成的，含有二氧化碳气体、起泡的低酒精度饮料。在古代中国，也有类似于啤酒的酒精饮料，古人称之为醴。大约在汉代后，醴被酒曲酿造的黄酒所淘汰。清代末期开始，国外的啤酒生产技术引入我国，新中国成立后，尤其是20世纪80年代以来，啤酒工业得到了突飞猛进的发展，现在中国已成为世界第二大啤酒生产国。

1. 醴（lǐ）——中国古代的啤酒

像远古时期的美索不达米亚和古埃及人一样，我国远古时期的醴也是用谷芽酿造的，即所谓的蘖法酿醴。《黄帝内经》中记载有醪醴，商代的甲骨文中也记载有不同种类的谷芽酿造的醴。《周礼·天官·酒正》中有"醴齐"，醴和啤酒在远古时代应属同一类型的含酒精量非常低的饮料。由于时代的变迁，用谷芽酿造的醴消失了，但口味类似于醴，用酒曲酿造的甜酒却保留下来了。故人们普遍认为中国自古以来就没有啤酒，但是根据古代的资料，我国很早就掌握了蘖的制造方法，也掌握了自蘖制造饴糖的方法。酒和醴在我国都存在，醴后来被酒所取代。

2. 中国古代啤酒（醴）的酿法

商代的谷芽——蘖和醴

首先，在殷商的卜辞中出现了蘖（谷芽）和醴这两个字，而且出现的频率不低。综合卜辞中的有关条文，可以看出蘖和醴的生产过程。这一过程与啤酒生产过程似乎是相同的。首先是蘖的生产，卜辞中就有蘖粟、蘖黍、蘖来（麦）等记载，说明用于发芽的谷物种类是较丰富的。其次是"作醴"。大概是把谷芽浸泡在水中，使其进行糖化、酒化。再接着是过滤，卜辞中还有"新醴"和"旧醴"之分，新醴是刚刚酿成的，旧醴是经过贮藏的。

古代的谷芽和饴糖生产

另外，我国古代蘖及饴糖的生产都有明确、详细的记载，而且生产方法极为成熟。虽然蘖酿醴的方法在古代文献中尚未被发现，但这并不等于在远古的时代没有这种实践活动。从大麦到啤酒，要经历发芽、粉碎、糖化、发酵这四个主要阶段，前三个阶段我们的祖先都掌握了，糖化醪发酵成酒应当不是问题。

《齐民要术》中关于制蘖（麦芽）的方法相当成熟，整个过程分为三个阶段：第一阶段，渍麦阶段，每天换水一次；第二阶段，待麦芽根长出后，即进行发芽，并且对厚度作了明确的要求，为维持水分，每天还浇以一定量的水；第三阶段，是干燥阶段。为抑止过分生长，尤其是不让麦芽缠结成块。这例小麦蘖的制造工艺，与啤酒酿造所用麦芽的制造是完全相同的。

最迟在春秋战国时代，已开始使用饴糖。《礼记·内则》有"枣粟饴蜜以甘之"的记载。到了北魏时，蘖主要是用来做饴糖。做饴糖涉及到麦芽的糖化，这与麦芽蘖酿醴是相似的。《齐民要术》中详细记载了小麦麦芽及饴糖的做法，麦芽的制造过程与现代啤酒工业的麦芽制造过程基本相同。该书还详细叙述了糖化过程。

浸曲法酿酒——用蘖酿醴的遗法

从古代酿酒最先使用渍曲法也可看出我国古代用蘖酿醴的可能性。

从上面的论述可知，古代外国的啤酒酿制过程有两道工序：其一是浸麦（促使其发芽），其二是麦芽的浸渍（使其糖化）。在我国古代，即使采用酒曲法酿酒，也有一道工序是浸曲，这种浸曲法比唐宋之后的干曲末直接投入米饭中的方法更为古老。在北魏时极为盛行，即先将酒曲浸泡在水中若干天，然后再加入米饭，再开始发酵。现在就出现一个值得注意的问题：用酒曲酿酒，浸曲法可能是继承了啤酒麦芽浸泡的传统做法，即两者是一脉相承的。我国用蘖酿醴可能先是用水浸渍蘖，让其自然发酵。后来发明了酒曲，酒曲也用同样的方法浸泡。原始的酒曲糖化发酵力不强，可能酒曲本身就是发酵原料。后来，由于提高了酒曲的糖化发酵能力，就可加入新鲜的米饭，酿成的酒度也就能提高。这样酒曲法酿酒就淘汰了蘖法酿醴。我们有理由相信，蘖法酿醴这种方式在我国的酿酒业中曾经占据过重要的地位，甚至其历史跨度还超过了目前的酒曲法。

四、中国古代葡萄酒的酿造

考古资料证明，古埃及人是最早种植葡萄和酿造葡萄酒的。从五千年前的一幅墓壁画中，人们可以看到当时的古埃及人在葡萄的栽培、葡萄酒的酿造及葡萄酒的贸易方面的生动情景。

我国的葡萄酒究竟起源于何时？1980 年在河南省发掘的一个商代后期的古墓中，发现了一个密闭的铜卣。经专家分析，铜卣中的酒为葡萄酒。至于当时酿酒所采用的葡萄是人工栽培的还是野生的尚不清楚。

另有考古资料表明：在商代中期的一个酿酒作坊遗址中，有一陶瓮中尚残留有桃、李、枣等果物的果实和种仁。尽管没有充足的文字证据，但从以上考古资料中，我们可以确信在商周时期，除了谷物原料酿造的酒之外，其他水果酿造的酒也占有一席之地。

1. 葡萄酒史料

一般来说，在古代中国，葡萄酒并不是主要的酒类品种，但在一些地区，如现在的新疆，葡萄酒则基本上是其主要的酒类品种。在一些历史时期，如元代，葡萄酒也曾普及过。而且，历代文献中对葡萄酒的记载也是较为丰富的。

司马迁在《史记》中首次记载了葡萄酒。公元前138年，张骞奉汉武帝之命出使西域，看到"宛左右以蒲陶为酒，富人藏酒至万馀石，久者数十岁不败。俗嗜酒，马嗜苜蓿。汉使取其实来，于是天子始种苜蓿，蒲陶肥饶地。及天马多，外国使来众，则离宫别观旁尽种蒲陶，苜蓿极望"（《史记·大宛列传》）。大宛是古西域的一个国家，在中亚费尔干纳盆地。这一例史料充分说明我国在西汉时期，已从邻国学习并掌握了葡萄种植和葡萄酿酒技术。西域自古以来一直是我国葡萄酒的主要产地。《吐鲁番出土文书》中有不少史料记载了4—8世纪期间吐鲁番地区葡萄园种植、经营、租让及葡萄酒买卖的情况。从这些史料可以看出在那一历史时期葡萄酒的生产规模是较大的。

东汉时，葡萄酒仍非常珍贵，据《续汉书》云：扶风孟佗以葡萄酒一斗遗张让，即拜凉州刺史。

葡萄酒的酿造过程要比黄酒酿造简单，但是由于葡萄原料的生产有季节性，终究不如谷物原料那么方便，因此葡萄酒的酿造技术并未被大面积推广。历史上，葡萄酒一直是被断断续续延续下来的。唐代和元代将葡萄酿酒方法引进，而以元代时的酿制规模最大，其生产主要是集中在新疆一带。在元代，在山西太原一带也有过大规模的葡萄种植和葡萄酒酿造的历史。

汉代虽然曾引入了葡萄及葡萄酒生产技术，但却未使之传播开来。汉代之后，中原地区大概就不再种植葡萄。一些边远地区时常以贡酒的方式向后来的历代皇室进贡葡萄酒。唐代时，中原地区对葡萄酒已是一无所知了。唐太宗从西域引入葡萄，《南部新书》丙卷记载："太宗破高昌，收马乳葡萄种于苑，并得酒法，仍自损益之，造酒成绿色，芳香酷烈，味兼醍醐，长安始识其味也。"唐代时，葡萄酒在内地有较大的影响力，以致在唐代的许多诗句中，葡萄酒的芳名屡屡出现。如脍炙人口的诗句："葡萄美酒夜光杯，欲饮琵琶马上催。"刘禹锡（772—842年）也曾作诗赞美葡萄酒，诗云："我本是晋人，种此如种玉，酿之成美酒，尽日饮不足。"这说明当时山西早已种植葡萄，并酿造葡萄酒。白居易、李白等都有吟诵葡萄酒的诗。当时的胡人还在长安开设酒店，销售西域的葡萄酒。

元代统治者对葡萄酒非常喜爱，规定祭祀太庙必须用葡萄酒，并在山西的太原、江苏的南京开辟了葡萄园，还在宫中建造了葡萄酒室。

明代徐光启的《农政全书》中曾记载了我国栽培的葡萄品种：水晶葡萄，晕色带白，如着粉形大而长，味甘。紫葡萄，黑色，有大小两种，酸甜两味。绿葡萄，出蜀中，熟时色绿，至若西番之绿葡萄，名兔睛，味胜甜蜜，无核则异品也。

2. 中国古代葡萄酒的酿法

中国古代的葡萄酒的酿造技术主要有自然发酵法和加曲法。

自然发酵法

葡萄无需酒曲也能自然发酵成酒，而从西域学来的葡萄酿酒法就是自然发酵法。唐代苏敬的《新修本草》云："凡作酒醴须曲，而蒲桃、蜜等酒独不用曲。"葡萄皮表面本来就有酵母菌，可将葡萄发酵成酒。

加曲发酵法

由于我国人民长期以来用曲酿酒，在中国人的传统观念中，酿酒时必须加入酒曲，再加上技术传播上的障碍，有些地区还不懂葡萄自然发酵酿酒的原理。于是在一些记载葡萄酒酿造技术的史料中，时常可以看到一些画蛇添足、令人捧腹的做法。如北宋朱肱所写的《北山酒经》中所收录的葡萄酒法，却深深带上了黄酒酿造法的烙印。其法是："酸米入甑蒸，气上，用杏仁五两（去皮尖）。葡萄二斤半（浴过，干，去皮、子），与杏仁同于砂盆内一处，用熟浆三斗，逐旋研尽为度，以生绢滤过，其三半熟浆泼，饭软，盖良久，出饭摊于案上，依常法候温，入曲搜拌。"该法中葡萄经过洗净，去皮及子，正好把酵母菌都去掉了。而且葡萄只是作为此酒的一种配料，因此不能称其为真正意义上的葡萄酒。

3. 近现代中国的葡萄酒

1892 年，清末华侨张弼士在烟台建立了葡萄园和葡萄酒公司——

张裕葡萄酿酒公司，从西方引入了优良的葡萄品种，并引入了机械化的生产方式，从此我国的葡萄酒生产技术上了一个新台阶。

中华人民共和国成立后，从 20 世纪 50 年代末到 60 年代初，我国又从保加利亚、匈牙利、苏联引入了酿酒葡萄品种。我国自己也开展了葡萄品种的选育工作。目前，我国在新疆、甘肃的干旱地区，在渤海沿岸平原、黄河故道、黄土高原干旱地区及淮河流域、东北长白山地区建立了葡萄园和葡萄酒生产基地。葡萄酒厂在这些地区也得到了巨大的发展。

五、中国古代药用保健酒的酿造

人类最初的饮酒行为虽然还不能称之为饮酒养生，却与保健养生有着密切的联系。最初的酒是人类采集的野生水果在剩余时得到适宜条件自然发酵而成的，由于许多野生水果本身就具有药用价值，所以最初的酒可以称得上是天然的"保健酒"，它对人体健康有一定的保护和促进作用。

保健酒的主要特点是在酿造过程中加入了药材，主要以养生健体为主，具有保健强身的作用，其用药讲究配方，根据其功能可分为补气、补血、滋阴、补阳和气血双补等类型。

随着人们生活水平的提高，人们对健康的需求也越来越高，追求健康的方式也越来越多。保健酒作为一个全新的名词，正逐步走进人们的生活。其实，保健酒早在远古时期就已经出现，只是那时候它更多的是作为"药酒"被人们所认知的。

殷商的酒类，除了"酒""醴"之外，还有"鬯"。"鬯"是以黑黍为酿酒原料，加入郁金香草（一种中药）酿成的。这是有文字记载的最早"药酒"。

长沙马王堆三号汉墓中出土的一部医方专著（后来被称为《五十二病方》），被认为是公元前 3 世纪末秦汉之际的抄本，其中用到酒的药方不下 35 个，而且至少有 5 方可认为是酒剂配方，用以治疗蛇伤、疽、疥癣等疾病。

《养生方》是马王堆西汉墓中出土的帛书之一，其中共有 6 种药酒的酿造方法。秦汉时期的医学典籍《黄帝内经》中的《素问·汤液醪醴论》专篇曾指出："自古圣人之作汤液醪醴，以为备耳"，"邪气至时，服之万全"。这就说明古人酿造醪酒，是专为药而备用的。

汉代药酒逐渐成为中药方剂的组成部分，其针对性和治疗功效也大大加强。汉代《神农本草经》论述："药性有宜丸者、宜散者、宜水煮者、宜酒渍者。"汉代名医张仲景在《金匮要略》中记有药酒的生产方法实例。还有一例"红蓝花酒方"，故班固在《前汉书·食货志》中称酒为"百药之长"。

晋代葛洪的《肘后备急方》中记有桃仁酒、猪胰酒、金牙酒、海藻酒等治疗性药酒。

南朝齐梁时期的著名本草学家陶弘景在《本草集经注》中提出"酒可行药势"，在总结前人采用冷浸法制备药酒的经验基础上，提出了用冷浸法制药酒时"凡渍药酒，皆须细切，生绢袋盛之，乃入酒密封，随寒暑日数，视其浓烈，便可漉出，不必待至酒尽也。滓可暴燥微捣，更渍饮之，亦可散服"，阐明了粉碎度、浸渍时间及浸渍时的气温对于浸出速度、浸出效果的影响，并指出 71 种药材不可浸酒，可见此时药酒的制法和用法已不断完善。

热浸法制药酒的最早记载是北魏《齐民要术》中的"胡椒酒"，该法把干姜、胡椒末及石榴汁置入酒中后，"火暖取温"。尽管这还不是制药酒，但已被当作一种方法在民间流传，故也可能用于药酒的配制。热浸法确实成为后来的药酒配制的主要方法。

唐宋时期，药酒补酒的酿造较为盛行，这期间的一些医药巨著如《备急千金要方》《外台秘要》《太平圣惠方》《圣济总录》都收录了大量的药酒和补酒的配方及制法。唐宋时期，由于饮酒风气浓厚，社会上酗酒者渐多，解酒、戒酒似乎很有必要，故在这些医学著作中，解酒、戒酒的药方便应运而生。在上述四部书中，这方面的药方多达 100 余例。唐宋时期的药酒配方中，用药味数较多的复方药酒所占的比重明显提高，这是当时的显著特点。复方的增多表明药酒制备整体水平的提高。唐宋时期，药酒的制法有酿造法、冷浸法和热浸法。

这一时期，药酒已开始由治疗性药酒向补益强身的养生保健酒发展。质量有了提高，不仅达官贵人饮用，而且有不少成了宫廷御酒。

元代忽思慧所著《饮膳正要》是我国第一部营养学专著，共三卷，天历三年（1330 年）成书，收集了不少适合中老年人饮用的养生保健酒，并对酒的利弊概括为："酒味性甘、辛，性热，有毒，主行药势，杀百邪、通血脉、厚肠胃、消忧愁，少饮为佳，多饮则伤神损寿，易人本性，其毒甚也，饮酒过度，伤生之源!"

明代李时珍在其《本草纲目》中记载了补酒方200余种，还有其他名家名著甚多，记录药酒不少。这些药酒大多以烧酒为基酒，与明代以前的以黄酒为基酒的药酒有明显区别。以烧酒为基酒，可增加药中有效成分的溶解，这是近现代以来药酒及保健酒类制造上的一大特点。

清代特别盛行养生保健酒，清宫补益酒空前兴旺发达。明清的很多药酒配方采用平和的药物以及补气养阴药物组成，这样就可以适用于不同的机体状况，使药酒可以在更广泛的领域中发挥作用。

近现代以来，保健酒得到了空前发展，但也有一些波折，药酒、保健酒已逐渐分化。特别是保健酒，在《保健食品管理办法》出台后终于取得了合法的身份，与药酒完全分离。1981年，劲牌公司开始涉足保健酒领域，研发现代保健酒，并第一次明确提出了"保健酒"的概念，严格区分了"药酒"与"保健酒"。

中国文化源远流长，酒海中的宝藏也是琳琅满目，只要认真加以发掘，还可以使它继续为人类的物质生活和精神生活做出贡献。

第三节　酒的发展史

中国酒文化源远流长，据说已有4000余年的历史，上古造酒，方法简单，用桑叶包饭发酵而成。在夏代，我国酿酒技术已经有了一定的发展。到了商代，酿酒业颇为发达，已开始使用酒曲酿酒。到了周代，已有关于酿酒的专门部门和管理人员，酿酒工艺也有了较为详细的记录，并达到相当的水平，这说明我国很早就已有发达的酿酒业。到南北朝时，开始有"酒"这一名称。到唐宋时，酿酒业已很兴盛，名酒种类不断增多，如曲沃、珍珠红等。

现在，随着世界各国人民的交流和发展，西方的酿酒技术与我国传统的酿造技艺争放异彩，使我国酒苑百花争艳、春色满园。啤酒、白兰地、威士忌、伏特加及日本清酒等外国酒在我国立足生根；竹叶青、五加皮、玉冰烧等新酒种产量迅速增长；传统的黄酒、白酒也琳琅满目、各显特色。中国酒的发展进入了空前繁荣的时代。

一、周秦两汉时期

周代酿酒工艺比商代完备，酒种类也有所增加，《礼记》中就记载有醴酒、玄酒、清酌、澄酒等多种酒类。在河北开平一座战国时中山国王的墓中，人们发现了两只精美的铜酒壶，里面贮存的两种古酒是迄今发现的世界上古老的陈酿美酒。

西汉承秦末大乱之后，统治者减轻劳役赋税、与民休养生息，促进了农业生产，也活跃了工商业。天下安定，经济发展，人民生活得到改善，酒的消费量相当可观。为了防止私人垄断，也为了增加国家财政收入，汉代对酒实行专卖，始于汉武帝天汉三年（公元前98年）御史大夫桑弘羊建议"榷酒酤"。但只实行了17年，因在盐铁会上遭到贤良文学者的坚决反对，不得不作让步，改专卖为征税，每升税四钱。

汉代时人们称稻米酒为上等、稷米酒为中等、黍米酒为下等。武帝时东方朔好饮酒，他把喜爱的枣酒称作仙藏酒，还有桐到酒、肋酒、恬酒、柏酒、桂酒、菊花酒、百末旨酒（一名兰生酒）、椒酒、斋中酒、听事酒、香酒、甘醴、甘拨等。

汉武帝时期，我国的欧亚种葡萄（即在全世界广为种植的葡萄种）是在汉武帝建元年间，汉使张骞出使西域时从大宛带来的。在引进葡萄的同时，还招来了酿酒艺人。据《太平御览》，汉武帝时期，"离宫别观傍尽种蒲萄"，可见汉武帝对此事的重视，并且葡萄的种植和葡萄酒的酿造都达到了一定的规模。我国栽培的葡萄从西域引入后，先至新疆，经甘肃河西走廊至陕西西安，其后传至华北、东北及其他地区。

东汉末期，曹操发现家乡已故县令的家酿法（九酝春酒法）新颖独特，所酿的酒醇厚无比，因此将此方献给汉献帝。这个方法是酿酒史上，甚至可以说是发酵史上具有重要意义的补料发酵法。这种方法，现代称"喂饭法",在发酵工程上归为"补料发酵法"。补料发酵法后来成为我国黄酒酿造的最主要的加料方法。

二、三国时期

三国时期,各地纷纷出现一些禁酒的政策措施,但作为一种已经较为普及的消费品,这些禁酒措施并未能阻止酒文化的继续传播。相反,三国期间各国好酒之人比比皆是,其言行更为我国的酒文化增添一道亮丽的色彩。同时,酒也被普遍应用于社会生活的各个方面。

三、两晋南北朝时期

魏晋之际,司马氏和曹氏的夺权斗争十分激烈、残酷,氏族中有很多人为了回避矛盾尖锐的现实,往往纵酒佯狂。据《晋书》所载:有一位山阴人孔群"生嗜酒,……尝与亲友书云:'今年田得七百石秫米,不足了曲蘖事'"。一年收了700石糯米,还不够他做酒之用。这自然是比较突出的例子,其情况可见一斑。

东晋时,穆帝永和九年(353年)王羲之与名士谢安、孙绰等在会稽山阴兰亭举行"曲水流觞"的盛会,乘着酒兴写下了千古珍品《兰亭集序》,可以说是酒文化中熠熠生辉的一页。

到了南北朝时,酒名已不再仅是区分不同酒类品种的符号,开始比较讲求艺术效果,并注入了美的想象,广告色彩也日渐浓厚。当时酒的名字有金浆(即蔗酒)、千里醉、骑蟹酒、白坠春酒、缥绞酒、桃花酒(亦称美人酒,据说喝了这种酒可"除百病、好容色")、梨花春、驻颜酒、榴花酒、巴乡清、桑落酒等,十分悦耳。

四、唐代时期

唐代时酒与文艺紧密联系,这种现象使唐代成为中国酒文化发展史上的一个特殊的时期。"李白斗酒诗百篇",许多这样与酒相关的名句都是出自这一时期。"酒中八仙"之首的贺知章晚年从长安回到故乡,寓居"鉴湖一曲",饮酒作诗自娱。张乔《越中赠别》一首有句云:

"东越相逢几醉眠，满楼明月镜湖边。" 与知己畅饮绍兴美酒，饮赏鉴湖月色，又是多么令人惬意的赏心乐事。

五、宋代时期

宋代葡萄酒发展的情况可以从苏东坡、陆游等人的作品中看出来。苏东坡的《谢张太原送蒲桃》写出了当时的世态：

> 冷官门户日萧条，亲旧音书半寂寥。
> 惟有太原张县令，年年专遣送蒲桃。

苏东坡一生仕途坎坷，多次遭贬。在不得意时，很多故旧亲朋都不上门了，甚至连音讯都没有。只有太原的张县令，不改初衷，每年都派专人送葡萄来。从诗中，我们还知道，在宋代，太原仍然是葡萄的重要产地。

到了南宋，陆游的《夜寒与客烧干柴取暖戏作》：

> 稿竹干薪隔岁求，正虞雪夜客相投。
> 如倾潋潋葡萄酒，似拥重重貂鼠裘。
> 一睡策勋殊可喜，千金论价恐难酬。
> 他时铁马榆关外，忆此犹当笑不休。

诗中把喝葡萄酒与穿貂鼠裘相提并论，说明葡萄酒可以给人体提供热量，同时也表明了当时葡萄酒的名贵。

六、元代时期

《马可·波罗游记》一书记载：元代的酒类有马奶酒、葡萄酒、米酒和药酒，据估计都是低度饮品。马奶酒又被称为"忽迷思"，最好的"忽迷思"需经过数次发酵提纯，使马奶在皮袋中变成甘美的酒类饮料，这种酒只有大汗宫中才有。元代灭南宋后，宋代君臣来到草原，元世祖忽必烈设宴，"第四排宴在广寒，葡萄酒酽色如丹"。

米酒是元代北方农区的佳酿，据《马可·波罗游记》描述："没有什么比它更令人心满意足的了。温热之后，比其他任何酒类都更容易使人沉醉。"另据意大利学者研究：马可·波罗曾把中国的酒方带回欧洲，现今的"杜松子"酒，其方就记载于元代《世医得效方》中，当时被欧洲人称为"健酒"。

元代还盛产一种粮食酒，蒙古语称其为"答剌酥"，该词还常被元杂剧使用。元杂剧中就有"去买一瓶打剌酥，吃着耍"的语句。

元代时期美酒品种类繁多，这必然要求酒具与之匹配，当时酒具有酒局、酒海、杯、盏、玉壶春瓶等。元大都（今北京）就出土有玉酒海，为元代宫廷用具。

七、明代时期

明代是酿酒业大发展的新时期，酒的品种、产量都大大超过前朝。明代虽也有过酒禁，但大致上是放任私酿私卖的，政府直接向酿酒户、酒铺征税。由于酿酒的普遍，此时不再设专门管酒务的机构，酒税并入商税。据《明史·食货志》记载：酒就按"凡商税，三十而取一"的标准征收。这样，无疑极大地促进了各类酒的发展。

洪武二十七年（1394年）准民自设酒肆，正统七年（1442年）改前代酒课为地方税，以后又采取方便酒商贸易、减轻酒税的措施，因此酒的交流加快，徐渭在《兰亭次韵》一诗中无限感慨地说："春来无处不酒家"，可见当时的酒店之多。这期间，黄酒的花色品种有新的增加，有用绿豆为曲酿制的豆酒，还有地黄酒、鲫鱼酒等。万历《绍兴府志》："府城酿者甚多，而豆酒特佳。京师盛行，近省地每多用之。"

八、清代时期

清代，酒业进一步发展，由于大酿坊的陆续出现，产量逐年增加、销路不断扩大。于是在各酿坊的协商下，品种、规格和包装形式也就统一起来。为了扩大和便利销售，有些酿坊还在外地开设酒店、酒馆或酒庄，经营零售批发业务。早在清乾隆年间，"王宝和"就在上海小东门开设酒店；"高长兴"在杭州、上海开设酒馆；"章东明"除在上海、杭州各处开设酒行外，又在天津侯家后开设"金城明记"酒庄，专营北方的酒类批发业务，并专门供应北京同仁堂药店制药用酒，年销近万坛以上。

九、当今发展

1. 黄酒

从清末到民国初期，黄酒美誉远播中外。1910 年在南京举办的南洋劝业会上，谦豫萃、沈永和酿制的黄酒获金奖，1915 年在美国旧金山举行的美国巴拿马太平洋万国博览会上，绍兴云集信记酒坊的黄酒获金奖。1929 年在杭州举办的西湖博览会上，沈永和酒坊的黄酒获金奖。1936 年在浙赣特产展览会上，黄酒又获金奖。多次获奖，使黄酒身价提升百倍、倍受青睐。

2. 白酒

我们可以从各方面来看白酒行业的发展状况。

从白酒的质量看，1952 年全国第一届评酒会评选出全国八大名酒，其中白酒 4 种，称为中国四大名酒。随后连续举行至第五届全国评酒会，共评出国家级名酒 17 种、优质酒 55 种；1979 年全国第三届评酒会开始，将评比的酒样分为酱香、清香、浓香、米香和其他香 5 种，称为全国白酒五大香型，嗣后其他香发展为芝麻香、兼香、凤香、豉香和特香型 5 种，共称为全国白酒十大香型。

从白酒产量看，1949 年全国白酒产量仅为 10.8 万吨，至 1996 年发展到顶峰为 801.3 万吨，是建国初期的 80 倍。近几年来基本稳定在 350 万吨左右，全国注册企业达 3.7 万家，从业人员约有几十万。

从白酒税利看，每年为国家创税利约 120 亿以上，仅次于烟草行业，其经济效益历来在酒类产品中名列前茅。

从白酒科技看，中央组织全国科技力量进行总结试点工作，如烟台酿酒操作法、四川糯高粱小曲法操作法、贵州茅台酿酒、泸州老窖、山西汾酒和新工艺白酒等总结试点，都取得了卓越的成果。业内人士一致认为开展总结试点工作就是搞科研，而搞科研就是提升生产力。

从白酒工艺看，它的生产可分小曲法、大曲法、麸曲法和液态法（新工艺白酒），以传统固态发酵生产名优白酒，新工艺法为普遍白酒，已占全国白酒总产量的 70%。

从白酒发展看，全国酿酒行业的重点在鼓励低度的黄酒和葡萄酒，控制白酒生产总量，以市场需求为导向，以节粮和满足消费为目标，以认真贯彻"优质、低度、多品种、低消耗、少污染和高效益"为方向。

白酒是我国世代相传的酒精饮料，通过跟踪研究和总结工作，对传统工艺进行了改进，如从作坊式生产到工业化生产，从肩挑背扛到半机械作业，从口授心传、灵活掌握到通过文字资料传授。这些都使白酒工业不断得到发展与创新，提高了生产技术水平和产品质量，我们应该继承和发展这份宝贵的民族财富，弘扬中华民族的优秀酒文化，使白酒行业发扬光大。

第四节　饮酒史

中国是屹立世界的文明古国，也是酒的故乡。在中华民族五千多年的历史长河中，酒几乎渗透到社会生活中的各个领域。中国饮酒的历史，可以上溯到人类社会发展史的上古时期。《史记·殷本纪》中便有纣王"以酒为池，悬肉为林"，"为长夜之饮"的记载，《诗经》中有"十月获稻，为此春酒"和"为此酒春，以介眉寿"的诗句。据史料记载：中国人在商朝时代已有饮酒的习惯，并以酒来祭神。在汉、唐以后，除了黄酒以外，各种白酒、药酒、果酒等成了人们日常生活的饮品。

商周时期，纣王造的酒池可行船，整日里不是美酒就是美色，还时常抱着美女跳进酒池戏饮，玩昏了头，结果把江山也玩没了，验证了大禹"日后必有酒色亡国者"之预言。当时的酒广泛用于祭祀，并且规模较大。《礼记·表记》中记有"粢（古代祭祀用的器类）盛矩鬯，以事上帝"。据记载，殷商时代祭祀的规模很宏大。"殷墟书契前编"中有一条卜辞"祭仰卜，卣，弹鬯百，牛百用"。意思是说：一次祭祀要用一百卣酒、一百头牛。祭祀用的卣约盛三斤酒，百卣即三百斤，足见其祭祀规模之大。

周代吸取纣王的教训，颁布《酒诰》，开始了中国历史上的第一次禁酒。其不仅规定王公诸侯不许非礼饮酒，最严厉的一条是不准百姓群饮："群饮，汝勿佚，尽执拘以归于周，予其杀。"即对聚饮民众不能放过，统统抓起来送到京城杀掉。《酒诰》还规定，执法不力者同样有杀头之罪。而在周代祭祀天地先王为大祭，添酒三次；祭祀山川神社为中祭，添酒二次；祭祀风伯雨师为小祭，添酒一次。元老重臣则按票供酒，国王及王后不受此限。此时的酒主要供统治阶级享用。

古代饮酒有一种高尚的礼仪制度，代代相传。从周代开始，我国就实行一种飨燕礼仪制度，飨与燕是两种不同的礼节。飨（以酒食款待人）礼主要为天子宴请诸侯，或诸侯之间的互相宴请，大多在太庙举行。待客的酒一桌两壶，羔羊一只。宾主登上堂屋，举杯祝贺。一般规模宏大、场面严肃。目的不在吃喝，主要为天子与诸侯联络感情，体现以礼治国安邦。燕礼就是宴会，主要是古代君臣宴礼，地点在寝宫。大多烹肉而食、酒菜丰盛、尽情吃喝、场面热烈。一般酒过三巡之后，可觥筹交错、尽欢而散。周代之后，历代皇帝遵循古传遗风，在飨燕之礼的基础上又增加了许多宴会，如元旦大宴、节日宴、皇帝诞辰宴等，地点改在园林楼阁之间，形式也轻松活泼了许多。

三国时魏文帝曹丕喜欢喝酒，尤其喜欢喝葡萄酒。他不仅自己喜欢葡萄酒，还把自己对葡萄及葡萄酒的喜爱和见解写进诏书，告之于群臣。魏文帝在《诏群臣》中写道：

> 三世长者知被服，五世长者知饮食。此言被服饮食，非长者不别也。……中国珍果甚多，且复为说葡萄。当其朱夏涉秋，尚有余暑，醉酒宿醒，掩露而食。甘而不饴，酸而不脆，冷而不寒，味长汁多，除烦解渴。又酿以为酒，甘于鞠蘖，善醉而易醒。道之固已流涎咽唾，况亲食之邪。他方之果，宁有匹之者。

作为帝王，在给群臣的诏书中不仅谈吃饭穿衣，更大谈自己对葡萄和葡萄酒的喜爱，并说只要提起葡萄酒这个名，就足以让人垂涎了，更不用说亲自喝上一口，这恐怕也是空前绝后的。《三国志·魏书·魏文帝记》是这样评价魏文帝的："文帝天资文藻，下笔成章，博闻疆识，才艺兼该。"有了魏文帝的提倡和身体力行，葡萄酒业得到恢复和发展，使得在后来的晋及南北朝时期，葡萄酒成为王公大臣、社会名流筵席上常饮的美酒，葡萄酒文化日渐兴起。

隋文帝重新统一中国后，经过短暂的过渡，即是唐代的"贞观之治"及一百多年的盛唐时期。这期间，由于疆土扩大、国力强盛、文化繁荣，喝酒已不再是王公贵族、文人名士的特权，老百姓也普遍饮酒。据说唐代魏征造酒手艺很高明，曾酿出醽醁、翠涛两种酒，最为珍奇。据说藏于缸中，十年也不会腐败。唐太宗非常喜欢魏征的酒，题诗曰："醽醁胜兰生（汉宫名酒），翠涛过玉薤（隋炀帝宫中名酒）。千日醉不醒，十年味不败。"看来唐代魏征的酒一定是酒精度较高的米酒，否则很难做到"十年味不败"。

而且，盛唐时期，社会风气开放，不仅男人喝酒，女人也普遍饮酒。丰满是当时公认的女性美，女人醉酒更是一种美。唐明皇李隆基特别欣赏杨玉环醉韵残妆之美，常常戏称贵妃醉态为"岂妃子醉，是海棠睡未足耳"。当时，女性化妆时喜欢在脸上涂上两块红红的胭脂，据说是那时非常流行的化妆法，叫做"酒晕妆"。港台和沿海城市流行的"晒伤妆"，可以说就是一千多年前唐代女性的"酒晕妆"的重现。

宋代的酒多冠名堂字，如思春堂、中和堂、济美堂、眉寿堂等；也有沿袭前朝旧名的，如万家春、万象春、皇都春、蓬莱春等。据记载，南代皇帝曾将一种叫流香的酒赏赐给大臣。

到了元代，葡萄酒常被统治者用来宴请、赏赐王公大臣，还用来赏赐外国和外族使节。南宋使者徐霆出使草原时，受到元太宗的接见，并赐马奶酒。徐霆记曰："初到金帐，鞑主（太宗窝阔台）饮以马奶，色清而味甜。"葡萄酒是蒙古汗国初期由畏兀儿首领亦都护所献。徐霆也在金帐中饮过，他说："（仆人）又两次（入）金帐中送葡萄酒，盛以玻璃瓶，一瓶（只）可得十余小盏，其色如南方柿漆，味甚甜。闻多饮亦醉，但（可惜）无缘多饮耳。"同时，由于葡萄种植业和葡萄酒酿造业的大发展，饮用葡萄酒不再是王公贵族的专利，平民百姓也饮用葡萄酒。这从一些平民百姓、山中隐士以及诗人的葡萄与葡萄酒诗中都可以读到。据说元代的杨铁崖喜欢以歌女弓鞋行酒。自从铁崖创制鞋杯，自命风流的人们纷纷仿效，到了清代，鞋杯行酒流俗更广，直至民国时期依然如故。

清末民国初，葡萄酒不仅是王公贵族的饮品，在应用在一般社交场合以及酒馆里。这些也可以从当时的文学作品中反映出来。曹雪芹的祖父曹寅所作的《赴淮舟行杂诗之六·相忘》写道：

短日千帆急，湖河簸浪高。

绿烟飞蛱蝶，金斗泛葡萄。

失薮衰鸿叫，搏空黄鹄劳。

蓬窗漫抒笔，何处写遁逃。

这首诗告诉我们，葡萄酒在清代仍然是上层社会常饮的樽中美酒。费锡璜的《吴姬劝酒》中也写出了当时社交场合饮用葡萄酒的情景。

总的来说，在漫漫五千年的中国历史中，历朝历代没有不饮酒的，只是区别在饮酒者的频繁程度、饮酒场合及耗酒量的不同而已，且从总体上呈现出丰富多彩的特点。

第五节　历代酒政

一、古代的酒政

酒政是国家对酒的生产、流通、销售和使用而制定实施的政策的总和。在众多的生活用品中，酒是一种非常特殊的用品。这是因为：

中国酿酒的原料主要是粮食，它是关系到国计民生的重要物质。由于酿酒一般获利甚丰，在历史上常常发生酿酒大户大量采购粮食用于酿酒，而与民争食的现象。所以当酿酒原料与口粮发生冲突时，国家必须实施强有力的行政手段加以干预。

酿酒及用酒是一项非常普遍的社会活动。首先，酒的生产非常普及，酿酒作坊可以大规模生产，家庭可以自产自用。由于生产方法相对简便、生产周期比较短，只要粮食充裕，随时都可以进行酿酒。酒的直接生产企业与社会上许多行业有着千丝万缕的联系。酒的消费面也非常广，如酿酒业与饮食业的结合，在社会生活中所占的比重就很大。可见，国家对酒业的管理是一个非常复杂的系统工程。

国家实行榷酒以来，酒政变动频繁。一般来说，酒是一种高附加值的商品，酿酒业一般获利甚厚。在古代，能够开办酒坊酿酒的人户往往是富商巨贾，酿酒业的开办给他们带来了滚滚财源。但财富过分集中在这些人手中，对国家来说并不是有利的。酒政的变动，实际上是不同的利益集团对酒利争夺的结果。

酒是一种特殊的食品。它不是生活必需品，却具有一些特殊的功能，如同古人所说的"酒以成礼，酒以治病，酒以成欢"。在这些特定的场合下，酒是不可缺少的。但是，酒又被人们看作是一种奢侈品，没有它，也不会影响人们的正常生活。而且，酒能使人上瘾，饮多使人致醉、惹事生非、伤身败体，人们又将其作为引起祸乱的根源。如何根据实际情况进行酒业管理，使酒的生产、流通、消费走上正轨，使酒的正面效应得到发挥、负面效应得到抑制也是一门深厚的学问。

数千年来，正是基于上述考虑，历代统治者对于酒这个影响面极广的产品，从放任不管到紧抓不放，实行了种种管理政策。这些措施有利有弊，执行的程度也有松有紧，历史上人们对其有褒有贬。虽然这些都成了历史，但对于后人还是有借鉴作用的。

夏商两代的末君都是因为酒而引来杀身之祸，结果导致亡国的。从史料记载及出土的大量酒器来看，夏商两代统治者饮酒的风气十分盛行。夏桀"作瑶台，罢民力，殚民财，为酒池糟，纵靡靡之乐，一鼓而牛饮者三千人"，最后被商汤放逐。商代贵族的饮酒风气并未收敛，反而愈演愈烈。出土的酒器不仅数量多、种类繁，而且其制作巧夺天工，堪称世界之最。这充分说明统治者是如何沉湎于酒的。据说：商纣饮酒七天七夜不歇，酒糟堆成小山丘，酒池里可运舟。据研究：商代的贵族们还因长期用含有锡的青铜器饮酒，造成慢性中毒，致使战斗力下降。所以，酗酒成风被普遍认为是商代灭亡的重要原因。

西周统治者在推翻商代的统治之后，发布了我国最早的禁酒令《酒诰》。其中说道：不要经常饮酒，只有祭祀时才能饮酒。对于那些聚众饮酒的人，抓起来就杀掉。在这种情况下，西周初中期，酗酒的风气有所收敛。这点可从出土的器物中酒器所占的比重减少得到证明。《酒诰》中禁酒之教基本上可归结为：无彝酒、执群饮、戒湎酒，并认为酒是大乱丧德、亡国的根源。这构成了中国禁酒的主导思想之一，成为后世人们引经据典的典范。

商鞅辅政时的秦国，实行了"重本抑末"的基本国策，酒作为消费品，自然在限制之中。《商君书·垦令篇》中规定："贵酒肉之价，重其租，令十倍其朴。"（意思是加重酒税，让税额比成本高十倍。）《秦律·田律》规定："百姓居田舍者，毋敢酤酒，田啬、部佐禁御之，有不从令者有罪。"秦国的酒政有两点，即禁止百姓酿酒、对酒实行高价重税。其目的是：用经济的手段和严厉的法律抑制酒的生产和消费，鼓励百姓多种粮食；另一方面，通过重税高价，国家也可以获得巨额的收入。

西汉前期实行"禁群饮"的制度，相国萧何制定的律令规定："三人以上无故群饮酒，罚金四两。"（《史记·文帝本纪》）这大概是因为西汉初，新王朝刚刚建立，统治者为杜绝反对势力聚众闹事，故有此规定。"禁群饮"，实际上是根据《酒诰》而制定的。

唐代的税酒，即对酿酒户和卖酒户进行登记，并对其生产经营规模划分等级，给予这些人从事酒业的特权。未经特许的，则无资格从事酒业。大历六年的做法是：酒税一般由地方征收，地方向朝廷进奉，如所谓的"充布绢进奉"是说地方上可用酒税钱抵充进奉的布绢之数。

禁酒无疑会使酿酒业受到很大的摧残，酒的买卖少了，连酒的市税也收不到。唐代宗广德元年（763年），安史之乱终于结束。唐朝为了应付军费开支和养活皇室及官僚，巧立名目，征收苛捐杂税。据《新唐书·杨炎传》的记载：当时搜括民财已到了"废者不削，重者不去，新旧仍积，不知其涯"的地步。为确保国家的财政收入，统治者再次恢复了180多年的税酒政策。代宗二年，"定天下酤户纳税"（《唐书·食货志》）。《杜佑通典》也记载："二年十二月敕天下州各量定酤酒户，随月纳税，除此之外，不问官私，一切禁断。"

到了宋代，酒税已是政府重要的财源。为了收到足够的酒税，宋代对酒的生产和销售管理还是很严格的。

北宋初年实行禁酒的政策，不许私人酿酒。私自制曲5斤即应判处死刑，后放宽到私自制曲15斤判极刑。随着经济的恢复、生产的发展，对酒的政策越来越放宽。

北宋的酒政主要有三种形式：酒的专卖、曲的专卖和税酒，即对不同的地方分别实行三种不同的政策：三京地区实行酒曲专卖；州城内则实行酒的专卖；县以下的地方或实行纳税，或实行酒的专卖。这种区别对待的政策，考虑到地方的特点，有利于国家获取更大的酒利。

酒的专卖，其做法是酒坊归官府所有，生产资料、生产费用、生产原料由官府解决，酒户从官府租来酒坊组织生产，酿成的酒由官府包销，酒价自然由官府定。当时的开封有两种类型的酒店负责推销官酒：

一种叫正店，一种叫脚店。据《东京梦华录》记载："在京正店七十二户，此外不能遍数，其余皆谓之脚店。"还有酒楼，是官府开办的饮酒吃饭的地方。酒库是官府酒的批发场所，还有被称为"拍户""泊户"的零售店。

酒曲是酿造黄酒必须的糖化剂和发酵酒母，比较稳定，可以长期存放，所以实行酒曲专卖，官府也能有效地控制酒的税收。酒曲的专卖主要在三京：开封、洛阳、商丘。榷曲的做法主要有以下几种：官定曲价、划定范围、限额发销等。

北宋时期，官府对酿酒的管理、对酒税的控制做得很细，在某些方面甚至比现在都管得严。

1127 年宋高宗赵构即位，他实行投降妥协政策，导致英勇抗金的群众和将领节节败退，最后被迫迁都杭州，建立了南宋政权，而军费的筹措是头等大事。南宋政权从一开始就处在内外交困的情况下，经费紧张，酒税是重要的财政来源。据《宋史·食货志》记载："渡江后，屈于养兵，随时增课，名目杂出。"所以，南宋的酒政是多样化的，在城市，仍以酒的专卖为主。

隔酿法是南宋时采取的一种变通措施，方法大致是：官府设立集中的酿酒场所，置办酿酒器具，民众自带粮食，前来酿酒，官府根据酿酒数量的多少收取一定的费用，作为特殊的酒税。此法试行过一段时间，得到推广。采用这种方法，官府无须采购原料，也不必承担酒的销售，只需要出面管理，就坐收酒利。酿造场在官府规定的场所，便于集中管理，是一种较好的方式。官府按所用之米计收酒税，也预防了逃税现象的发生。

南宋也实行酒类专卖的政策，集中体现在酒库的设立及运营。酒库是官府控制下酿造酒和批发酒的市场，也是官府酒课的主要来源之一。因此，谁掌握了酒库，谁就掌握了酒的丰厚利润。在南宋，对酒库管理权的争夺成为焦点。

南宋酒库名目繁多、隶属关系复杂，有归属中央政权的酒库、有军队的酒库，还有地方上的酒库。

军队所属的酒库是为军队筹资而设立的，所以就有"瞻军库""犒军库""缴赏库"等名称。当南宋政权基本稳定下来以后，政府机构逐渐把归属军队的酒库收归为政府所属。

宋代为了促进酒的销售，曾经组织所属酒库进行声势浩大的酒类评比和宣传促销活动，这种活动类似近几年召开的糖酒大会。南宋的酒价与北宋相比，有几个特点：涨价频繁、涨幅大和各地自主定价，因此南宋的酒价比北宋要高得多。

我国历代对酒类开征专税，税额有轻有重。最重的是两宋时期，明代酒税稍轻，但清末酒税税目繁多，重于历代。

总之，中国酒政起源于夏代，经过4000多年的发展，主要形成了5个方面的内容，即酒禁、酒法、酒专卖、征酒税以及历代设置的兼管或专管的酒政机构。

1. 酒禁

用法律手段和行政命令，禁止酒类的生产、买卖或消费。酒禁有三类情况：

全面禁酒，对酒类的生产、买卖和消费实行全部禁止：多发生在政局动荡、王朝初创、连年歉收、灾荒之时。

禁私酒：在国家对酒类实行专卖或征税政策的同时，禁止民间私自造酒和买卖酒，以保证国家正常的酒利收入。

禁酗酒，即节饮：限制酒类的消费膨胀或非礼之饮。如西周颁布《酒诰》，严禁官员纵酒，聚饮者格杀勿论。

2. 酒法

为保证酒政顺利执行所采取的一系列法律手段和法律措施。中国古代的酒法主要有死刑、墨刑、放逐、罚款、棍杖等刑罚。唐末还实行过连坐法。对违犯酒法者处以死刑始于夏代，西周、唐、五代、宋代都实行过；墨刑是商代对酗酒者的处罚；放逐是夏的始祖禹处罚仪狄的一种刑罚；罚款始于汉律，以后历代都使用过；杖刑见于金代和清代。

3. 酒专卖

由国家垄断酒类的生产和买卖，古称榷酤或榷酒酤，包括酒专卖和曲专卖。中国历代曾经有过官造官卖、民造官收官卖、买扑法、公卖制和国家控制产供销的专卖制等专卖形式。中国酒专卖始于西汉天汉三年（前98年）二月，以后历代相沿，到中华民国时期采取官督商销的公卖制，中华人民共和国则由国家控制酒类的产供销。官造官卖就是由国家全面垄断酒类的生产销售，如汉、唐末和宋代前期。民制官收官卖则是由国家垄断酒类的价格和销售，如元代曾实行过此制度。买扑法始行于北宋，到南宋普遍实行，它是近代包税制的前身。买扑就是招商承包某片地区的酒税额，以出价最高者承担，承包人称买扑人，买扑人一旦承包了某一地区的酒税，就取得了这一地区的专卖权。

4. 征酒税

国家对酒类生产和销售者征收专税的政策和制度，又称税酒。中国税酒始于战国时期。西汉以后，除去隋代和一些禁酒或实行酒专卖的时期以外，历代都曾对酒类开征专税。唐中期还以酒税代徭役，并曾一度将酒税摊入地税中征收。

5. 酒政机构

酒政的执行机构，有专管与兼管两种类型。大约从商代开始就有酒政机构的出现，到了周代中央机关之一——天宫中设置有酒正、酒人等。汉朝设立榷酤官；北魏设立榷酤科；唐代酒政由州县长官兼管；后周设立都务侯；辽代酒政隶属上京盐铁司；宋代设有酒务；金代设有曲院和酒使司；元代也设有酒务；明代设宣课司和通课司；清代则由户部统一管辖。

二、民国时期的酒政

1. 民国四年（1915年）时北京政府的"公卖制"

北京政府执政初期，对酒的管理一方面沿袭清末旧制，保留了清末的一些税种，另一方面还参照西方的酒税法制定了一些新的酒政形式，最主要的是"公卖制"。公卖制始于民国四年。推行公卖制的行政管理机构是北京政府的烟酒公卖局和各省的烟酒公卖局。机构分布为：北京政府烟酒公卖局—省专卖局—分局—分栈—支栈—承办商（特许）。

当年5月还公布了全国烟酒公卖和公卖局的暂行简章；6月拟定各省公卖局章程、稽查章程；8月续订征收烟酒公卖费规则，与章程相辅而行。北京政府实行的公卖制，实际上仍是一种特许制。政府无须提供资金、场所，不直接经营酒的生产，也不参与酒的收购、运销，受委托特许的商人，即分栈或支栈经理办理与酒有关的事务。经理人要先向公卖机构缴纳押金，得到批准后，发给特许执照。

2. 民国十五年（1926年）的"机制酒类贩卖税条例"

民国十五年，北京政府颁发了《机制酒类贩卖税条例》。规定无论在华制造的或国外进口的机制酒都应照例纳税，从价征收 20%，从营销贩卖商店稽征。次年又规定出厂捐规则，向机制酒的制造商征税10%。初步建立了产销两税制。

3. 民国十六年（1927 年）南京政府的烟酒公卖暂行条例

民国十六年，南京政府成立，同年 6 月公布《烟酒公卖暂行条例》，规定以实行官督商销为宗旨。公卖机关的组织结构与北京政府大致相同。

公卖费率以定价的 20% 征收。每年修订一次。还发布了《各省烟酒公卖招商投标章程》，规定当众竞投，认额超过度额最高者为得标人，得标者需交纳全年包额的 20% 作为保证金。

4. 民国十八年（1929 年）的"烟酒公卖暂行条例"

民国十八年 8 月对公卖法复加修订，公布了《烟酒公卖暂行条例》，同时拟订了《烟酒公卖稽查规则》及《烟酒公卖罚金规则》。修订的公卖法与旧法相比有较大的变化：将原先的省级烟酒公卖局改称为"烟酒事务局"，公卖栈改为稽征所。废除了烟酒公卖支栈，规定烟酒制销商应向分局或稽征所申请登记，并按月将生产或销售烟酒的品种及数量列表呈报。价格由各省规定，公卖费率为酒价的 20%，照最近一年的平均市价征收，每年修订一次。此阶段还制定了《烟酒公卖稽查规则》《烟酒分卖罚金规则》《洋酒类税暂行章程》等。

5. 民国二十年（1931 年）的"就厂征收洋酒类税章程"和"烟酒营业牌照税暂行章程"

民国二十年公布了《就厂征收洋酒类税章程》，实行就厂征收办法，即就厂一次征足，通行全国，不再重征。同年还制定了《征收啤酒税暂行章程》和《征收啤酒税驻厂员办事规则》，啤酒税与洋酒税从此分开。该章程规定：在中国境内设厂制造之啤酒均应按本章程规定完纳啤酒税。啤酒税也由本部印花烟酒税处直接征收，一次征足，不再重征。啤酒税暂定为按值征 20%。有关核查和缴款方法同洋酒类。民国二十二年（1933 年）6 月 15 日起，一律改为从量征收，分箱装及桶装两类税率。

民国二十年还公布了《烟酒营业牌照税暂行章程》，该章程适应于在华生产及销售的所有酒类，分整卖和零卖两大类。整卖的根据营业规模分为三等：甲等每年批发量在 2000 担以上者，每季征收税银 32 元；

乙等批发量在1000—2000担之间的每季征银24元；丙等批发量在1000担以下者，每季征银16元。零售分为四等：每季纳银分别为8元、4元、2元和5角。该章程对洋酒类的营业牌照税也做了规定。中央政府征收的烟酒牌照税收入，除由中央留1/10以外，其余拨归各省市作为地方收入。

6. 民国二十二年（1933年）以后的酒类管理

民国二十二年，公布《土酒定额税稽查章程》，国产土酒改办定额税。税率因酒的类别和不同的省而有所区别。

民国二十五年（1936年），颁布《修正财政部征收啤酒统税暂行章程》，啤酒征税改归统税局办理，由统税局派员驻厂稽征，称为"啤酒统税"。啤酒税原为从量征收，税率为20%，次年因从价征收，致使纳税参差不齐，于是又改为从量征收。

民国二十六年（1937年），抗日战争爆发，国民党政府以加强税收、充裕饷源为由，将各省土酒一律加征五成。

民国三十年（1941年），公布了《国产烟酒税暂行条例》，规定烟酒类税为国家税，由财政部税务署所属的税务机关征收。烟酒类税均就产地一次征收，行销国内，地方政府一律不得重征任何税捐。这就是按照"统税"原则征税。统税就是一物一税，一税之后通行无阻，其他各地不得以任何理由再行征税。统税是出产税，全国采取统一的税率，中外商人同等待遇。国产酒类税的实行，说明了公卖费制的结束。

民国三十年的暂行条例还规定了酒类税按照产地核定完税价格征收40%。为配合暂行条例，还由财政部公布了《国产烟酒类税稽征暂行规程》，规定了征收程序，酒类的改制征税或免税方法，稽查及处罚规则等。

民国三十一年（1942年），试办《国产酒类认额摊缴办法》，从广西开始，以后在川、康、黔、赣各省次第推行。这实际上相当于南宋在乡村实行过的包税制，实行不易，民国三十四年（1945年）停止执行。

民国三十一年9月，财政部公布了《管理国产酒类制造商暂行办法》。规定重新举办酿户登记，未经登记者不准酿酒。每年每户以2.4万斤为最低产量，不满者不准登记。

三、当代中国酒政

中华人民共和国成立之前，在当时的解放区曾实行过酒的专卖。

1949 年中华人民共和国成立后到现在的 70 多年中，基本上仍然实行对酒的国家专卖政策。但在不同的历史时期，由于社会经济环境的不同，相应地采取了不同的措施，主要的管理机构也发生了一些变化。

1. 建国初期的酒类专卖

建国初期的酒政承袭了民国时期的一些做法，行政管理由财政部税务总局负责。

1951 年 1 月，中央财政部召开了全国首届专卖会议，明确专卖政策是国家财经政策的一个组成部分。同年 5 月，中央财政部颁发了《专卖事业暂行条例》，对全国的专卖事业实行统一的监督和管理。规定专卖品定为酒类和卷烟用纸两种。专卖事业的行政管理由中央财政部税务总局负责，还组建了中国专卖事业总公司，对有关企业进行管理。专卖品以国营、公私合营、特许私营及委托加工 4 种方式经营，其生产计划由专卖总公司统一制定。

1950 年 12 月 6 日，财政部税务总局、华北酒业专卖总公司在《关于华北公营及暂许私营酒类征税管理加以修正的指示》中提出，"决定对公营啤酒、黄酒、洋酒、仿洋酒、改制酒、果木酒等均改按从价征税。前列酒类其所用之原料酒精或白酒，应以规定分别征税"。酒精改为从价征收，白酒按固定税额，每斤酒征二斤半小米。

1951 年 7 月 28 日财政部税务总局、华北酒业专卖公司又决定从 1951 年 8 月 16 日起，一律依照货物税暂行条例规定的酒类税率从价计征。除白酒和酒精仍在销地纳税外，其他酒类一律改为在产地纳税。

2. 第一个五年计划时期的酒类专卖

这一时期的特点是酒的专卖在商业部门的领导下进行。

在第一个五年计划时期，为改变专卖行政机关与专卖企业机构在全国范围内不统一的混乱局面，商业部拟定了《各级专卖事业行政组织规程（草案）》，同时为保证专卖事业的严格执行，中国专卖事业公司制定了《商品验收责任制试行办法》，规定酒类的收购单位必须设专职验收人员，对较大的酒厂设驻厂员，小厂或小酒坊配设巡回检验员，包干负责。收购单位是负责酒类商品检验和保证酒质的第一关。

1953 年 2 月 10 日，财政部税务总局和中国专卖事业总公司对酒类的税收、专卖利润及价格作出了规定：白酒、黄酒和酒精的专卖利润率定为 11%、其他酒类为 10%；专卖酒类依照商品流通税试行办法规定，应于出厂时纳税；用酒精改制白酒，暂按一道税征收。

3. "大跃进"时期的酒类专卖

1958 年随着商业管理体制的改革和权力的下放，除了国家名酒和部分啤酒仍实行国家统一计划管理外，其他酒的平衡权都下放到地方，以省（市、区）为单位实行地产地销。许多地方在无形中取消了酒的专卖。

4. 国民经济调整时期的酒类专卖

1960 年下半年起，中央提出了"调整、巩固、充实、提高"的八字方针。国务院于 1963 年 8 月 22 日发布了《关于加强酒类专卖管理工作的通知》，强调必须继续贯彻执行酒类专卖方针，加强酒类专卖的管理工作，并对酒的生产、销售和行政管理、专卖利润收入和分成办法等作出了具体规定。这一期间，酒类生产和酒类销售各司其职。

5. 改革开放至今的酒类专卖

新中国酿酒工业在前 30 年发展较为缓慢。改革开放后，尤其是从 1980 年之后其发展尤为迅速，出现了各行各业办酒类的浪潮。国家对酒业的管理面临着许多新的问题，酒类管理难度加大。尤其是在原有的轻工业部管理酒类生产、商业部管理酒类流通的体制下，对于国家一级的管理机构如何设置、如何运作还在探索中。这一期间，许多新的管理措施都相继出台。

国务院于 1978 年 4 月 5 日批转了商业部、国家计委、财政部联合发布的《关于加强酒类专卖管理工作的报告》。这一报告对酒类的生产、销售、运输管理、酒厂的"来料加工"、家酿酒、专卖利润以及偷漏税、欠交专卖利润等违法情况，都作出了具体规定。

1987 年 10 月 31 日，商业部和轻工业部发出《关于由生产单位解决散装白酒酒度的通知》规定：散装白酒的加浆调度工作原则上由生产单位进行；流通环节均不再用酒精配制白酒。散装白酒出厂前都要经过化验，并定期送至卫生防疫部门检验，符合质量标准才能出厂。

1981 年颁发了国家标准"蒸馏酒及配制酒卫生标准"，规定用酒精作配制酒或其他含酒精饮料，所用的酒精必须符合蒸馏酒的卫生要求；所用的添加剂必须符合食品添加剂使用卫生标准。1982 年、1986 年和 1990 年，国家有关部门都对酒类卫生的管理工作作出了明确的规定。1990 年 10 月，卫生部修订了《酒类卫生管理办法》。

1983 年 6 月 13 日，财政部发布了《关于加强酒税征收管理的通知》。当时酿酒用粮分为数种，有的是日常用粮，有的是饲料用粮，有的是国家统一定价的粮食，而有的则是议价粮（价格稍高于国家定价粮）。于是规定：用日常用粮酿酒的，按 60% 的税率征税；用饲料粮酿酒的，按 40% 的税率征收；用议价粮酿酒的，由于其价格较高，如仍按 60% 的税率征收，实际加重了许多生产企业的负担，同时也减少了税收收入。

1991 年 5 月 8 日，国务院办公厅在复经济贸易部《关于开展寄售洋酒、啤酒、饮料业务有关问题的请示》的函文中指出：继续由经济贸易部对寄售进口洋酒实行严格管理，今且除寄售进口外，一律不再批准进口洋酒。对啤酒、饮料的进口，应建立起相应的管理制度，防止多渠道盲目进口。

在 1963 年的国务院《关于加强酒类专卖管理工作的通知》中，曾规定由轻工业部归口统一安排酒的生产，酒类销售和酒类的行政管理由各级商业部门领导，具体日常事务由糖业烟酒公司负责。

1991 年第三季度，由国务院法制局、轻工业部和商业部共同起草了《中华人民共和国酒类管理条例（草案)》，报送国务院审议，该管理条例对酒类流通管理方面作出的规定主要内容有：酒类销售实行经营许可证制度。企业必须取得酒类经营许可证后，方可从事酒类批发或者零售，并规定了取得酒类批发经营许可证所必须具备的条件。取得酒类生产许可证的酒类生产企业准许销售本厂产品，但不得经营其他企业的酒类产品。

计划内的国家名酒由轻工业部和商业部联合下达收购调拨计划，其他酒类产品由商业销售单位与酒类生产企业实行合同收购。国家名酒由酒类流通管理机构指定的零售单位挂牌销营。

对于酒类生产和流通的管理，《中华人民共和国酒类管理条例》也作出了详细的规定。

中国酒政在一定程度上繁荣了酒文化，保证了酒文化发展的正确方向，将中国酒文化引上了"顺乎礼仪、合乎礼德"的轨道，有效地制止了当时社会上狂饮烂醉的歪风。中国酒政还在一定意义上推动了中国社会经济和文化的发展、促进了社会的进步。中国酒政作为中国酒文化的重要内容，同样丰富了中国和世界文化的宝库。

第 二 章
酒 中 珍 品

第一节　酒的分类

　　自古以来，酒是国人所喜爱的饮品之一。佳节庆贺、亲朋聚会、宴飨宾客、喜庆丰收、婚丧嫁娶皆少不了它。从仪狄、杜康造酒到刘伶酒醉成仙颇具神秘的传说，再到李白"斗酒诗百篇""醉草吓蛮书"的佳话；从苏轼"把酒问青天"的豪放到周宪王"醉里乐天真"的无奈……直到曲艺大师侯宝林先生的《醉酒》相声段子中的调侃，都体现了中国浓厚的酒文化底蕴。

　　日常生活中凡是含有酒精的饮料，都可以冠之以"酒"的名称。酒真可谓品种繁多，据估计当今世界的酒有十多万种，大致有以下几种分类方法：以酒的颜色划分，分为白酒、果酒等；以酒的度数划分，分为高度酒、中度酒、低度酒；以酿酒原料划分，分为粮食酒、葡萄酒、果露酒及在酒中加入一定香料的配制酒等；根据酒的含糖量多少划分，分为甜型、半甜型、干型、半干型等；根据酿酒过程中生产工艺的特点来划分，如果原料发酵完毕，用压榨的方法将汁、渣分开，这样的酒叫酿造酒，也叫蒸馏酒。此外，还有配制酒（也叫合成酒），一般是用蒸馏酒或使用香精配以香料、药物等制成。

　　据考证：中国酿酒史远远早于文字的发明，大约有 8000 年之久。经过了这漫长的发展历程，我国的酒已发展成为具有五大类别，即白酒、黄酒、啤酒、果酒（主要是葡萄酒）、配制酒五大类，千余个品种的中华酒系。

一、白酒

中国白酒以酒液清澈透明，质地纯净、无混浊，口味芳香浓郁、醇和柔绵、刺激性较强，饮后余香、回味悠久而闻名于世。有关中国白酒的起源历来就有东汉、唐代、宋代和元代四种说法，其中以宋代的说法较具代表性。也就是说从宋代开始计算，我国的白酒酿造大约有近千年的历史了。作为世界六大蒸馏酒（其他五种分别是白兰地、威士忌、朗姆酒、伏特加和金酒）之一的中国白酒，其制造工艺远比世界各国的蒸馏酒复杂，原料也是各种各样，特殊的风味更是其他国家不可比拟的。中国白酒的酿造技术发展至今，生产出的白酒酒色洁白晶莹、无色透明、香气宜人，而且五种香型的酒各有特色。一般香气馥郁、纯净，溢香好，余香不尽；口味醇厚柔绵，甘润清洌，酒体谐调，回味悠久，其爽口纯净、变化无穷的优美味道能给人以极大的欢愉和幸福之感。

白酒在中国各地区均有生产，但山西、四川及贵州等地的白酒最为著名。不同地区的名酒各有其突出的独特风格。白酒品种繁多，制法和风味都各有特色，大致可分为：

1. 按酿酒原料划分

粮食白酒

粮食酒就是以玉米、高粱、小麦、大米等粮食为主要原料酿制而成的白酒。我国大多数白酒都是粮食酒，许多优质的中国白酒均属此类酒。

薯干白酒

薯类酒就是以甘薯、马铃薯及木薯等为原料酿制而成。薯类作物富含淀粉和糖分，易于蒸煮糊化，出酒率高于粮食白酒，但酒质不如粮食白酒，所以此类酒多为普通白酒。

以其他原料酿成的白酒

以富含淀粉和糖分的农副产品和野生植物为原料酿制而成，如甜菜、糖蜜、大米糠、高粱糠、甘蔗、土茯苓及葛根等。这类酒的酒质不如粮食白酒和薯干白酒。

2. 按酿酒工艺划分

固态法白酒

固态法白酒是我国独有的传统工艺，是世界上独一无二的生产技术。固态法白酒即采用固态糖化、固态发酵及固态蒸馏的传统工艺配制成的白酒。它的主要特点是采用间歇式、开放式生产，并采用多菌种混合发酵；低温蒸煮、低温糖化发酵；采用配糟来调节酒醅淀粉浓度、酸度；甑桶蒸馏，如茅台酒、五粮液酒、董酒等。

固液结合法白酒

这种酒是以大米为原料，小曲为糖化发酵剂，先在固态条件下培菌、糖化，加水后再于半固态、半液态下发酵而后蒸馏制成的白酒，如桂林三花酒和广东玉冰烧酒等。

液态法白酒

液态法白酒即采用液态发酵、液态蒸馏工艺制成的白酒，包括一步法液态发酵白酒、串香白酒和固液勾兑白酒。一步法液态发酵白酒是以大米等为原料，在液态下加入糖化发酵剂，采用边糖化边发酵、液态蒸馏工艺制成的白酒。串香白酒是以液态法生产的食用酒精为酒基，利用固态发酵法的酒醅进行串香而制成的白酒，如山东坊子白酒等。固液勾兑白酒是以液态法生产的食用酒精为酒基，用固态法生产的白酒进行勾兑而制成的白酒。液态法白酒生产工艺具有出酒率高、劳动强度低、劳动生产率高、对原料适应性强等特点。

3. **按酿酒用曲的种类划分**

大曲法白酒

以大曲（也称麦曲，其实是一种粗制剂，由微生物自然繁殖而成）作为酿酒用的糖化剂和发酵剂，因其形状像大砖块而得名。酒醅经蒸馏后成白酒，具有曲香馥郁、口味醇厚、饮后回甜等特点。大曲法酿造的酒多为名酒和优质酒，但因耗费粮食、生产周期长等原因，发展受到一定限制，而且价格不菲。

小曲法白酒

以小曲（也称米曲，相对于大曲而言，又因添加了各种药材而又称为药曲或酒药）作为酿酒用的糖化剂和发酵剂。此酒适合气温较高的地区生产，具有一种清雅的香气和醇甜的口感，但不如大曲酒香气馥郁。

麸曲法白酒

以麸曲（也称快曲，就是因为生产周期短，它是用麸皮为原料，由人工培养而成）为糖化剂，酵母菌为发酵剂制成。以出酒率高、节约粮食及生产周期短为特点，但酒质不如大曲白酒及小曲白酒。

小曲、大曲合制白酒

先用小曲，后用大曲酿造而成，酒质风格独特。

4. 按糖化发酵剂划分

大曲酒

大曲酒是以小麦、大麦、豌豆等为原料，通过培养自然微生物制成的大曲为糖化发酵剂，采用边糖化边发酵的开放式自然发酵工艺生产出来的白酒。大曲又分为高温曲、中温曲、低温曲。高温曲主要用于配制酱香型白酒，中温曲主要用于配制清香型白酒，绝大多数名优酒厂都采用高温制曲。大曲酒的发酵期较长、贮存期较长、劳动强度大、淀粉出酒率低、成本高。一般国家名优酒都是大曲酒。

小曲酒

小曲酒是以大米、小麦、麸皮等为原料，接种纯菌种制成的小曲为糖化发酵剂配制而成的白酒，通常采用固态法糖化、液态化发酵、蒸馏。小曲酒的发酵期相对较短、用曲量比大曲小、淀粉出酒率高、设备及用具较简单、便于机械化生产。成品酒味较为纯净、清爽、柔和。小曲白酒的产量约占全国白酒总产量的1/6。

麸曲酒

麸曲酒是以用麸皮为原料接种纯菌种制成的麸曲，并辅以酵母菌为糖化发酵剂酿制而成的白酒。这是解放后在烟台操作法的基础上发展起来的，此法生产白酒的发酵时间较短、生产成本较低、出酒率较高，为多数酒厂所为采用。此种类型的酒产量最大，以大众为消费对象。

5. 按酒的香型划分

酱香型白酒

所谓酱香，就是有一股类似豆类发酵时发出的一种酱香味。这种酒的特征是：酱香突出、幽雅细腻、酒体丰富醇厚、回味悠长、香而不艳、低而不淡，且具有隔夜留香、饮后空杯香犹存的特点。酱香型白酒具有酱香、窖底香和醇甜香三味合一的特殊香味，其所用的大曲多为超高温酒曲，发酵工艺最为复杂。

浓香型白酒

浓香型白酒发酵原料有多种，其中以高粱为主，传统生产采用混蒸混烧续发酵工艺，发酵采用陈年老窖，也有人工培养的老窖。在名优酒中，浓香型白酒的产量最大，其香味成分以酯类成分占绝对优势，酯类成分约占香味成分总量的 60% 。优级浓香型白酒的特点是无色或微黄色，清亮透明，无悬浮物，无沉淀，具有浓郁、纯正的以乙酸乙酯为主体的香气；窖香浓郁、绵甜甘洌、香气协调、余味悠长，具有其固有的独特风味，很受消费者喜爱。

清香型白酒

清香型白酒采用清蒸清渣发酵工艺，发酵采用地缸；以中温大曲为糖化发酵剂酿酒，也有用麸曲或辅以糖化酶、干酵母酿酒。清香型白酒以山西杏花村汾酒为代表，其他如宝丰酒、特制黄鹤楼酒也是清香型白酒。清香型白酒的香味成分以酯类成分占绝对优势，其中以乙酸乙酯和乳酸乙酯两者的结合为主体香。典型的清香型白酒的风味特征是无色、清亮透明、清香醇正、诸味协调、醇甜柔和、余味爽净、甘润爽口，具有以乙酸乙酯为主的复合香气，入口微甜，颇有传统的老白干风格。

米香型白酒

米香型白酒传统生产采用大米为原料，小曲为糖化发酵剂，先培菌糖化，后液态发酵蒸馏制酒。它的酿造工艺较简单，发酵期短，香味组分含量相对较少，香气并不十分强烈。如桂林三花酒、全州湘山酒、广东长乐烧等属于此类白酒。典型的米香型白酒的风味特征是无色、清亮透明，有以乙酸乙酯和 β – 苯乙醇为主体的淡雅的复合香气，入口醇甜、甘爽，落口怡畅。

凤香型白酒

凤香型白酒是指具有西凤酒香气风格的一类白酒，它的香味介于清香型和浓香型之间。其香气特征是：醇香突出，以乙酸乙酯为主、一定的乙酸乙酯香气为辅。该类白酒的代表是西凤酒。

芝麻香型白酒

典型芝麻香型白酒的风味特征是：以乙酸乙酯为主要酯类的淡雅香气，焦香突出，入口芳香；以焦香、糊香气味为主，无色、清亮透明；口味比较醇厚、爽口，有类似老白干酒的口味，后味稍有苦味。芝麻香型白酒中乙酸乙酯及其他乙酯类化合物的绝对含量明显低于浓香型白酒及酱香型白酒，却高于清香型白酒的相应组分含量，所以该酒的香气淡雅。

豉香型白酒

豉香型白酒是以大米为原料，小曲为糖化发酵剂，半固态半液态糖化边发酵酿制而成的白酒。该类酒以乙酸乙酯、苯乙醇、乳酸乙酯为香气的主体成分。豉香型白酒的风味特征是清亮透明，晶莹悦目，口味绵软、柔和，回味较长，入口稍有苦味，后味清爽。该类白酒的代表产品是玉冰烧酒。

特香型白酒

特香型白酒以大米为原料。其风格特点是幽雅舒适、诸香谐调，富含奇数碳脂肪酸乙酯的复合香气，柔绵醇和、香味谐调、余味悠长。

6. 按酒质划分

国家名酒

国家名酒指国家评定的质量最高的酒。白酒的国家级评比共进行过5次，茅台酒、汾酒、泸州老窖、五粮液等酒在历次国家评酒会上都被评为名酒。

国家级优质酒

国家级优质酒是指获得国家银质奖或优质奖的白酒，国家级优质酒的评比与名酒的评比同时进行。

省部级优质酒

省、部级优质酒指在各个省、部委评酒会上获得奖牌的白酒。

一般白酒

一般白酒指符合国家有关质量标准，未获得正式奖牌的产品。一般白酒占酒产量的大多数，价格低廉，为百姓所接受。有的质量也很好。这种白酒大多是采用液态法生产的。

7. 按酒度划分

高度白酒

这是我国传统生产方法所形成的白酒，酒度在 41%（v/v）以上，多在 55%（v/v）以上，一般不超过 65%。

低度白酒

采用了降度工艺，酒度一般在 38%（v/v），也有 20%（v/v）左右的。

二、黄酒

黄酒是我国最古老的传统酒，其起源伴随我国谷物酿酒的起源相始终，至今约有 8000 年的历史。它是以大米等谷物为原料，经过蒸煮、糖化和发酵、压滤而成的酿造酒。黄酒中的主要成分除乙醇和水外，还有麦芽糖、葡萄糖、糊精、甘油、含氮物、醋酸、琥珀酸、无机盐及少量醛、酯与蛋白质分解的氨基酸等。因此无论是从振奋民族精神、继承民族珍贵遗产，还是从药用价值、烹调价值和营养价值来讲，黄酒都应该成为人们可以普遍饮用的一种酒类，并成为最有发展前途的酒种之一。

现在市场上黄酒的种类很多，但按原料、酿造方法的不同主要可归纳为三大类，即绍兴酒、黍米黄酒（以山东即墨老酒为代表）和红曲黄酒（以浙南、福建、台湾为代表）。虽然黄酒品种繁多，制法和风味都各有特色，但是它的生产基地主要集中于长江下游一带，以浙江绍兴的产品最为著名。黄酒大致可分为：

1. 按原料和酒曲划分

糯米黄酒

以酒药和麦曲为糖化、发酵剂。主要生产于中国南方地区。

黍米黄酒

以米曲霉制成的麸曲为糖化、发酵剂。主要生产于中国北方地区。

大米黄酒

为一种改良的黄酒，以米曲加酵母为糖化、发酵剂。主要生产于中国吉林及山东。

红曲黄酒

以糯米为原料，红曲为糖化、发酵剂。主要生产于中国福建及浙江两地。

2. 按生产方法划分

淋饭法黄酒

淋饭法黄酒将糯米用清水浸发两日两夜，然后蒸熟成饭，再通过冷水喷淋达到糖化和发酵的最佳温度。拌加酒药、特制麦曲及清水，经糖化和发酵45天就可做成。此法主要用于甜型黄酒生产。

摊饭法黄酒

将糯米用清水浸发16—20天，取出米粒，分出浆水。米粒蒸熟成饭，然后将饭摊于竹席上，经空气冷却达到预定的发酵温度。配加一定分量的酒母、麦曲、清水及浸米浆水后，经糖化和发酵60—80天做成。用此法生产的黄酒质量一般比淋饭法黄酒较好。

喂饭法黄酒

将糯米原料分成几批。第一批以淋饭法做成酒母，然后再分批加入新原料，使发酵继续进行。用此法生产的黄酒与淋饭法及摊饭法黄酒相比，发酵更深透、原料利用率较高。这是中国古老的酿造方法之一，早在东汉时期就已盛行。现在中国各地仍有许多地方沿用这一传统工艺，著名的绍兴加饭酒便是其典型代表。

3. 按所含糖量划分

黄酒按所含的糖量可以分为：

甜型酒：含糖量在 10% 以上；

半甜型酒：含糖量在 5%—10%；

半干型酒：含糖量在 0.5%—5%；

干型酒：含糖量在 0.5% 以下。

4. 按其他不同方式划分

根据色泽取名：如元红酒（琥珀色）、竹叶青（浅绿色）、黑酒（暗黑色）、红酒（红黄色）。

根据包装方式取名：如花雕（在酒坛外绘雕各种花纹及图案）。

根据特殊用途取名：如女儿红（在女儿出生时将酒坛埋在地下，待女儿出嫁时取出，宴请宾客）等。

三、啤酒

啤酒是以大麦和啤酒花为原料制成的一种有泡沫和特殊香味、味道微苦、含酒精量较低的酒。虽然我国在 20 世纪初才开始出现啤酒厂，但据史书记载我国早在 3200 年前就有一种用麦芽和谷芽作谷物酿酒、糖化剂酿成、称为"醴"的酒。这种味道甜淡的酒虽然在那时不叫啤酒，但我们可以肯定它类似于现在的啤酒。只是由于后人偏爱用曲酿的酒，嫌"醴"味淡，以至于这种酿酒法逐步失传，也就消亡了。

近代，中国人自己建立和经营啤酒，如始于 1915 年的北京双合盛啤酒厂和 1920 年的烟台醴泉啤酒厂等，但由于当时人们对啤酒的生疏与不习惯，啤酒的产、销数量都寥寥无几。建国后，我国的啤酒工业得到迅速发展。仅以 1990 年的统计数字为例：当时全国啤酒生产厂总数已达 800 多家、产量 800 多万吨，其中不少品牌的优质啤酒已远销欧洲、北美国家。

近年来，由于人们日益重视饮品的保健作用，啤酒的发展也有着品种味形多样化、口味清淡、低糖、少酒精或无酒精的趋势。我国的新型啤酒包括：黑啤酒、小麦啤酒、果味啤酒、奶酿啤酒、营养啤酒、保健啤酒、葡萄啤酒、猴头啤酒、木薯啤酒、矿泉啤酒、甜啤酒、三鞭啤酒、高粱啤酒、荞麦啤酒、蜂蜜啤酒、人参啤酒、增维啤酒、玉米啤酒、强力啤酒、灵芝啤酒、芦笋啤酒等品种。

啤酒世界形形色色、琳琅满目，有玻璃瓶装的、易拉罐装的，还有各种大小桶装的啤酒、深绿色瓶装的、棕红色瓶装的和白色瓶装的。啤酒的商标也不再是单标，有双标，还有多道商标，图案及色泽更是鲜艳夺目、百看不厌。可以说，啤酒是人类文明进程的一面镜子，它代表一种生产方式、一种消费理念和一种生活情趣。

中国的国家标准规定：啤酒是以麦芽、水为主要原料，加酒花（包括酒花制品），经酵母发酵酿制而成的、含二氧化碳的、起泡的低酒精度的各类熟鲜啤酒。

啤酒是当今世界各国销量最大的低酒精度饮料，品种很多，一般可根据生产方式、产品浓度、啤酒的色泽、啤酒的消费对象、啤酒的包装容器、啤酒发酵所用的酵母菌的种类来分。

根据德国酒税法规定，啤酒品种由原麦汁浓度来区分。也就是说，发酵前麦汁浓度，即啤酒的酒精含量大致与此是成比例的。此外，税率是根据年产量和啤酒品种而采用累进税率。

1. 按色泽划分

淡色啤酒

色泽呈淡金黄色，在国内占市场销售量的98%以上。这种啤酒口味清爽、入口感强、酒花香突出。淡色啤酒的色度在5—14EBC单位，如：高浓度淡色啤酒，是原麦汁浓度13%（m/m）以上的啤酒；中等浓度淡色啤酒，是原麦汁浓度10%—13%（m/m）的啤酒；低浓度淡色啤酒，是原麦汁浓度10%（m/m）以下的啤酒；干啤酒（高发酵度啤酒），实际发酵度在72%以上的淡色啤酒；低醇啤酒，酒精含量2%（m/m）以下的啤酒。

浓色啤酒

呈棕色或红褐色，口味醇厚，苦味较轻，麦芽香味浓郁而突出。色度在15—40EBC单位，如：高浓度浓色啤酒，是原麦汁浓度13%（m/m）以上的浓色啤酒；低浓度浓色啤酒，是原麦汁浓度13%（m/m）

以下的浓色啤酒；浓色干啤酒（高发酵度啤酒），是实际发酵度在72%以上的浓色啤酒。

黑色啤酒

颜色呈深红褐色乃至黑褐色。黑啤酒色度大于40EBC单位，外观很像酱油、醋。这种啤酒是在酿造时加入焦香麦芽，使啤酒的颜色加深。这种啤酒除具有一般啤酒特性外，其原麦汁浓度高、麦芽焦香突出、泡沫细腻、口味浓醇、苦味较轻。

2. 按生产工艺划分

生啤酒

生啤酒是不经巴氏灭菌或瞬时高温灭菌，采用物理过滤方法除菌从而达到一定生物稳定性的啤酒。

鲜啤酒

鲜啤酒是不经巴氏灭菌或瞬时高温灭菌，成品中含有一定量的活酵母菌，达到一定生物稳定性的啤酒。鲜啤酒因未经灭菌，酒体中保留着大量的酵母和酶，同时也存在其他杂菌而不易长期贮存，故保质期短，一般只能就地销售饮用。目前市场上的啤酒吧销售鲜啤酒大部分为前店后工厂模式，就地酿造后供消费者饮用。此工艺制造的鲜啤酒不但口味新鲜、啤酒风味浓厚，而且具有一定的营养价值。

熟啤酒

与鲜啤酒相反，酿造后的啤酒，经包装后采用巴氏或高温瞬间杀菌生产的啤酒称为熟啤酒。熟啤酒可以长期贮存，而且不发生沉淀混浊。

3. 按生产方式划分

鲜啤酒

是指啤酒经过包装后，不经过低温灭菌（也称巴氏灭菌）而销售的啤酒，这类啤酒一般就地销售，保存时间不宜太长，在低温下一般为一周。

熟啤酒

是指啤酒经过包装后，经过低温灭菌的啤酒，保存时间较长，可达3个月左右。鲜啤酒与熟啤酒二者差别为杀菌与否。

4. 按酒精含量划分

含酒精啤酒

一般含酒精为2—4度，也就是100克啤酒中含有100%酒精2—4

克。这种啤酒原麦汁浓度一般为 10 度、11 度、12 度、14 度。市场上销售的啤酒绝大部分是含酒精啤酒。

低醇啤酒或无醇啤酒

一般来说啤酒的酒精含量低于 2.5%，称低醇啤酒；啤酒的酒精含量低于 0.5% 的啤酒称无醇啤酒。这种啤酒是采用特殊的工艺方法抑制啤酒发酵时酒精成分或是先酿成普通啤酒后，采用蒸馏法、反渗透法或渗透法去除啤酒中的酒精成分。这种啤酒既保留啤酒原有的风味，而且营养丰富、热量低，深受对酒精有禁忌的人欢迎。

5. 按发酵方式划分

上面发酵啤酒

在较高的温度下（15℃—20℃）进行发酵，起发快。发酵后期大部分酵母浮在液面，发酵期 4—6 天。生产周期短、设备周转快，啤酒有独特风味，但保存期较短。

下面发酵啤酒

主发酵温度低（不超过 13℃），发酵过程缓慢（发酵期 5—10 天）。由于使用下面发酵酵母，在主发酵后期，大部分酵母沉降于容器底部。下面发酵的后发酵期较长，酒液澄清良好、泡味细腻、风味好、保存期长。中国以及大多数国家均采用下面发酵法生产啤酒。

6. 按产品浓度划分

高浓度型啤酒：此种啤酒的浓度在 16 度以上。

中浓度型啤酒：此种啤酒的浓度为 8—16 度。

低浓度型啤酒：此种啤酒的浓度小于 8 度。人们常说的 12 度啤酒和 11 度啤酒就是指原麦汁浓度说的，而不是指酒精浓度，实际上它们的酒精含量只有 3.4%—3.7%。

7. 按消费对象划分

有普通型啤酒、低（无）酒精度啤酒、低（无）糖啤酒、酸啤酒等。

无酒精或低酒精度啤酒适合酒量浅的人，无糖或低糖啤酒适合糖尿病患者。

8. 按包装容器划分

瓶装啤酒：有 350 毫升和 640 毫升两种规格的。

罐装啤酒：有 330 毫升规格的。

桶装鲜啤：瓶装、罐装熟啤酒保质期分别不少于 120 天（优、一级）和 60 天（二级）。瓶装鲜啤酒保质期不少于 7 天。罐装、桶装鲜啤酒保质期不少于 3 天。

四、果　酒

果酒是以各种果品和野生果实，如葡萄、梨、橘、荔枝、甘蔗、山楂、杨梅等为原料，采用发酵酿制法制成的各种低度饮料酒，可分为发酵果酒和蒸馏果酒两大类。果酒的历史在人类酿酒史中最为悠久，史籍中就记录着"猿猴酿酒"的传说，但那只是依靠自然发酵形成的果酒；而我国人工发酵酿制果酒的历史则要晚得多，一般认为是在汉代葡萄从西域传入后才出现的。

唐宋时期葡萄酿酒在我国已比较盛行，此外还出现了椰子酒、黄柑酒、橘酒、枣酒、梨酒、石榴酒和蜜酒等品种，但其发展都未能像黄酒、白酒和配制酒那样在世界酿酒史上独树一帜、形成传统的风格。直到清末烟台张裕葡萄酿酒公司的建立，标志着我国果酒类规模化生产的开始。建国后我国果酒酿造业有了长足的发展，以最有代表性的葡萄酒为例：凡世界上较有名气的葡萄酒品种，我国均已能大量生产；生产企业则以张裕、长城和王朝最为著名。所谓"葡萄酒"就是泛指由新鲜葡萄经发酵而产生的酒精性饮料，葡萄酒的分类如下：

1. 按颜色划分

白葡萄酒

选择用白葡萄或浅色果皮的酿酒葡萄。经过皮汁分离，取其葡萄果汁进行发酵酿制而成的葡萄酒，这类酒的色泽应近似无色，浅黄带绿、浅黄、金黄色，颜色过深则不符合葡萄酒色泽要求。白葡萄酒可分甜的和不甜的。若为不甜的白葡萄酒，其适饮温度为 10℃—12℃，甜的则为 5℃—10℃。

红葡萄酒

选择用皮红肉白或肉皆红的酿酒葡萄进行皮汁短时间混合发酵，然后进行分离陈酿而成的葡萄酒，色泽应呈天然红宝石色。紫红色、石榴红色、失去自然感的红色不符合红葡萄酒的色泽要求。其口感不甜，但甘美，适饮温度为 14℃—20℃。

桃红葡萄酒

此酒是介于红、白葡萄酒之间。选用皮红肉白的酿酒葡萄，进行皮汁短时期混合发酵，达到色泽要求后进行分离皮渣，继续发酵，陈酿成为桃红葡萄酒。这类酒的色泽应该是桃红色或玫瑰红、淡红色，适饮温度为 10℃—12℃。

2. 按葡萄生长来源划分

山葡萄酒（野葡萄酒）

以野生葡萄为原料酿成的葡萄酒，产品以山葡萄酒或葡萄酒命名。

葡萄酒

以人工培植的酿酒品种葡萄为原料酿成的葡萄酒，产品直接以葡萄酒命名。

国内葡萄酒生产厂家大多以生产家葡萄酒为主。

3. 按葡萄酒中含糖量分类

干葡萄酒

酒的糖分几乎已发酵完，指每升葡萄酒中含总糖低于 4 克。饮用时觉不出甜味，酸味明显，如干白葡萄酒、干红葡萄酒、干桃红葡萄酒。

半干葡萄酒

是指每升葡萄酒中含总糖在 4—12 克之间，饮用时有微甜感，如半干白葡萄酒、半干红葡萄酒、半干桃红葡萄酒。

半甜葡萄酒

是指每升葡萄酒中含总糖在 12—50 克之间，饮用时有甘甜、爽顺感。

甜葡萄酒

是指每升葡萄酒中含总糖在 50 克以上，饮用时有明显的甜醉感。

4. 按葡萄酒含汁量划分

全汁葡萄酒

葡萄酒中葡萄原汁的含量为 100%，不另加糖、酒精及其他成分，如干型葡萄酒。

半汁葡萄酒

葡萄酒中葡萄原汁的含量达 50%，另一半可加入糖、酒精、水等其他辅料。

5. 按国际标准划分

按照国际上饭店、酒吧约定俗成的分类方法是把葡萄酒分为 3 类：

佐餐酒或称无气葡萄酒、含气葡萄酒、强化葡萄酒。

佐餐酒

包括红葡萄酒、白葡萄酒及玫瑰红葡萄酒。由天然葡萄发酵而成，酒度约在14°以下，在气温20℃的条件下，若瓶内气压低于1个大气压，都可算无气佐餐酒。

含气葡萄酒

包括香槟酒和各种含气的葡萄酒。香槟酒是法国香槟区产的葡萄汽酒，由于其制作复杂，酒味独具一格，加上当地政府对汽酒征税特别高，使香槟酒在市场上的价格特别昂贵。法国其他地区及世界其他国家产的葡萄汽酒只能称为汽酒。

强化葡萄酒

这类葡萄酒在制造过程中加入了白兰地，使酒度达到17—21度，包括雪利酒、波特酒、马德拉酒。这类酒严格说来不是纯粹的葡萄发酵酒，但许多酒吧都把它归入葡萄酒类。

6. 根据酒中二氧化碳的压力

无气葡萄酒

也称静酒（包括加香葡萄酒），这种葡萄酒不含有自身发酵产生的二氧化碳或人工添加的二氧化碳。

起泡葡萄酒

这种葡萄酒中含的二氧化碳是以葡萄酒加糖再发酵而产生的或用人工方法压入的，其酒中的二氧化碳含量在20℃时保持压力0.35兆帕以上，酒精度不低于8%。香槟酒属于起泡葡萄酒，在法国规定只有在香槟省出产的起泡葡萄酒才能称为香槟酒。

葡萄汽酒

葡萄酒中的二氧化碳是发酵产生的或是人工方法加入的，其酒中二氧化碳含量在20℃时保持压力0.051—0.025兆帕，酒精度不低于40%。

7. 根据再加工方式

加香葡萄酒

加香葡萄酒也称开胃酒，是在葡萄酒中添加少量可食用并起增香作用的物质混合而成的葡萄酒。按葡萄酒中所添加的主要呈香物质的不同可分为苦味型、花香型、果香型和芳香型。

白兰地

葡萄酒经过蒸馏而成的蒸馏酒。有些白兰地也可用其他水果酿成的酒制造，但需冠以原料水果的名称，如樱桃白兰地、苹果白兰地和李子白兰地等。

五、配制酒

配制酒（又称再制酒）顾名思义就是用蒸馏酒或发酵酒为酒基，再人工配入甜味辅料、香料、色素，或浸泡药材、果皮、果实、动植物等而形成的酒，如果露酒、香槟酒、汽酒等。

据考证，中国配制酒滥觞的时代当于春秋战国之前。它是以发酵原酒、蒸馏酒或优质酒精为酒基，加入花果成分，或动植物的芳香物料，或药材，或其他呈色、呈香及呈味物质，采用浸泡、蒸馏等不同工艺调配而成的。在酿酒科学史上，它属世界极珍贵的酒类之一。

当今我国市场上配制酒的种类繁多，但总的来说可分为保健酒、药酒和鸡尾酒三大类。其中保健酒是利用酒的药理性质，遵循"医食同源"的原理，配以中草药及有食疗功用的各色食品调制而成的，其花色品种蔚为大观，令人叹为观止。有关药酒方面最早的记载如下：殷商的酒类，除了"酒"，"醴"之外，还有"鬯"。鬯是以黑黍为酿酒原料，加入郁金香草（也是一种中药）酿成的。这是有文字记载的最早药酒。鬯常用于祭祀和占卜，鬯还具有驱恶防腐的作用。《周礼》中还记载："王崩，大肆，以鬯。"也就是说帝王驾崩之后，用鬯酒洗浴其尸身，可较长时间地保持不腐。

从长沙马王堆三号汉墓中出土的《五十二病方》，被认为是公元前3世纪末、秦汉之际的抄本，其中用到酒的药方不少于35个，至少有5方可认为是酒剂配方，用以治疗蛇伤、疽、疥瘙等疾病。其中有内服药酒，也有供外用的。《养生方》是马王堆西汉墓中出土帛书之一，其中共有6种药酒的酿造方法，可惜这些药方文字大都残断，只有"醪利中"较为完整，此方共包括了十道工序。但值得强调的是，远古时代的药酒大多数是药物加入到酿酒原料中一块发酵的，而不是像后世常用的浸渍法。其主要原因可能是远古时代的酒保藏不易，浸渍法容易导致酒的酸败，药物成分尚未溶解充分，酒就变质了。

鸡尾酒则要复杂得多，它是以两种或两种以上的酒掺入果汁、香料等调制而成的混合酒，在调制过程中还要考虑到颜色、酒度、糖度、香气、口味等诸多因素。以往我国多数鸡尾酒从配方、制作方法到原料都是由国外引进的，因价格昂贵而难以普及消费。后经实验发现我国的名酒，包括白酒、黄酒、啤酒和果露酒以及果汁、汽水等都可用以调配鸡尾酒，调好的酒一样有情调、风味卓绝。

（一）保健酒

人类最初的饮酒行为虽然还不能称之为饮酒养生，却与保健养生有着密切的联系。最初的酒是人类采集的野生水果在剩余时得到适宜条件自然发酵而成的，由于许多野生水果本身就具有药用价值，所以最初的酒可以称得上是天然的"保健酒"，它对人体健康有一定的保护和促进作用。

酒有多种，其性味功效大同小异。一般而论，酒性温而味辛，温者能祛寒、辛者能发散，所以酒能疏通经脉、行气和血、蠲痹散结、温阳祛寒，能疏肝解郁、宣情畅意。又因为酒为谷物酿造之精华，故还能补益肠胃。此外，酒还能杀虫驱邪、辟恶逐秽。《博物志》载：王肃、张衡、马均三人冒雾晨行。一人饮酒，一人饮食，一人空腹。空腹者死，饱食者病，饮酒者健。这表明"酒势辟恶，胜于作食之效也"。酒与药物的结合是饮酒养生的一大进步。

酒与药的结合产生了全新的酒品——保健酒。保健酒主要特点是在酿造过程中加入了药材，主要以养生健体为主，有保健强身的作用。其用药讲究配伍，根据其功能可分为补气、补血、滋阴、补阳和气血双补等类型。

随着生活水平的提高，人们对健康的需求越来越高，追求健康的方式也越来越多，保健酒作为一个全新的名词，正在逐步走进人们的生活。

（二）药酒

药酒，在古代同其他酒统称"醴醍"。我国最早的医书《黄帝内经》中就有"汤液醪醴论篇"。醪醴即用五谷制成的酒类，醪为浊酒、醴为甜酒。以白酒、黄酒和米酒浸泡或煎煮具有治疗和滋补性质的各种中药或食物，去掉药渣所得的口服酒剂（或药物和食物与谷物、曲共同酿制），即为药酒。因为酒有"通血脉、行药势、温肠胃、御风寒"等作用，所以酒和药配制可以增强药力，既可治疗疾病和预防疾病，又可用于病后的辅助治疗。滋补药酒还可以借药之功、借酒之力，起到补虚强壮和抗衰益寿的作用。远在古代，药酒已成为我国独特的一个重要剂型，至今在国内外医疗保健事业中仍享有较高的声誉。随着人们生活水平的不断提高，药酒作为一种有效的防病祛病、养生健身的可口饮料已开始走进千家万户。一杯气味醇正、芳香浓郁的药酒，既没有古人所讲"良药苦口"的烦恼，又没有现代打针输液的痛苦，给人们带来的是一种佳酿美酒的享受，所以人们乐意接受。诸如人参酒、鹿茸酒、五加皮酒、虎骨酒、国公酒、十全大补酒、龟龄集酒、首乌酒等享有盛名的药酒，深受广大群众的欢迎。

因此，酒与药物的结合是饮酒养生的一大进步。酒之于药主要有三个方面的作用：酒可以行药势。古人谓"酒为诸药之长"。酒可以使药力"外达于表而上至于颠"，使理气行血药物的作用得到较好的发挥，也能使滋补药物补而不滞。酒有助于药物有效成分的析出。酒是一种良好的有机溶媒，大部分水溶性物质及水不能溶解、需用非极性溶媒溶解的某些物质，均可溶于酒精之中。中药的多种成分都易于溶解于酒精之中。酒精还有良好的通透性，能够较容易地进入药材组织细胞中，发挥溶解作用，促进置换和扩散，有利于提高浸出速度和浸出效果。酒还有防腐作用。一般药酒都能保存数月甚至数年时间而不变质，这就给饮酒养生者以极大的便利。药酒根据其作用可以分为保健类和治疗类两类，药酒常用制备方法主要有冷浸法、热浸法、渗漉法及酿制法。

1. 冷浸法

将药材切碎、炮制后，置瓷坛或其他适宜的容器中，加规定量白酒，密封浸渍，每日搅拌1—2次，一周后，每周搅拌1次；共浸渍30天，取上清液，压榨药渣，榨出液与上清液合并，加适量糖或蜂蜜，搅拌溶解、密封，静置14日以上，滤清，灌装即得。

2. 热浸法

取药材饮片，用布包裹，吊悬于容器的上部，加白酒至完全浸没包裹之上；加盖，将容器浸入水液中，文火缓缓加热，温浸3—7个昼夜，取出，静置过夜，取上清液，药渣压榨，榨出液与上清液合并，加冰糖或蜂蜜溶解静置至少2天以上，滤清，灌装即得。此法称为悬浸法。此法后来改革为隔水加热至沸后，立即取出，倾入缸中，加糖或蜂蜜溶解，封缸密闭，浸渍30天，收取澄清液，与药渣压榨液合并，静置适宜时间后，滤清，灌装即得。

3. 渗漉法

将药材碎成粗粉，放在有盖容器内，再加入药材粗粉量 60%—70% 的浸出溶媒均匀湿润后，密闭，放置 15 分钟至数小时，使药材充分膨胀后备用。另取脱脂棉一团，用浸出液湿润后，轻轻垫铺在渗漉筒（一种圆柱型或圆锥型漏斗，底部有流出口，以活塞控制液体流出）的底部，然后将已湿润膨胀的药粉分次装入渗漉筒中，每次投入后，均要压平。装完后，用滤纸或纱布将上面覆盖。向渗漉筒中缓缓加入溶液时，应先打开渗漉筒流出口的活塞，排除筒内剩余空气，待溶液自出口流出时，关闭活塞。继续添加熔液至高出药粉数厘米，加盖放置 24—48 小时，使溶液充分渗透扩散。然后打开活塞，使漉液缓缓流出。如果要提高漉液的浓度，也可以将初次漉液再次用作新药粉的溶液进行第二次或多次渗漉。收集渗漉液—静置—滤清—灌装即得。

4. 酿制法

即以药材为酿酒原料，加曲酿造药酒。如《千金翼方》记载的白术酒、枸杞酒等，都是用此方法酿造。不过，由于此法制作难度较大、步骤繁复，现在一般家庭较少选用。

（三）鸡尾酒

鸡尾酒最初是一种量少而性烈的冰镇混合饮料，后来不断发展变化，到现在它的范围已变得广多了。到目前为止，各种类型的鸡尾酒已有两千多种，达 30 个类别之多。一般来说，将两种或两种以上的饮料，通过一定的方式混合而成的一种新口味的含酒精饮品，都称之为鸡尾酒。一般鸡尾酒是用基本成分（烈酒）、添加成分（利口酒和其他辅料）、香料、添色剂及特别调味用品按一定分量配制而成的一种混合饮品。美国的韦氏字典是这样注释的：鸡尾酒是一种量少而冰镇的酒。它是以朗姆酒、威士忌或其他烈酒、葡萄酒为酒基，再配以其他辅料，如果汁、蛋清、苦精（Bitter）、糖等以搅拌或摇晃法调制而成的，最后再饰以柠檬片或薄荷叶。

鸡尾酒非常讲究色、香、味、形的兼备，故又称艺术酒。其分类如下：

1. 根据饮用时间和地点划分

餐前鸡尾酒

它是以增加食欲为目的的混合酒，口味分甜和不甜两种。如：被称为混合酒鼻祖的马天尼和曼哈顿便属此类。

俱乐部鸡尾酒：

它在用正餐（午、晚餐）时，或代替头盆、汤菜时提供。这种混合酒色泽鲜艳、富有营养并具有刺激性，如三叶草俱乐部鸡尾酒。

餐后鸡尾酒

几乎所有餐后鸡尾酒都是甜味酒，如亚历山大鸡尾酒。

晚餐鸡尾酒：

晚餐时饮用的鸡尾酒一般口味很辣，如法国的鸭臣鸡尾酒。

香槟鸡尾酒

它在庆祝宴会上饮用，先将调制混合酒的各种材料放入杯中预先调好，饮用时斟入适量香槟酒即可。

2. 按混合方法划分

短饮类

短饮是指酒精含量较高、香料味浓重，所使用的器皿容量通常不超过 4.5 盎司的一种含酒精的饮料。一般的标准口味通常不带气泡，需要在短时间内饮尽，酒量约 60ml，3—4 口喝完，不加冰，10—20 分钟内不变味。其酒精浓度较高，适合餐前饮用。如马天尼、曼哈顿均属此类，通常用短杯提供。

长饮类

用烈酒、果汁、汽水等混合调制，酒精含量较低，所使用的器皿容量通常是 6 盎司以上的高杯，并且可以用带气泡的饮料调制，而且绝大多数的长饮是相对口味。长饮类是一种温和的混合酒，放 30 分钟也不会影响风味。喝时加冰，用高脚杯，适合餐时或餐后饮用。所用杯具是以酒品的名称命名的，如柯林斯，放在（长饮）柯林杯中。

热饮类

与其他混合酒最大的区别是用沸水、咖啡或热牛奶冲兑，如托地、热顾乐等。

3. 按所用基酒划分

根据所用基酒不同，将其分为威士忌类、金酒类、白兰地类、伏特加类、朗姆类、龙舌兰类及其他类。

4. 依其酒精成分、冷热口味划分

硬性饮料：含酒精成分较高的鸡尾酒属之。

软性饮料：不含酒精或只加少许酒的柠檬汁、柳橙汁等调制的饮料。

冷饮料：温度控制在5℃—6℃之间的鸡尾酒。

热饮料：温度控制在60℃—80℃之间，以热威士忌托地最具代表性。

此外，鸡尾酒的味道可分为5种，即甘、辛、中甘、中辛、酸。世界上各种鸡尾酒约有2000—3000种，分类方法也多种多样。

第二节　酒的品评与选购

品评是一门科学，也是古代留传下来的传统技艺。据《世说新语·术解》记载："桓公（桓温）有主簿善制酒，有酒辄令先尝，好者谓'青州从事'，恶者谓'平原督邮'。"明代胡光岱在《酒史》中，已对"酒品"的"香、色、味"提供了较为系统的评酒术语。由此可见，从古到今，对酒的芳香及其微妙的口味差别，用感官鉴定法进行鉴别，仍具有其明显的优越性。酒好、酒坏，关键在"味"。在评酒记分时，"味"一般占总分的50%。苏东坡认为评判酒的好坏"以舌为权衡也"，才是行家至理。

人们运用感觉器官（视、嗅、味、触）来评定酒的质量，区分优劣，划分等级，判断酒的风格特征，称为品评，人们习惯地将之称为评酒，又称为品尝、感官检查、感观尝评等。至今为止，尚未出现能够全面正确地判断香味的仪器，理化检验还不能代替感观尝评。酒是一种味觉品，它的色、香、味是否为人们所喜爱，或为某个国家和地区的人民、民族所喜爱，必须通过人们的感觉进行品评鉴定。

1. 对酒品色泽的鉴定

色彩能有力地表达感情、传递信息，使人获得美的享受，酒品给人的第一感觉和印象就是酒品的颜色。酒品的颜色不但品种繁多，而且变化大，酒品世界五彩缤纷，红橙黄绿青蓝紫，应有尽有，令人目不暇接。带有颜色的酒在我国很早就已出现，而且品种较多，从众多的诗词中便可略见其风姿，如李贺的"小槽酒滴真珠红"、杜甫的"鹅儿黄似酒"、白居易的"倾如竹叶盈绿"等，描写的是珍珠般闪亮的红酒、鹅雏般嫩黄的黄酒、竹叶般青绿的绿酒，丰富多彩、美不胜收。此外，还有金黄色的酒、琥珀色的酒、碧绿色的酒、咖啡色的酒等等。

各种酒品都有一定的色泽标准要求：如白酒的色泽要求是无色、清亮透明、无沉淀；白兰地的色泽要求是浅黄色至赤金黄色、澄清透明、晶亮、无悬浮物、无沉淀；黄酒的色泽要求是橙黄色至深褐色、清亮透明、有光泽，允许有微量聚集物；葡萄酒的色泽要求是白葡萄酒应为浅黄微绿、浅黄、淡黄、禾杆黄色，红葡萄酒应为紫红、深红、宝石红、红微带棕色，桃红葡萄酒应为桃红、淡玫瑰红、浅红色，加香葡萄酒应为深红、棕红、浅黄、金黄色，澄清透明，不应有明显的悬浮物（使用软木塞密封的酒允许有洁白泡沫）；淡色啤酒的色泽要求是淡黄、清亮透明，没有明显的悬浮物，当注入洁净的玻璃杯中时应有泡沫升起，泡沫洁白细腻、持久挂杯。对这些色泽标准要求，必须利用肉眼来看酒的外观、色泽、澄清度、异物等。对酒的观看方法是：当酒注入杯中后，将杯举起，白纸作底，对光观看；也可将杯上口与眼眉平视，进入观看；若是啤酒，首先观泡沫和气泡的上升情况。正常的酒品应符合上述标准要求，反之为不合格的酒品。那么，酒品的颜色是怎样形成的呢？从生产的角度来看，酒品颜色的形成有以下几条途径：

来自酿酒原料

很多果酒由于其酿造原料中含有色素，酿出的酒也就带有不同的颜色。如红葡萄酒，在葡萄压榨发酵过程中，果皮和果肉里的色素不断析出，并进入酿成的酒液里，使得酿成的红葡萄酒大多成棕红色。可以说，红葡萄酒的这种颜色也是葡萄本身的颜色。酒原料的自然本色能给人以纯朴清新之感，显得朴实无华，因此一般情况下酿酒者都尽量使酒液保持酿造原料的本色。

酒品在生产过程中自然生色

这是酒在生产过程中由于温度的变化、形态的改变而改变酿酒原料的本色，这种自然生色现象是在酒品生产过程中不可避免的，如蒸馏白酒在经过加温、汽化、冷却、凝结之后，改变了原来的颜色而呈无色透明状。一般情况下，这种自然生色现象只要不影响产品质量，生产者是不会去改变它的。

人工或非人工增色

人工增色是生产者为了取悦顾客而在酒液中添加一定的色素或调色剂，以此来改善酒品的风格。这种调色剂的增加有时会导致酒液变味变坏，产生不良后果。如果滥用色素或调色剂还会使酒色风格出现不协调，以致破坏酒品的风格。非人工增色大多发生在生产过程中，酒液改变了原来的色泽，如陈酿中的酒染上容器上的颜色，它的目的是使酒液色泽更加美丽。如白兰地酒，装入橡木桶进行陈酿时，一方面慢慢地与空气中的氧气作用，使酒更趋成熟；另一方面在陈酿过程中不断吸收橡木桶木质的颜色，使酒液呈令人悦目的琥珀色。

随着人民生活的不断提高、营养知识的不断普及，人们越来越意识到色酒比白酒更适合于现代消费。因为色酒具有酒度较低、刺激性小、富含营养成分等特点，适量饮用有益于身体健康。

此外，色酒有时还能起到增添饮酒气氛的作用，使人充分品味到饮酒的快乐与满足感。酒的色泽千差万别、各具特色，但只要能充分表现酒品的独特风格，达到使人赏心悦目的效果，一般都会受到欢迎。

2. 对酒品香气的鉴定

酒品香气形成的原因十分复杂，它除了原料本身的香气外，还受生产过程中外来香气、发酵和陈酿过程中容器香气等的影响。中国白酒十分讲究酒品的香气并以其来划分白酒的种类，下面以中国白酒为例，简单介绍中国白酒的典型特点。

中国白酒的酒香比较复杂、香气十分丰富，因为呈香成分中含有清雅香气的乙酸乙酯、丁酸乙酯、庚酸乙酯、辛酸乙酯、异丁醇、异戊醇等。有些成分虽香味不大，但有溶解其他香气成分的定香作用，如乳酸、乳酸乙酯等。中国白酒概括起来可以分5种香型。

酱香型

这类香型的白酒香气香而不艳、低而不淡、醇香幽雅、不浓不猛、回味悠长，倒入杯中过夜香气久留不散，且空杯比实杯还香，令人回味无穷。

浓香型（又称泸香型）

浓香型的酒具有芳香浓郁、绵柔甘冽、香味协调、入口甜、落口绵、尾净余长等特点。

清香型（又称汾香型）

酒气清香芬芳、口味甘爽协调、酒味纯正、醇厚绵软。

米香型

米香型酒蜜香清柔、幽雅纯净、入口柔绵、回味怡畅，给人以朴实纯正的美感，米香型酒的香气组成是乳酸乙酯含量大于乙酸乙酯，高级醇含量也较多，共同形成它的主体香。

兼香型（又称复香型）

即兼有两种以上主体香气的白酒。这类酒在酿造工艺上吸取了清香型、浓香型和酱香型酒之精华，在继承和发扬传统酿造工艺的基础上独创而成。兼香型白酒之间风格相差较大，有的甚至截然不同，这种酒的闻香、口香和回味香各有不同香气，具有一酒多香的风格。

以上几种香型只是中国白酒中比较明显的香型，但有时即使是同一香型白酒的香气也不一定完全一样。就拿同属于浓香型的五粮液、泸州老窖特曲、古井贡酒等来说，它们的香气和风味也有显著的区别，其香韵也不相同。因为各种名酒的独特风味除取决于其主体香含量的多寡外，还受各种香味成分的相互烘托、平衡作用的影响。

在对酒气的鉴定过程中，人的嗅觉器官是鼻腔。嗅觉是有气味物质的气体分子或溶液，在口腔内受体温热蒸发后，随着空气进入鼻腔的嗅觉部位而产生的。鼻腔的嗅觉部位在鼻粘膜深处的最上部，称为嗅膜，也叫嗅觉上皮，又因有黄色色素，也叫嗅斑，大小为 2.7—5 平方厘米。嗅膜上的嗅细胞呈杆状，一端在嗅膜表面，附有粘膜的分泌液；另一端为嗅球，与神经细胞相联系。当有气味的分子接触到嗅膜后，被溶解于嗅腺分泌液中，借化学作用而刺激嗅细胞。嗅细胞因刺激而发生神经兴奋，通过传导至大脑中枢，遂发生嗅觉。

酒类含有芳香气味成分，其气味成分是酿造过程中由微生物发酵产生的代谢产物，如各种酶类等。酒进入口腔中时的气味所挥发的分子进入鼻咽后，与呼出的气体一起通过两个鼻孔进入鼻腔，这时，呼气也能感到酒的气味。而且酒经过咽喉时，下咽至食管后，便发生有力的呼气动作，带有酒气味分子的空气，便由鼻咽急速向鼻腔推进，此时，人对酒的气味感觉会特别明显。这是气味与口味的复合作用。酒的气味不但可以通过咽喉到鼻腔，而且咽下以后还会再返回来，一般称为回味。回味有长短，并可分辨出是否纯净（有无邪、杂气味），有无刺激性。酒的香气与味道是密切相关的人们对滋味的感觉，有相当部分要依赖嗅觉。

人的嗅觉是极容易疲劳的，对酒的气味嗅的时间过长就会迟钝不灵，这叫"有时限的嗅觉缺损"。我国古语云，"入芝兰之室，久而不闻其香；入鲍鱼之肆，久而不闻其臭"，指的就是嗅觉易于迟钝。所以人们嗅闻酒的香气时不宜过长，要有间歇，藉以保持嗅觉的灵敏度。

据说国外对威士忌酒的评级分类，完全靠鼻子闻香。在英国有一个专门用鼻子检查威士忌的机构。他们共有 6 个人，对品尝威士忌都很有经验。其中有 5 人专门用鼻子来评麦芽威士忌，一个人专门评硬谷类威士忌。他们每天评的威士忌样品可以达到 200 个。对于他们提出的意见，生产单位和勾兑单位都是作为第一手参考意见的。

3. 对酒品口味的鉴别

人的味觉器官是口腔中的舌头。舌头之所以能产生各种味觉，是由于舌面上的粘膜分布着众多不同形状的味觉乳头，由舌尖和舌缘的蕈状乳头、舌边缘的叶状乳头、舌面后的轮状乳头组成。在味觉乳头的四周有味蕾，味蕾是味的感受器，也是在粘膜上皮层下的神经组织。味蕾的外形很像一个小蒜头，里面由味觉细胞和支持细胞组成。味觉细胞是与神经纤维相联的，味觉神经纤维联成小束，进入大脑味觉中枢。当有味的物质溶液由味孔进入味蕾，刺激味觉细胞使神经兴奋，传到大脑，经过味觉中枢的分析，各种味觉就产生了。

由于舌头上味觉乳头的分布不同、形状不同，各部位的感受性也就各不相同。在舌头的中央和背面，没有味觉乳头，就不受有味物质的刺激，没有辨别滋味的能力，但对压力、冷、热、光滑、粗糙、发涩等有感觉。舌前 2/3 的味蕾与面神经相通，舌后 1/3 的味蕾与舌咽神经相通。软腭、咽部的味蕾与迷走神经相通。味蕾接受的刺激有酸、甜、苦、咸四种，除此之外的味觉都是复合味觉。舌尖的味觉对甜味最为敏感。舌根的反面专司苦味。舌的中央和边缘对酸味和咸味敏感。涩味主要由口腔粘膜感受。辣味则是舌面及口腔粘膜受到刺激所产生的痛觉。味蕾的数量随着年龄的增长而变化。一般 10 个月大的婴儿的味觉神经纤维已成熟，能辨别出咸、甜、苦、酸。味蕾数量在人 45 岁左右增长到顶点。到 75 岁以后，味蕾数量大为减少。

酒类含有很多呈味成分，主要有高级醇、有机酸、羰基化合物等，这是与酿造原料、工艺方法、贮存方法等分不开的。人们对酒的呈味成分，是通过口腔中的舌头、刺激味蕾产生感觉，才能鉴定出酒质优劣、滋味好坏的。酒品的口味是消费者普遍关注的酒品风格，酒味的好坏也反映了酒品质量的好坏。人们习惯用酸、甜、苦、辣、咸等来评价酒的口味风格。

酸

酸味是针对甜味而言，是指酒中含酸量高于含糖量，英语中常用"Dry"一词表示，因此酸型通常又称为干型，如干白葡萄酒、半干型葡萄酒等。酸味型酒常给人们醇厚、爽快等感觉，酸还具有开胃作用。目前，酸型酿造酒尤其是葡萄酒越来越受消费者的喜爱。

甜

甜味是酒品口味中最受欢迎的，而且以甜为主要口味的酒数不胜数。酒品中的甜味主要来自酿酒原料中的麦芽糖和葡萄糖，特别是果酒含糖量尤其大。甜味能给人以滋润圆正、纯美丰满、浓郁绵柔的口感。

苦

苦味是一种独特的酒品风格，在酒类中苦味并不常见，比较著名的比特酒（Bitters）就是以苦味为主。此外，啤酒中也保留了其独特的苦香味道，适量的苦味有净口、止渴、生津、开胃等作用，但是苦味有较强的味觉破坏功能，切忌滥用。

辣

也称为辛。辛辣口味使人有冲头、刺鼻等感觉，尤以高浓度的酒精饮料给人的辛辣感最为强烈，辛辣味主要来自酒液中的醛类物质。

咸

咸味在酒中很少见，但少量的盐类可以促进味觉的灵敏，使酒味更加浓厚。以墨西哥特基拉酒为例，饮用时就必须加入少量盐粉，以增加其独特的风格。

除上述几种常见的口味外，还有与苦味紧密相连的涩味，以及与众不同的怪味等。

4. 酒体

酒体是对酒品风格的综合表现，但国内和国外品酒界人士对酒体的解释却不一样。在中国，专家们普遍认为酒体是色香味的综合表现，是对酒品的全面评价；国外一些专家则认为酒体是专指酒品的口味，侧重于单项风格的评价。不过无论是哪种观点更全面正确，一种酒品酒体的好坏应该是对酒品风格概括性的感受，酒体讲究的应是协调完美，色、香、味缺一不可的。酒品的风格千变万化、各不相同，这都是由于酒中所含各种物质的含量与配比决定的。影响酒品风格和质量的因素很多，了解了这些因素之后，会对酒品的风格特色的形成将会有进一步的认识，同时也揭开了酒的神秘面纱。

水

酿酒离不开水，水是构成酒成品的主要因素之一。优良的水质不仅能提高酒的质量，还能赋予酒以特殊的风味。我国劳动人民自古以来对酿酒用水都很重视，把水比作"酒之血"。许多名酒厂都选建在有良好水源的地方，"名酒所在，必有佳泉"。蒸馏酒对水质要求不像啤酒等酿造酒那样高，但长期的实践证明，好水是酿成好酒的重要因素之一。例如 pH 值过高的碱性水，由于能抑制酶的作用，使糖化不良、不纯净的水或带有水藻等污染水对酒母质量和发酵有危害，且常常伴有奇怪的气味，对成品酒有直接的影响。又如绍兴酒，取用鉴湖水酿造。鉴湖水来自群山深谷，经过砂面岩土的净化作用，又含有一定量适于酿造微生物繁殖的矿物质，因此对保证绍酒的质量有很大的帮助。当地酿酒工人说，只有用鉴湖水，黄酒才有鲜、甜、醇厚的特点。

啤酒对水的要求高于其他任何酒品，因为啤酒中 90% 以上的成分是水，特别是用以制麦芽和糖化的水与啤酒质量有密切关系。所以，啤酒对水有以下几个基本要求：

第一，水质无色透明、无沉淀、无异味。

第二，每升含氨量不得超过 0.05 毫克，因水中的硝酸盐和亚硝酸盐会影响淀粉的糖化作用和酵母的繁殖，并且有害人体健康。

第三，每升水的含铁量不得超过 20—30 毫克，因为铁会阻碍发酵，影响色、味。

第四，水的硬度大小应与酿制啤酒的类型相适应，如生产淡色啤酒的水硬度要低于 80、浓色啤酒低于 140 等。

总之，酿造啤酒的用水不得含有妨碍糖化、发酵以及有害于色、香、味的物质。

酸类物质

酒中的酸类含量与白酒的风味有极大关系，酸类是白酒的重要口味物质，酸量过少、酒味寡淡、后味短；但酸量过大、酸味露头、酒味粗糙，甚至入口有尖酸味，从而使酒的风味和品质严重下降。以中国白酒为例，一般含酸量每百毫升不得超过 0.06—0.15 克。白酒中含有 20 多种有机酸，它们有的能够直接影响酒的风味和质量，如乙酸，是刺激性强的酸味；丁酸，量少能增加"窖香"，过浓则有"汗臭"气味；乳酸能增加白酒的醇厚性，起调味作用，过多则呈涩味。

酯类物质

酯类物质是在酒精发酵过程中产生的，它是一种芳香物质，在白酒中能增加香气，因此一般比较芳香的酒含酯量都较高。酒类中含各种酯类共计 30 多种，其中乙酸乙酯稀薄时呈梨的清香，是我国清香型白酒的主体香气。而丙酸乙酯能赋予白酒一种特殊的米香，是桂林三花酒的主体香气。但有人认为：白酒中含酯量过高，会在饮用时引起不舒适的感觉，甚至头晕。

醛类物质

酒液中醛类物质含量极少时可以增加芳香，但它们是造成刺激性和辛辣味的主要成分，因此一般白酒中每百毫升总醛量不得大于 0.02 克。如果一般酒品中出现酒味辣燥、刺鼻现象，并有焦苦味出现，那必定是酒中含糠醛较高的缘故（一般高于 0.03 克/100 毫升就会呈现上述现象）。

醇类物质

酒精发酵过程中会形成微量的高级醇，由于它像油状物质，故称为"杂醇油"。白酒香味中需要有一定量的高级醇，它呈苦味、涩味和辣味。杂醇油有很大的毒性，其毒性和麻醉力比乙醇（酒精）大十几倍。如果饮入含杂醇油多的酒类，能引起剧烈的头痛，易使人酩酊大醉。因此，我国规定每百毫升酒中，杂醇油不应超过 0.15 克。

此外，酒液含有的铅、氰化物，以及甲醇等都是有毒物质，含量过高不但严重危害人体健康，而且对各种酒品的色、香、味都会有很大影响。

一、白　酒

（一）白酒的品评

1. 白酒品评的概述

评酒可以选出名优产品，互相竞争，使白酒质量不断提高，推动全行业的技术进步，增加白酒的文化内涵。白酒质量的优劣主要通过理化检验和感官品评的方法来判断，理化检验要符合国家颁布的卫生标准；

感官品评也叫品尝，评酒主要是通过人的感官如眼、鼻、舌、口腔，来评定白酒色、香、味和酒体的一种方法，这是任何精密仪器的检测都无法替代的一项重要的品评方法。

人类嗅觉的原理

人之所以能感觉到香气是由于鼻腔上部嗅觉上皮细胞的作用，有香气的物质与空气混合后，在呼吸时经鼻腔的甲介骨，形成复杂的流向，其中一部分到达嗅觉上皮。此部位有黄色色素，称为嗅斑。大小为1.7—5平方厘米，是由支持细胞、基底细胞和嗅细胞组成。嗅细胞呈杆状，一端通到上皮表面，浸入上皮的分泌液中；另一端是嗅觉细胞与神经细胞相连，通过嗅觉神经将得到的刺激传达给大脑中枢。

人类味觉的原理

人们通过口尝可以辨别出各种味道，是因为舌面上有数量可观的味蕾，味蕾上的味细胞受到刺激后传给大脑，便产生味觉。常说的味有酸、甜、苦、辣，白酒中能引起上述4种味感的均在舌面的一定部位上起作用，甜味在舌尖，苦味在舌根部，酸味在舌面两侧，这就要求在评酒时要充分利用舌尖、舌侧和舌根的味觉特点。而辣味和涩味不属于味感，是由刺激引起的。各种味之间相互影响，同时存在两种或两种以上的味道时，各自单一味道将会有升减。

2. 评酒规则及对评酒员的要求

下面，让我们来看看专业的评酒工作是如何进行的。

了解评酒规则

评酒要做到准确、公正、无误，须遵守以下规则：

评酒之前，评酒员要休息好，评酒期间禁用有气味的化妆品，不准携带气味浓的食品，以免干扰品评。

评酒期间不允许食用刺激性食品，如生姜、生蒜、生葱、辣椒等和过甜、过咸、油性大的食品。

评酒前30分钟和品评过程中不得吸烟，评酒前要刷牙漱口，防止嗅觉和味觉迟钝。

评酒过程中要保持安静，不得大声喧哗、交头接耳。各自独立思考和品评，认真填写评酒单。

未经允许，评酒员不得进入准备室。

评酒时，酒样入口以布满舌面为宜，尽量少吞酒，以评酒为暴饮，是绝对不被许可的。

对评酒员的要求

评酒员身体健康，有正常的嗅觉、味觉和视觉，对气味、味道辨别无误，分辨颜色准确。

评酒员要掌握评酒技巧，有一定的实践经验，熟悉白酒生产工艺和不同香型白酒的特点。

对品评的酒类具有较高的准确性和表达能力。

评酒员要有公正、认真负责、实事求是的思想品德。

省、市及以上的评酒员，要通过正规考试产生，且要保持相对稳定，使历届评酒情况能够相互衔接，同时也应不断补充新鲜血液。

3. 评酒室、评酒杯和评酒时间

评酒室

评酒室要选择在环境安静、少有外界干扰的地方，室内噪声限制在40分贝以下。室内光线充足、柔和，无直接射入的阳光，配有一定照明设施。室内空气新鲜，无对流风，室内温度和湿度均匀，室温在15℃—20℃，相对湿度50%—60%为好。

评酒室的室内色调要单一，明暗程度适宜，地板光滑、清洁、耐水，保证充足的空间，不要太狭小。

评酒杯

评酒杯采用无色透明、无花纹的玻璃杯，大小、厚薄一致，无明显的凸凹感，以郁金香型60毫升容积的玻璃杯为最佳。

评酒时间

以上午的9—11时为最好，下午在14时左右为宜。每次评酒不超过2小时，评酒时间长易疲劳，影响效果。

4. 品评的步骤、方法与评分标准

评酒前的准备工作

酒样品种：对每次参评的酒进行分类，按同香型、同一工艺归为一类。如大曲酒与麸曲酒之分，粮食原料与代用原料之分，酒的不同香型之分。每组酒样不超过6个，每日最多评4组，每组评完后要休息半个小时左右再进行下组评定。

酒样数量

工作人员确认酒样的酒杯编号、酒样号、酒杯号一致且无误。每杯

酒样注入量为杯中 3/5，每杯注入量相同。

酒样温度高低直接影响入口的嗅觉和味觉，白酒的品评温度规定为15℃—20℃为宜。

评酒顺序

同一类酒的酒样要按下列因素排列：

酒度：先低后高。

香气：先淡后浓。

酒味：先干后甜。

酒色：先浅后深。

顺序：要先由前至后，再由后至前，防止前面酒样对后面酒样有影响，也就是顺序效应。如依次品评酒样 1 号、2 号、3 号……，此时极易产生偏爱 1 号酒样的心理现象，这称为正顺序效应。有时会产生相反的心理效应，偏爱 3 号或后面的酒样，这称为反顺序效应。也要防止后效应，即在品评前一种酒样时，常会影响后面酒样品评的客观性。所以要由前至后，再由后至前，如此反复几次，以得出正确的结论。每品尝完一个酒样，要用清水漱口。

白酒的品评步骤

白酒的品评一般分为明评与暗评：明评主要采取议论的方式，边评边议；暗评是将酒样编号打分或记取名次。在酒样多和评酒人员多时，为了使暗评更准确，最好先对不同类型的酒明评议论，使意见统一或接近，以免打分相差悬殊，但不论明评或暗评，重要的是写出评语，为改进和提高质量提供依据。白酒的品评主要包括色、香、味、体 4 个部分。即通过眼观色、鼻嗅香、口尝味，并综合色、香、味三方面的因素来确定其风格，即"体"。

具体方法为：

色：这是白酒的外观形态，是指举杯对光、白纸作底，用眼观察酒的色泽、透明度，有无悬浮物、沉淀物或渣滓等。由于发酵期和贮存期长，常使其带微黄色，如酱香型白酒，这是允许的。如果酒色发酽或色泽过深、失光混浊或有夹杂物、浮游沉淀物等则是不允许的。

香：白酒的香气主要应该是主体香气突出、香气协调而无邪杂味，予人愉悦感。通常是将白酒杯端在手里，在离鼻一定的距离进行初闻，鉴别酒的香型，检查芳香的浓郁程度，继而将酒杯接近鼻孔进一步细闻。分析其芳香的细腻性、是否纯正、是否有邪杂味。再闻的时候，一定要注意先呼气再对酒吸气，不能对酒呼气，为了再鉴别酒中的特殊香气，也可采用以下的方法作为辅助鉴别的办法：用一小块吸水纸（过滤纸），吸入适量的酒样，放在鼻孔处细闻，然后将此过滤纸放置半小时左右，继续闻其香，以此来确定放香时间的长短和放香大小。

当然，以上介绍的都是专业品评白酒的方法，在生活中大可不必如此大费周折。不过，以上的很多方法和要点，对于我们鉴别和品评白酒，还是很有益处的。

（二）白酒的选购

白酒是我国传统的一种酒类，工艺独特、历史悠久、享誉中外。从古至今白酒在消费者心目中都占有十分重要的位置，是社交等活动中不可缺少的特殊饮品。

在选购、饮用白酒产品时应注意以下几点：

1. 在选购白酒产品时，应首先选择大中型企业生产的国家名优产品

产品质量国家监督抽查中发现，名优白酒质量上乘，感官品质、理化指标俱佳，低度化的产品也能保持其固有的独特风格。

2. 建议不要购买无生产日期、厂名、厂址的白酒产品

因为这些产品可能在采购原料、生产加工过程中不符合卫生要求，甲醇、杂醇油等有毒有害物质超标，损害人体健康。

3. 要仔细观察商标

真正名优白酒的商标印刷精美，图案、字迹清晰，颜色鲜明。而冒牌酒的标识印刷粗糙，图案、字迹模糊，或者稍有改动以偷梁换柱。

4. 检查酒内是否有杂质

把酒瓶拿在手中，慢慢地倒置过来对着光观察瓶底，如果有下沉的物质或有云雾状现象，说明酒中杂质较多。如果没有悬浮物、不失光、不浑浊，说明酒的质量比较好。

5. 闻气味

质量好的酒具有特有的醇香，无其他异味。若发现酒的味道发苦或者有其他异味，则属质次或劣质白酒。

低度白酒（通常指酒精度40以下的产品）是我国当前白酒产品中的主流。白酒产品并非"越陈越香"，在购买低度白酒时，最好选择两年以内的白酒产品饮用。这是因为近几年来，发现低度白酒在存放一段

时间后（通常需一年或更久，但因酒而异）会出现酯类物质水解的现象，并导致口味寡淡。

二、黄酒

（一）黄酒的品评

黄酒品评时基本上也分色、香、味、体（即风格）4个方面。

色：通过视觉对酒色进行评价，黄酒的颜色占10%的影响程度。好的黄酒必须是色正（注：黄酒一般有橙黄、橙红、黄褐、红褐等几种颜色）、透明清亮有光泽。黄酒的色度是由于各种原因增加的：

黄酒中混入铁离子则色泽加深。

黄酒经日光照射而着色，是酒中所含的酪氨酸或色氨酸受光能作用而被氧化，呈赤褐色色素反应。

黄酒中氨基酸与糖作用生成氨基糖而使色度增加，并且此反应的速度与温度、时间成正比。

外加着色剂，如在酒中加入红曲、焦糖色等而使酒的色度增加。

香：黄酒的香在品评中一般占25%的影响程度。好的黄酒，有一股强烈而优美的特殊芳香。构成黄酒香气的主要成分有醛类、酮类、氨基酸类、酯类、高级醇类等。

味：黄酒的味在品评中占有50%的比重。黄酒的基本口味有甜、酸、辛、苦、涩等。黄酒应在优美香气的前提下，具有糖、酒、酸调和的基本口味。如果突出了某种口味，就会使酒出现过甜、过酸或有苦辣等感觉，影响酒的质量。一般好的黄酒必须香味幽郁、质纯可口，尤其是糖的甘甜、酒的醇香、酸的鲜美、曲的苦辛配合得当、余味绵长。

体：体即风格，是指黄酒组成的整体，它全面反映了酒中所含基本物质（包括乙醇、水、糖）和香味物质（包括醇、酸、酯、醛等）。由于黄酒生产过程中，原料、曲和工艺条件等不同，酒中组成物质的种类和含量也随之不同，因而可形成黄酒的各种不同特点的酒体。在评酒中黄酒的酒体占15%的影响程度。

感观鉴定时，因为黄酒的组成物质必然通过色、香、味三方面反映出来，所以必须通过观察酒色、闻酒香、尝酒味之后，才能综合三个方面的印象，加以抽象的判断其酒体。现行黄酒品评一般采用百分制。

（二）黄酒的选购

黄酒是我国的民族特产，其中以浙江绍兴酒为代表的麦曲稻米酒是黄酒历史最悠久、最有代表性的产品；山东即墨老酒是北方粟米黄酒的典型代表；福建龙岩沉缸酒、福建老酒是红曲稻米黄酒的典型代表。在选购时应注意如下几个方面：

首先，应在正规的大型商场或超市中购买黄酒产品。这些经销企业对经销的产品一般都有进货把关，经销的产品质量和售后服务有保证。

其次，购买时应该选择大型企业或有品牌的企业生产的产品，这些企业管理规范、生产条件和设备好、产品质量稳定。

再次，选购时要从产品名称、含糖量来判别产品的类型，更好地选择适合自己需要的黄酒种类。消费者在不了解购买产品企业的情况下，应尽量选购产品标签上注明执行国家标准的黄酒产品，如 GB/T13662、GB17946 等，因为符合这些标准的产品质量有保证。

最后，黄酒的酒液应呈黄褐色或红褐色，无论是哪种颜色，酒液都应该清亮透明，但允许有少量沉淀。

三、啤酒

（一）啤酒的品评

啤酒的品质主要看色、泡沫、香、味这 4 个感官指标。啤酒注入杯中，先观察酒的色泽，酒液中有无悬浮物，然后通过视觉观察泡沫洁白、细腻及挂杯程度，再嗅香味，最后品味道。品评啤酒的最佳温度是在 15℃以下保持 1 小时，然后通过啤酒的外观、泡沫、二氧化碳含量、口味等几方面综合评价啤酒的优劣。总体来说啤酒品评方法如下：

1. 看色

在适宜光线下直观或侧观，注意酒液的色泽，有无悬浮物、沉淀物等情况。把啤酒倒入洁净透明的玻璃杯中，向着光亮处检验色泽和透明度，色泽淡黄略带微绿色或淡金黄色，且富有光泽、泡沫高高升起，其泡沫洁白细腻、持久不散，喝完后玻璃杯壁上牢牢附着泡沫的是优质啤酒；否则，就说明质量比较差。变质啤酒，泡沫粗糙，呈淡黄色，泡沫升不高或消失很快，没有泡沫。

啤酒色泽的色度难以用眼直接观察判断，可用 0.1 毫升碘液，配

100 毫升蒸馏水为标准，评酒时用酒样与之对比，在标准的范围内即为合格。

2. 泡沫

泡沫也是啤酒品评的一个质量指标，与啤酒酒液中的二氧化碳气、麦芽汁等成分有关。优质的啤酒倒入杯中，酒液上部大半应有洁白细腻、状似奶油的泡沫，并覆盖酒液，以防给啤酒带来爽口感觉的二氧化碳溢出。优良啤酒的泡沫应当是洁白、细腻、挂杯，泡沫体积大，能持续 5 分钟以上。啤酒泡沫的优劣可用以下方法判断：好的啤酒应具有开瓶香和开口香。开瓶香即打开瓶盖就能闻到扑鼻香味；开口香是指先吸入少量空气，大口喝下啤酒，而后从鼻孔中透出的香味。

3. 香味

啤酒的酒花香气是否新鲜清爽也是啤酒品评的一个重要方面。啤酒倒置杯中用鼻闻，或稍摇动再闻，有新鲜柔和的酒花香味，并伴有麦芽的香味，是优质啤酒；否则，就是劣质啤酒。

4. 二氧化碳

啤酒中二氧化碳充足与否也是对啤酒品评的一个方面。常用平静、不平静、起泡、多泡等评语来说明酒液中的二氧化碳气是否充足。用气泡如珠、细微连续、持久、暂时涌泡、泡不持久、形成晕圈等评语评价气泡升起的现象。喝一口啤酒后，不要立即咽下去，在口中停留几分钟，优质的啤酒喝到口中后应有柔和、协调、清爽、醇厚的感觉。因为啤酒中含有二氧化碳，在口中也应感到有刺激的二氧化碳，并有清爽愉快的感觉。若有怪味、杂味和酸味等不愉快的感觉，则证明是劣质啤酒。当然二氧化碳含量过高也不好，二氧化碳含量过高会导致酒瓶内压力过高。如果啤酒开启后，连酒带沫一起溢出，甚至喷射几十厘米，说明瓶内压力太高了。

当然对于各种不同品评也有细微的差别：如啤酒按色泽可分为淡色啤酒、浓色啤酒和黑色啤酒。淡色啤酒又分为淡黄色、金黄色，其特点是泡沫洁白、细腻，酒花香气突出，口味纯正爽口；浓色啤酒又分为棕色、红棕色、红褐色，产品特点是麦芽香味突出、口味醇厚，酒花苦味略轻；黑啤酒色泽呈深红褐色，产品特点是风味浓香、醇厚、回味足。

黄啤酒

色泽呈淡黄、黄色或金黄色，带绿，黄而不显暗色，清亮透明、无悬浮物、无沉淀。啤酒注入杯中后泡沫高，可以达到杯的 1/3—1/2 高度；泡沫洁白、细腻、持久、挂杯，其持续时间在 5 分钟以上；酒体应有明显的新鲜柔和的酒花、特有香气、无老化气味及生酒花气味，口味纯正、爽口而醇厚。

黑啤酒

色泽是泽黑红、黑红色或黑棕色，清亮透明、无悬浮物、无沉淀。啤酒注入杯中泡沫亮而持久，细腻、洁白或微黄并挂杯。有明显的麦芽香气，香正，无老化气味及不愉快的气味（如双乙酰气味、烟气味、酱油气味等），无任何异常。口味纯正、爽口而醇厚。

（二）啤酒的选购

在选购啤酒时，要根据自己的口味选择喜爱的品牌，购买新鲜的啤酒，不要购买已过保质期的啤酒。在贮存啤酒时应低温贮存，不要急冷急冻；要放在安全处，轻拿轻放，并减少啤酒瓶的碰撞。在选购、饮用啤酒产品时应注意以下几点：

在选购啤酒产品时，应首先选择大中型企业生产的国家名牌产品。名牌啤酒质量上乘，感官品质、理化指标俱佳。

不要购买标签标识不规范，使用非"B"字标记玻璃瓶包装的啤酒，以免发生玻璃瓶爆炸事故，危及人身安全。

啤酒的最佳饮用温度在 8℃—10℃左右。啤酒所含二氧化碳的溶解度是随温度高低而变化的，适宜的温度可以使啤酒的各种成分协调平衡，给人一种最佳的口感。

不宜过量饮用啤酒。长期过量饮用啤酒，将导致脂肪堆积而阻断核糖核酸合成，造成"啤酒心""将军肚"，从而影响心脏的正常功能，也会抑制、影响细胞的正常活力。

保存期限。选购时应注意出厂日期或批号。

四、葡萄酒

（一）葡萄酒的品评

葡萄酒的品尝是一门学问，但只要有兴趣，并善于练习，人人都能成为品酒专家。

品尝葡萄酒要用专用的品酒杯，有一种被称为郁金香型的品酒杯被认为是最合适的葡萄酒品尝用杯。

品尝葡萄酒一般从三个方面进行，即所谓的"一观其色，二嗅其香，三尝其味"。

1. 观色

把酒倒入透明葡萄酒杯中，举至齐眼高观察酒体颜色。优质高档葡萄酒都应具有相对稳定的颜色，葡萄酒的色度通常直接影响酒的结构、丰满度和后味。一般而言，白葡萄酒呈浅禾秆黄色，澄清透明；干红葡萄酒呈深宝石红色，澄清得近乎透明；干桃红葡萄酒呈玫瑰红色，澄清透明。

2. 闻香

葡萄酒是一种发酵产品，它的香气应该有葡萄的果香、发酵的酒香、陈酿的醇香，这些香气应该平衡、协调、融为一体，香气幽雅、令人愉快。而质量差的葡萄酒，不具备上述特点，有突出暴烈的水果香（外加香精）、酒精味突出或者有其他异味。所以"闻香"是判定酒质优劣最明显、最可靠的方法，只要闻一下便能辨其优劣。在"闻香"时，可将酒杯轻轻旋动，使杯内酒沿杯壁旋转，这样可增加香气浓度，有助于嗅尝。优质干白葡萄酒香气比较浓，表现为清香怡人的果香而不能有任何异味；优质干红葡萄酒的香气表现为酒香和陈酿香。而劣质葡萄酒闻起来都有一股不可消除的令人不愉快的"馊味"。这股"馊味"是酒中的杀菌剂二氧化硫的气味，劣质酒因使用霉烂、变质的葡萄原料，或者为了防止酒的变质而被迫加大二氧化硫的用量。

3. 口感

任何一种好的葡萄酒其口感应该是舒畅愉悦的，各种香味应细腻、柔和，酒体丰满完整，有层次感和结构感，余味绵长；而质量差的葡萄酒，或者有异味，或者异香突出，或者酒体单薄没有层次感，或者没有后味。

4. 品味

将酒杯举起，杯口放在唇之间，压住下唇，头部稍向后仰，把酒轻轻地吸入口中，使酒均匀地分布在舌头表面，然后将葡萄酒控制在口腔前部，并品尝大约 10 秒钟后咽下，在停留的过程中所获得的感觉一般并不一致，而是逐渐变化。每次品尝应以半口左右为宜。

品酒的温度也很重要。白葡萄酒一般在 10℃—14℃时品尝较合适，而红葡萄酒则宜在更高的温度下品尝。

另外，如果同时品尝几种葡萄酒，则要讲究品尝顺序。先品尝"果香型"或称"轻型"的葡萄酒，后品尝所谓"复杂型"或"重型"的葡萄酒；先品尝干葡萄酒，再品尝甜葡萄酒；先品尝白葡萄酒，再品尝红葡萄酒。事实上，喝酒与品酒仅一步之遥，平常喝酒的人如果每次喝酒时都用心品尝，那么他一定能成为一个好的品酒师。

下面我们列出几种常见的葡萄酒的品评标准以供大家参考：

干白葡萄酒

色：麦秆黄色、透明、澄清、晶亮。

香：有新鲜怡悦的葡萄果香（品种香），兼有优美的酒香。果香和谐、细致，令人清心愉快，不应有醋的酸气感。

味：完整和谐、轻快爽口、舒适洁净，不应有过重的橡木桶味、异杂味。

甜白葡萄酒

色：麦秆黄色、透明、澄清、晶亮。

香：有新鲜怡悦的葡萄果香（品种香）、优美的酒香，且果香和酒香配合和谐、细致、轻快，不应有醋的酸气感。

味：甘绵适润、完整和谐、轻快爽口、舒适洁净，不应有橡木桶味及异杂味。

干红葡萄酒

色：近似红宝石色或本品种的颜色，不应有棕褐色，透明、澄清、晶亮。

香：有新鲜怡悦的葡萄果香及优美的酒香，香气协调、馥郁、舒畅、不应有醋的酸气感。

味：酸、涩、利、甘配比和谐完美，口感丰满、醇厚爽利、幽香浓郁。不应有氧化感及过重的橡木桶味，不应有异杂味。

甜红葡萄酒（包括山葡萄酒）

色：红宝石色，可微带棕色或本品种的正色，透明、澄清、晶亮。

香：有怡悦的果香及优美的酒香，香气协调、馥郁、舒畅，不应有醋的酸气感及焦糖气味。

味：爽而不薄、醇而不烈、甜而不腻、馥而不艳，不应有氧化感及过重的橡木桶味，不应有异杂味。

香槟酒

色：鲜明、协调、光泽。

透明：澄清、澈亮，无沉淀、无浮游物、无失光现象。

音响：清脆、响亮。

香：果香、酒香柔和、轻快，不具异臭，且风味独特。

味：纯正、协调、柔美、清爽、香馥，后味爽口、轻快、余香、无异味，有独特风格。

果酒

色：鲜明、协调、光泽，无褪色、变色。

透明：澄清、澈亮，无沉淀、无浮游物、无失光现象。

香：具有原果香、酒香（配制酒具原果或植物芳香），浓馥持久、无异臭、风味独特。

味：纯正、完美、协调、柔美、爽适，有余香，无异味，风味独特。

（二）葡萄酒的选购

葡萄酒一般为防止酒液发生光化学反应，大多用绿色玻璃瓶包装，故在选购时应注意瓶标的颜色和标注的糖、酸、酒精含量，明确酒的品种，一般白葡萄酒的瓶标主体颜色采用金黄色较多，而红葡萄酒则多用红色。酒度低于 9 度通常为普通酒。另外，葡萄酒没有保存期规定，出现适量的沉淀也是质量标准允许的，关键是瓶口要密封良好，酒精不易挥发，这样风味就能保持不变。在购买葡萄酒时还应清楚酒口味依品种而异，如：干型葡萄酒应爽口、丰富、和谐；甜型葡萄酒应醇厚浓郁，酸、涩、甘、酸各味和谐，爽而不薄、醇而不烈、甜而不腻、馥而不艳。

1. 购买地点的选择

一般情况下，专卖店、商场及超市的专柜是较有保障的去处。但无论是什么地方，对店内葡萄酒的陈列环境须十分留意，如果暴露在强光下或受到阳光直接照射，那么这种葡萄酒很可能尚未开封就已变质。

2. 品牌的选择

首先应选择知名企业、知名品牌。一般来说，知名度高的品牌酒较有质量保证。

3. 看包装

葡萄酒一般为防止酒液发生光化学反应，大多用绿色玻璃瓶包装，故在选购时应注意瓶标的颜色和标注的糖、酸、酒精含量，明确酒的品种。一般白葡萄酒的瓶标主体颜色采用金黄色较多，而红葡萄酒则多用红色。酒度低于9度通常为大路货、普通酒。另外，葡萄酒没有保存期规定，出现适量的沉淀也是质量标准允许的，关键是瓶口要密封良好，酒精不能挥发，这样风味就能保持不变。

4. 阅读酒标

买葡萄酒首先要了解酒瓶上的标牌。《中国葡萄酒酿酒技术法规》要求在酒瓶标牌上注明产品的名称、原料、净含量、含糖量、酒精度、厂名、厂址、产地、生产日期、保质期、产品标准代号等。一般商标标签都必须标明以上内容，消费者在购买前应仔细阅读上述内容。

阅读酒标是选购前了解每瓶酒的背景资料及特性的最直接办法。酒标是酒的身份证，按国家有关规定，必须在酒瓶标识上注明：产品的名称、配料表、净含量、纯汁含量、酒精度、糖度、厂名、厂址、生产日期、保质期、产品标准代号等内容，如有标注不全或不标注出厂日期、厂名、厂址的则是伪劣产品。要选好葡萄酒，应购买执行国家标准的产品，执行企业标准的产品要慎选。关于葡萄酒的生产日期，很多人都认为越久越好，但事实上，不是每一瓶葡萄酒都适宜收藏。多数酒的寿命只有5年，之后便失去它的精华了，正如美人迟暮。所以葡萄酒也需要在适当的时间饮用，才能品尝出它最巅峰的风味。即使是那些有条件被收藏的酒，也需要适当的湿度与气温。大多数消费者购买干红葡萄酒为了即时饮用，因此购买时应选择灌装日期较近的酒，比较新鲜。

酒标上的"特定产区酒"或"年份酒"也是消费者评判葡萄酒品质的参考条件。而瓶标上的"中国驰名商标""3·15标志""绿色食品标志""国家免检产品"等标识，则代表着该品牌被国家质检部门认可，选购时也可作为对该产品质量评判的依据。

5. 看外观

肉眼的观察有助于在选购前初步了解每瓶酒的品质。将酒瓶高举对着光源，从外观观其色，干红葡萄酒应该澄亮透明（深颜色的酒可以不透明），有光泽，其颜色应与酒的名称相符，色泽自然、悦目；而质量差的葡萄酒，或者混浊无光，或者色泽艳丽，有明显的人工色素感。瓶装干红葡萄酒中有少量的沉淀是正常的，沉淀物是一些色素及一些化合物，对酒的风味和口感没有影响，但若酒体浑浊且暗淡无光，则此酒属劣质酒。

6. 选择合适的酒型

要从自己的爱好来选择葡萄酒的酒型。就价格来说，一般价钱越高的酒，品质越高，但对个人来说品质高的酒不一定是最好的酒。除了从酒的质量上来讲，最重要的是它是否契合个人口味。每个人有每个人适合的口味，一瓶获一致赞赏的酒未必适合自己。没有一种酒是能够衬合每一种场合与心情的。有时候，即使是一瓶十几块钱的酒，带去海边或野餐时喝，也会觉得很贴切。换成你带的是一瓶几百元的佳酿，一边啜饮一边心痛，又何必呢？

7. 产地和年份

在选择好适合自己的葡萄酒类型后，接着就要参考它的产地。产地标识，分为大范围的区域产地和区域产地里的特定产地。按照特定的葡萄产地收获的葡萄酿出的特殊品质的酒，也称为"特定小产区酒"。标注的产地范围越小，说明其质量越好，产地越有知名度。

中国也有自己的"特定小产区酒"。以建于1986年的长城葡萄酒"华夏葡园"为例，它处在北纬40度酿酒葡萄生长的黄金地带河北昌黎的凤凰山亿年火山坡地上，位于中国十大葡萄酒产区——渤海湾之中，因而华夏葡园A区被称为"园中之园"，是昌黎产区中的特定小产区。用这里的葡萄酿造出的"华夏葡园A区干红葡萄酒"曾在第五届中国国际葡萄酒烈酒评酒会上，夺得"唯一特别金奖·最佳中国红葡萄酒"桂冠。消费者在选购葡萄酒时，应该多留意酒标上的大产区里的特定小产地特征。

年份标识，即按照酿酒葡萄的采摘年份进行标识区分。因为葡萄的品质决定了酒质的优劣，所以即使是来自同一片葡萄园，不同年份出品的葡萄酒，酒质也有很大的不同。因而年份酒的好坏不仅取决于时间的久远程度，也取决于当年所收成的葡萄的品质。年份酒的酒瓶包装上都会有很醒目的年份标志。以华夏长城2000年份干红为例，瓶标正面明显印有"2000"标注，表明酿制这瓶酒的葡萄是在2000年采摘酿造的。

在选购葡萄酒前尽量多了解一些酒类常识，才能保证理性消费，避免走入选购误区，最终拥有高品位的美酒享受。

专家提醒我们，有木塞的葡萄酒应倒放或平放，让木塞因接触到酒而膨胀，保持密封，防止空气透进瓶内。同时，一次未饮用完的干型山葡萄酒，可用原木塞密封后存放几天，但酒质量会下降，应尽快饮用；一次未饮用完的甜型葡萄酒，必须用原木塞密封后于0℃—4℃处冷藏。

第三节　中国名酒鉴赏

一、白酒类

1. 贵州茅台酒

贵州茅台酒，被誉为我国名酒之冠。相传在清康熙年间，山西汾阳有一个商人，名叫贾福。他生活在汾酒之乡，饮酒成了其平生第一嗜好，特别是汾酒，一日三餐，餐餐都不能少，甚至外出时也要随身带上一些。

有一年春天，贾福带着几个伙计去南方经商。当行到贵州仁怀县时，他随身携带的汾酒已经喝完了，只好到附近酒店去喝烧酒。哪知这种烧酒一沾到唇边，贾福就觉得有一股辣味，喝到嘴里又苦又涩，很不是味道。

贾福不觉感叹起来："咳，这么美丽的一个城镇，竟不产好酒，真扫兴！"不料，这句话被店老板听见了，他走上去说："客官口气未免也太大了，你怎知我们仁怀就没有好酒呢？"贾福一听，自知说错了话，忙说："对不起，对不起，言语冒犯，请多见谅！不过，这种酒实在……""客官如果要品好酒，那很简单。"店老板说完，一招手，一会儿店小二就从后面搬出了十几坛酒，摆在堂前。店老板说："请客官品尝品尝，但请不要再说我们仁怀无好酒了。"

贾福一看，吃了一惊，后悔自己刚才失言了。他连忙站起身来，先把这些酒坛打量了一番，然后由远而近地对着酒坛深深吸了几口气，接着斟了一碗酒，饮了一点含在口中，喷了三喷，才把酒碗放下。

店老板一看贾福的这一连串的动作，就明白了他是个品酒的行家。贾福刚才这"一看二吸三喷"，用行家的语言来说，叫作"看色、闻香、品味"。店老板忙给贾福让座，并连连向他请教。贾福说："这些酒都不及一谈啊！其中只有一坛陈年酒还算马马虎虎，但回味也太差。"

店老板忙施礼说："不瞒客官说，这一坛陈年酒入窖已 20 余年，除此之外，本店确实再无好酒了。"贾福说："此地水秀山青、河水清澈，按理说应该酿出好酒来。"店老板说："所以特求客官赐教！"贾福见他一番诚意，便欣然答应说："好，明年我一定来教你！"

第二年金秋时节，贾福特地在山西杏花村用重金聘请了一位配制汾酒的名师，带着酒药、工具，再一次来到贵州的仁怀县。他同名师一道察看地形，选择了一个四周长满芳草的芳草村（即现在的茅台镇）作为生产基地。

贾福和名师一起按照汾酒的配制方法，经过八蒸八煮，酿出的酒质液特别纯正、香气袭人、纯甜无比，非当地酒可比。这就是在茅台之后配制的"山西汾酒"，那时叫作"华茅酒"。因为古代"华"与"花"相通，"华茅"就是"花茅"，也就是"杏花茅台"的意思。

这便是我国最早的茅台酒厂。

在清代，由于川盐入黔，赤水河是川盐从长江经泸州、合江等地的一条水上通道。清代诗人郑珍曾写道："酒冠黔人国，盐登赤虺河。"正是频繁的盐业运输，促进了赤水河两岸经济的繁荣，也带来了当地酿酒业的发展与兴旺。贵州茅台酒的美名开始流传开来。

茅台酒具有"酱香突出、幽雅细腻、酒体醇厚、回味悠长"的特殊风格，酒液清亮、醇香馥郁、香而不艳、低而不淡，闻之沁人心脾、入口荡气回肠、饮后余香绵绵。而最大的特点则是"空杯留香好"，即酒尽杯空后，酒杯内仍余香绵绵、经久不散。

> 茅台美酒盛名扬，与众不同韵味长；
> 风来隔壁三家醉，雨过开瓶十里芳。
> 外运五洲千户饮，内销全国万人尝；
> 漫道此酒只乃尔，空杯尚留满室香。

这是人们为茅台酒写下的赞歌。在我国数千种的白酒中，茅台酒以其高超质量在众多的名酒中稳居首位，被称为"国酒""酒中之王"，也是世界名酒之一，名扬天下、誉满五洲，人们常为在酒席上出现茅台酒而倍感荣幸。

所以，茅台酒自古以来就被人们珍视。古代的骚人墨客常常月下独饮，或者邀一二知己对酌，以助文思，当场挥毫，为茅台酒平添了几分浪漫色彩。古诗中，曾有"重阳酿酒香满江"的诗句；清代遵义诗人郑珍的诗句"酒冠黔人国"，赞美酒之冠的茅台酒出于贵州。当代作家曹雪垠访日赠友人诗也写道："有的乘兴君西去，自有茅台供洗尘。"

许多华人华侨也非常欣赏和思念茅台酒，特别是住在东南亚各国的华侨，每当举行宴会时，主人总是在请柬上写着："备有茅台酒招待。"这种宴会规格最高，客人一定欣然前往，使宴会大为增色。

茅台酒属于大曲酱香型白酒，又称为"茅香""酱香"，是我国白酒中五大香型之一的、风格最完美的酱香型代表酒。根据科学化验分析：茅台酒的特殊品质风格是由"酱香""窖底香"和"醇甜"三大特质融合而成，每种特质又由许多特殊的化学成分组成。现在茅台酒的组成成分已经分析出 100 多种，每种成分对人体都有益处，且这些成分相互配合才形成了它与众不同的自然香韵。

茅台酒产在贵州省仁怀县的茅台镇，属于一种烈性酒，但烈而不燥。据文献记载：在距今两千多年前的春秋时期，仁怀隶属古鳛国，后并属巴国。巴国酿酒很发达，以出产"巴乡村酒"而闻名当时及后世。汉代的仁怀地已是由西安经巴蜀通南越的必经商道。

茅台酒厂所在地名为杨柳湾，早在明嘉靖年间（约1530年），茅台酒坊在仁怀县茅台村杨柳湾设立，最早可考的是"大和烧房"。"烧房"就是烧酒作坊的意思。据此古迹，茅台产酒，并供应市场，当在 490 多年前。至明后期和清朝初年（距今约 422—378 年），茅台镇已是依山傍水、渔农猎牧的村落，还是个产锡、铜的矿城。由于乾隆十年凿通了赤水河航线，于是茅台镇就成了川盐运黔的集散地，茅台镇逐渐兴旺起来了。

据记载：清道光年间，茅台镇酒坊已增加到 20 多家，茅台美酒也日渐闻名于世。有诗写道：

> 茅台村酒合江柑，
> 小阁疏帘兴易酣，
> 独有葫芦溪上笋，
> 一冬风味舌头甜。

该诗证明茅台美酒已与合江佛手柑、葫芦溪上的南竹冬笋一样知名了。

茅台酒历史悠久还可以从其酒瓶中得到证明。一件陶质古茅台酒瓶据算已有 260 多年的历史。它口小、短颈、鼓腹，是乾隆二十年，即 1755 年的制品。瓶口以木塞封固，再盖以肠衣或猪尿脬皮，用麻绳缩紧密封，瓶身贴有"贵州省茅台酒"三角形图案简易商标。

清同治二年（1863 年）团溪人华桂坞成立了"成义酒坊"，即后来所称的"华茅"；同治十二年当地人石荣霄、孙全太和经营"天和盐号"的王定天集资成立了"荣太和烧房"，后孙退股，石还祖姓王，俗称"王茅"；1938 年贵阳资本家赖永初与周秉衡组成大兴实业公司，周以在茅台开设的"衡昌"茅台酒厂当股金。1940 年周把酒厂全部转给赖，改名"恒兴茅台酒厂"，俗称"赖茅"。这就是到解放时茅台镇上的三家酒厂。

在 1915 年美国旧金山举行的巴拿马国际博览会上，茅台酒参加了展出和比赛，由于不被国际市场看好，茅台酒原先根本没有列入评比的行列。当时，我国的一名商人急中生智，故意将一瓶茅台酒打落在地上，顿时香气四溢、芬芳无比，商界大哗。就这样，在那届博览会上，茅台酒名列前茅，荣获金质奖，跻身于世界三大著名蒸馏白酒（法国的科涅克白兰地、中国的贵州茅台酒、英国的苏格兰威士忌）之列。但因我国的茅台酒装潢古朴，更囿于当时的国力和地位，遂使茅台酒屈居第二名。

中华人民共和国成立前，茅台酒虽已闻名中外，但是发展却很缓慢，最高年产量也不过数十吨，但也是时断时续。到了中华人民共和国成立前夕，茅台镇上的酒坊已濒临停产。

中华人民共和国成立后，茅台镇上的三家私人作坊加以合并，并在此基础上建立了国营茅台酒厂，同时逐年增加投资，扩大生产规模，产量迅速增加。在 1952 年全国第一届评酒会议上，茅台酒被评为我国八大名酒之一。1963 年、1979 年、1984 年和 1988 年在全国第二、第三、第四和第五届评酒会上，又连续被评为全国名酒，并荣获 1979 年、1984 年国家优质产品的金质奖章和优质产品证书。目前，茅台酒除供应国内市场外，每年还大批出口，远销到世界五大洲的 90 多个国家和地区。

茅台酒，是以其产地茅台村命名的。茅台村现名茅台镇，位于贵州省仁怀县城西 12 公里的赤水河畔。赤水流域地处云贵高原和四川盆地交汇的要冲，早在距今 1 亿 3 千万年前中生代的侏罗纪，这里就形成了红色砂岩和砾石，这种地层具有良好的通透性，而且这里的红壤土质又富含多种矿物质。由于受到印度洋湿气流的影响，夏季炎热多雨，雨后河流涨水常呈红色，"赤水"由此得名。

三四百年前，茅台镇还是一个小小的渔村，因为到处长满莽莽苍苍的茅草，人们就叫它茅草村，简称茅村。乾隆十年（1745 年），清政府组织开修河道，舟楫畅通茅村，茅村成为川盐入黔的水陆交通要冲，日趋繁盛，一度成为拥有 6 条大街的集镇，茅草也随之消灭。只有寒婆岭下的一个土台上尚长着茅草，于是人们又改称茅村为茅台村。随着经济的发展，人口的增加，又改茅台村为茅台镇。

茅台酒为什么能具有与众不同的特殊风味并强烈地吸引着国内外的饮酒者呢？这和它的产地、原料和酿造工艺有极大关系。

茅台镇海拔 400 米左右，四面群山环抱，中间呈锅底型，冬无严寒，夏无酷暑，年降雨量 1000 多毫米，雨水非常充沛，使这个四周不透风的凹地成为最好的发酵场所，这是茅台酒成功的一个重要因素。

山泉水汇合而成的赤水河，从层密叠嶂的山谷中奔流而下，在茅台镇流过，使赤水河的水无污染、无杂质，水清味美，这是茅台酒品质特佳的另一个重要因素。

茅台镇的土壤为林红色"朱砂土"，酿制茅台酒的发酵池的底部是用朱砂土砌成的，这种土质有利于生香微生物的繁殖，因此茅台酒具有一种特殊的风味。茅台酒的独特风格同法国科涅酒和西班牙雪利酒一样，都是受地理环境影响的。

茅台酒在启封时，首先嗅到幽雅而细腻的芳香称"前香"，起呈味作用，其主要成分是低沸点的醇、酯、醛等类物质；继而细闻，又可嗅到夹带着烘炒甜香味的"酱香"；饮后的空杯仍散发出一股香兰素和玫瑰花香，且可保持 5—7 天不消失，称为"后香"，对呈味起主导作用，其成分由高沸点的酸性物质组成。"前香"和"后香"相辅相成，浑然一体，构成酱香型白酒的无穷魅力。

茅台酒不但以它独特的香味著称，而且盛装茅台酒的酒瓶也别开一面、独具一格。过去茅台酒瓶是深褐色的土瓷瓶，几经改进变成现在的乳白色瓷瓶。它的开关成圆柱形，瓶嘴也比一般的酒瓶嘴短得多，看起来端庄凝重、古朴大方，惹人喜爱。据说：在日内瓦的一次中国宴会上，一位外国记者郑重表示，他希望得到一个茅台酒瓶，因为这是珍贵的纪念。

盛装茅台酒的这种土瓷瓶，还具有玻璃瓶子所不具备的优点。它结构疏松，能进入少许空气，同时还能把酒液中的水分移走。在电子显微镜下，滴水不漏的瓶壁现出它的各种离子或基团之间有大量的空隙，其孔隙之大足以让体积较小的水分子挥发出去。用这种瓶子装酒，水分子缓慢地不断从瓶壁偷偷跑掉，这样瓶内酒液中的酯化反应日趋完善，使某些具有特殊香味的化合物的含量缓慢提高，所以茅台酒越陈越香。这种显得有点"土"气的茅台酒瓶，貌不惊人，贡献却不小，它使名闻中外的茅台酒永葆芬芳、香飘万里。

茅台酒的传统小包装是用陶瓷瓶（罐），为了美观部分产品已改用玻璃瓶。

茅台酒的酿造也采用了独特的传统工艺，工艺复杂，操作要求极其严格。而且，茅台酒的酿造是有季节性的，每年必须在重阳节前投料，从投料到烤完酒糟，需要 10 个月左右时间。它的原料和工艺特点如下：

茅台酒的酿造用水取自深井水，这水出自高山深谷，清澈纯净。水质良好与酒的品质有很大关系。

茅台酒是用优良小麦制曲，用精选的高粱作糟。这小麦和高粱都产于当地或附近，除对品种质量进行精选外，在酿酒时对高粱的处理是有特殊要求的。

茅台酒醇称原料高粱为"沙"。蒸料时的沙是碎粒和整粒按 2：8 的比例掺和的混合粒，生沙发酵后，第二次拌入生沙再发酵，碎整的比例改为 3：7，这也是和其他白酒原料处理不相同的。更特殊的是茅台酒的用曲总量超过了高粱原料。用曲多，发酵期长，多次发酵，多次取酒，这都是茅台酒形成它的品质的重要的特殊工艺措施。

茅台酒的酿造工艺，简单地说可分为：

第一，制曲。茅台酒用曲数量大，曲的好坏与酒的品质关系极大。制曲的每一道工序都有若干细微的操作过程，而每个过程的操作是否适当，对曲的质量都是有影响的，所以制曲工人要有丰富的经验和技艺。

第二，酿酒。首先，蒸生沙、发酵。蒸生沙是将整碎掺和好的沙，用一定温度的水浸发一定的时间，然后加入适量的母糟拌匀，送入甑内蒸煮。蒸熟后摊凉，加曲粉拌匀，经过堆积、下窖、发酵。发酵时间1个月。

第三，蒸馏、发酵。将已发酵1个月的沙取出，再拌入生沙，装甑蒸馏，这是第一次蒸馏，所得的酒叫做生沙酒。这酒不是成品酒，全部泼回原甑子内再加曲入窖发酵，这叫"以酒养窖"，又1个月后取出蒸馏。第二次蒸馏出来的酒要量质取酒，酒尾泼回酒醅再发酵，并继续下窖，这叫"回沙"。1个月后再蒸馏取酒，如此进行到第7次，才完成一个生产周期，叫一个"酒期"。

第四，勾兑。以上各次发酵、蒸馏所得的酒质量是不相同的，并有不同的名称。第二次蒸馏的酒叫"回沙茅酒"；第三次叫"大回茅酒"，气味特别香浓；第四次叫"原糟茅台"，品质最醇美；第五次叫"回糟茅酒"，气味也很香浓；第六次也叫"回糟茅酒"，但品质较差、带糟苦味；第七次叫"追糟酒"，糟苦味大。每次蒸馏出来的酒分别进行贮放，三年以后，将各次酒和陈酒互相配合，称为"勾酒"，也称"勾兑"。勾兑也是一种特殊技艺。要勾兑出一批色香味俱佳的合格酒，少则要用三四十种、多则要用七八十种单型酒。勾兑师分别采用不同香型、不同生产轮次、不同贮存年份、不同酒精浓度的酒，加以调配，使酒的主体香更加突出，勾酒是否得当与成品酒的品质也有很大关系。

第五，陈酿。将鉴定合格的酒，严密封装陶缸中，经过相当时间的贮存，进一步去掉不纯的杂味，从而使酒更加醇香、醇厚。一般都经过3年贮藏后才出厂。

2. 五粮液

五粮液产于我国万里长江的起点，金沙江与岷江的合流处——四川省宜宾五粮液酒厂。据载：宋代高官黄庭坚京城贬职后居戎州，现宜宾市。他对戎州名酒"姚子雪曲"十分喜爱、赞不绝口。"姚子雪曲"是由戎州绅士姚君玉私家糟房取"安乐泉"之水所酿。"安乐泉"水净、清爽甘冽、味美、沁人心脾。古语云："上天若爱酒，天上有酒仙；大地若爱酒、地上有酒泉。"可见水在美酒中的地位了。

上述戎州的"安乐泉"就在当今五粮液集团公司生产区内。当今的五粮液人不但承前人秘方，同时取安乐泉之水，精心酿制五粮液。名扬四海、香飘五洲的五粮液，深受世人喜爱，就不足为奇了。

　　明朝末年，古城宜宾的酿酒业已非常发达，到了 1900 年，烤酒名师陈三敬业陈氏祖业，在原有家传酿酒经验基础上不断总结探索，精调配料成分，形成了独特配方，酿出声名远扬的杂粮酒，这就是具有传奇色彩的《陈氏秘方》。

　　在此之后，五粮液一直以"陈氏秘方"为基础，并在发酵环境、工艺过程等方面不断地创新、发展，酿造出至今享誉中外的琼浆玉液。集团公司在厂区设计建造一"奋进塔"，塔身由 5 根不同高度的柱体组合而成，形象地表现了"陈氏秘方"的奥妙。

　　今天，五粮液的"陈氏秘方"是融入了生物高科技和五粮液人大智慧的更科学、更全面的大文章。

　　其实，五粮液名字的由来还有一个小故事：据说在 20 世纪初，宜宾一家宴举办之时，主人捧出一坛用 5 种粮食酿造的美酒，坛封一开顿时满屋飘香，宾客饮之，交口称赞。这就是当时被上层人士称之为"姚子雪曲"、市井平民叫做"杂粮酒"的五谷佳酿。在众人的一片喝彩声中，举人杨惠泉细品其味、静观其色，畅饮后感叹道：如此佳酿名为"姚子雪曲"似嫌高寡，称"杂粮酒"实属不雅，此酒集五粮之精华而成玉液，何不更名为五粮液，从此"五粮液"得名。为了铭记这位"五粮液"的提名人，五粮液集团特在厂内"酒文化博物馆"和世纪广场立汉白玉塑像，他就是第一位称其为"五粮液"的人——杨惠泉。塑像为什么只有生辰的开始、没有离去的岁月，这就是五粮液人敬奉先人、尊崇智慧的难舍情怀。

　　五粮液酒液清澈透明，虽为 60 度的高度酒，但沾唇触舌并无强烈的刺激性，唯觉酒体柔和甘美、酒味醇厚、入喉净爽、各味协调、恰到好处。虽过饮而不"上头"，每有陶而不醉、嗝噎留香之快感，虽醉也仍觉心神畅快。评酒家云："五粮液吸取五谷之菁英，蕴积而成精液，其喷香、醇厚、味甜、干净之特质，可谓巧夺天工调和诸味于一体。"

　　五粮液酒开瓶时酒香喷放、浓郁扑鼻；饮用时香溢满口、四座生香；饮用后，香留一室、余香悠长。喷香为此酒举世无双之妙质，它在我国浓香型大曲酒中以酒味全面著称，是一种香、醇、甘、净四美皆备的白酒。

　　当然，五粮液优异佳美的品质和它的酿造用水及原料选择严格有一定关系。五粮液的酿造用的水取自岷江江心。这"岷江江心水"，自古以来被认为水质纯净，是酿酒的好水。原料除了精选以外，还在于配比数量的准确、适量，成品酒才能达到调和五味、恰到好处的品质。

五粮液的糖化发酵剂——曲，是纯小麦制成的大块曲，在外形和制法上都比较特殊，称为"包包曲"。曲块中间隆起，接触空气的面积增大，有利于霉菌的生长。制曲的特点是：培菌时间长（40天始出曲房），霉菌生长完全，菌壮、菌多、皮薄；后火保温高（50℃—60℃），具有独特的香气；酿酒时必须用陈年老曲。

五粮液的发酵窖是陈年老窖，最老的窖已有300年以上，说它是陈年老窖酒，也是当之无愧的。

五粮液生产中各个工序的操作十分精细。它的发酵期长达70—90天，发酵中酯化完全。窖基是坚实的黄泥黏土，窖盖用柔熟陈泥密封，隔热性能良好，减少了酒气的挥发，这和酒的香气浓郁都有很大关系。

五粮液蒸馏得酒后，还要经过入库贮存一定时期，再经过两次品尝鉴定及理化分析，最后还要进行精心的"勾兑"，才能包装出厂。

3. 汾酒

被人推崇为"甘泉佳酿""液体宝石"的山西汾酒，是我国古老的名酒，距今已有1500余年的历史。它清香绵软、回味生津，是用杏花村著名的"一把抓"高粱和甘露如醴的神泉水配制而成的。

提起杏花村的神泉水，还有一段美丽的传说。古代，有个叫贺鲁的将军能征善战，立战功无数。有一年，贺鲁将军凯旋归来，路过杏花村，久闻汾酒"馀而不醉，醉而不晕"，便慕名走进酒店来品尝。当他酒兴正浓时，拴在外面的那匹战马"千里驹"突然嘶鸣起来。他想可能是马也闻到酒的香味，也让它也尝尝这美味佳酿。于是，他吩咐店家把"千里驹"牵到后院，加上满满一槽酒糟，让宝马吃个痛快。而贺鲁将军也喝了一碗又一碗，足足喝了一大坛；那"千里驹"则在后院加了一槽又一槽，转眼喝了一大担。最后，贺鲁醉了，"千里驹"也倒了。

贺鲁不愧是个久经沙场的将军，虽然已酩酊大醉，但还是强打精神要走。店家慌忙劝阻说："将军酒已过量，请在店里歇息歇息吧！"贺鲁将军晃晃悠悠，说："不碍事，不碍事，……！"跌跌撞撞来到后院，见那匹"千里驹"已经醉得半倚半跪在地上，他也不管三七二十一，叫店家牵马出院，纵身上马，人歪马斜，摇摇晃晃而去。

贺鲁将军伏在马背上，醉眼朦胧、口喘粗气、七颠八倒，心里不免有些发躁。只见他身子一挺，"啪！啪！啪！"连挥了三个响鞭。那马本已喝醉，如今突然受惊，猛一抬蹄，"哒哒哒哒"狂奔起来。醉马毕竟不比好马，奔到村西葫芦谷时，突然马失前蹄，把贺鲁将军从马背上翻了下来。士兵们一看，全都慌了手脚，连忙把贺鲁将军扶起来。再看那马，前蹄已深深陷进土里去了。士兵们拉的拉、赶的赶，只见那马，一阵嘶鸣，猛地抽出前蹄，随即从土里喷射出一股清流透明的泉水，越喷越猛，刹时成了一口泉井。

将士们感到奇怪，争先恐后地痛饮起泉井水来，都觉得冰凉透心、甘甜无比、十分舒畅。从此，这股泉水涓涓不停、长年不断，不论遇到怎样严重的干旱始终不枯竭，被人们称为"神泉水"。

后来，杏花村便改用神泉水酿酒，酒色更加清明、香味更加扑鼻。有诗赞曰：

> 劝君莫到杏花村，
> 此处有酒能醉人，
> 吾今来时偶夸量，
> 入口三杯已销魂。

> 汾州府，汾阳城，
> 离城三十杏花村，
> 杏花村里出美酒，
> 杏花村里出贤人。

这是一首古老的、广泛流传在民间的赞扬汾酒的歌谣。汾酒的特点是清亮透明，清香雅郁，入口醇厚、绵柔、甘冽，落口微甜，余味净爽，回味悠长。汾酒虽然酒度为 60 度，但没有一般白酒那种剧烈的刺激性，饮后口留余香，使人心悦神怡。它产于山西省汾阳县杏花村，在古代属于汾州府所管辖，汾酒之名便是由此而来。据史料记载：杏花村汾酒的酿造始于 5 世纪南北朝时期，距今已有 1500 多年的历史。

唐代之后，汾酒有了进一步的发展，全村的酒坊烧锅达 70 多家，出现了"味彻中边蜜样甜，瓮头青更色香兼。长街恰付登瀛数，处处街头揭翠帘"的盛况。一时间杏花村成了一个著名的酒村闹市，吸引着许许多多文人骚客前来畅饮、吟诗作赋。据说：杜甫、李白、宋延清、顾炎武、傅青主等都到杏花村饮过酒，还写下了脍炙人口的诗句。如广为流传的唐代杜牧的《清明》：

清明时节雨纷纷，
路上行人欲断魂，
借问酒家何处有，
牧童遥指杏花村。

这首诗千百年来被人们反复吟诵，可见杏花村和杏花村的美酒在人们心目中所占的地位了。

俗话说："名酒产地必有佳泉"，这是有一定道理的。汾酒酒味优美与其水质有密切的关系。杏花村水质的特点：清澈透明、无杂质，也没有邪味，用它煮物不溢锅，盛水不锈器皿，甚至用来洗衣服也格外柔软干净。传说中的那口"神井"至今犹在，现在它每天的出水量足够几十户人家使用。明末清初爱国诗人兼医学家傅青主亲笔为之书题"得造化香"四个大字。古井亭旁"申明亭酒泉记"，石刻上有："近卜山之麓有井泉焉，其味如醴，河东桑落不足比其甘馨，禄俗梨春不足方其清洌"的赞美水质优美之佳句。

其实，整个杏花村的地下都蕴藏着取之不尽的甘泉，只要把井打到一定的深度，就有"其味如醴"的优质水源源不断地涌出。中华人民共和国成立后，杏花村汾酒厂打了数眼新井，经过化验分析，水质都非常优良，水中所含成分非常适于酿酒。

除了水质好之外，酿造汾酒的主要原料是晋中平原特产的"一把抓"高粱。这种高粱颗粒饱满、大小均匀、壳少、含淀粉多（66%左右）、营养丰富；经过蒸煮处理后，熟而不粘、内无生心、喷香扑鼻。它是山西省中部平原的主要农作物之一，可以保证充分供应。制作汾酒的大曲是用大麦、豌豆制成的"青茬曲"，其特点是气味清新、入口苦涩，断面呈青白色。这些也是保证汾酒质量优异的有利条件。

汾酒酿造有一套独特的工艺，称为"清蒸二次清"。工艺特点是：每投一批新料，将原料清蒸糊化一次，发酵二次，馏酒二次，即先将蒸透的原料加曲放入埋在土中的缸里，发酵后取出蒸馏，蒸馏后的酒糟再加曲发酵，将两次蒸馏成得的酒，再经过一系列精心处理，最后进行勾兑而变为成品酒。汾酒发酵过程细致、清洁，发酵时间长，空气供给量多，副发酵作用旺盛，因而形成了特殊的品质风味。目前，汾酒以其优美的品质、独特的风格、古色古香的多样化包装，畅销世界五大洲的几十个国家和地区，受到消费者的欢迎。

4. 泸州老窖

泸州老窖特曲酒是历史名酒之一，产于四川省泸州曲酒厂。因其独特风格的形成与用陈年老窖发酵有极大关系，故在特曲酒之前，特加"老窖"二字。传说：很久很久以前，泸州城郊有一个老樵夫，一天，他进山里打柴，突然看见一条大黑蛇和一条小花蛇在打架。大黑蛇摇头晃脑、怒目圆睁，张开血盆大口，把小花蛇咬得遍体鳞伤。小花蛇身小力弱、招架不住，只得躲来躲去。老樵夫看后，不禁同情小花蛇，愤恨大黑蛇。他顺手操起一根木棍，朝大黑蛇头上打去，一阵棍打，大黑蛇僵在地上不动了。小花蛇在得救后不但向老樵夫点点头，还眼巴巴地看了老樵夫一会儿，最后才依依不舍钻进草丛中。

老樵夫打好了一捆柴就往家走，可是刚走到半路天就黑了，最后迷路了。他突然发现前面的崖壁处，露出一线光亮。他壮着胆子走近了，想看个究竟。一看，他吃了一惊！崖壁下竟有一个洞，一条大路通进洞深处，里面更加明亮。樵夫正好奇地想进洞里去看看，只见两个看门的老者走出来，对他说："你是打柴的樵夫吗？你是我家太子的恩人，老龙王爷等你多时，快进去吧！"

樵夫疑惑不解地走进了洞里，只见里面重重大院、层层楼阁、座座殿宇、雕梁画柱、气派不凡。大殿中间的椅子上坐着一个身穿长袍、胡子又白又长的老人，见樵夫来到，忙招呼让座。这时从旁边走出一个翩翩少年，向樵夫行礼拜谢。白胡子老人指着少年对樵夫说道："这是我的不孝之子，竟违犯龙宫章法，私自去凡间游山观景，不料被大黑蛇咬伤，幸亏恩人搭救，犬子得以生还。特请恩人到龙宫来，全家向恩人表示感谢。龙宫里的奇珍异宝应有尽有，恩人要什么东西尽管说出来。"龙王说完，又叫少年向樵夫再三拜谢。

樵夫这才明白过来，原来自己刚才救的花蛇是龙子。吃完饭，他就告辞要回家。送行时，龙王请樵夫随意挑选一件珍宝。樵夫挑来挑去觉得没啥用处，推谢不要。龙王就顺手从桌上拿起一瓶美酒送给樵夫道："这瓶薄酒请恩人带去，上山打柴时，喝一杯可消累解乏。"老樵夫想：这酒倒有用处，自己平时也爱喝两杯，喝后可消除腰酸腿疼。于是他接下了龙王送的美酒，揣在怀中，向龙王致谢。

老樵夫走在路上，不一会儿突然觉得头昏目眩，身子若在云中飘，摇摇晃晃，站不稳脚，一个跟斗就跌倒在井边了。瓶里的酒一下子倒了出来，都流到井里去了。老樵夫醒来，十分惋惜，伸手到井中捧了一口水来喝。一喝就觉得水的味道不同，带点香甜味，老樵夫感到很高兴。后来，他经常去井边打水来喝，喝后就觉得精神爽快、心情舒畅。后来，樵夫老了，不能上山打柴了，便把井中的水舀来配制成酒，摆个小酒店营生。谁知，这井水酿出来的酒，香飘十里、味美无比，凡是喝了的人都交口称赞，美名传遍了泸州城，人们都排成长队来樵夫家买酒。就这样，老樵夫的酒更是高山上打锣——四方闻名（鸣）了。至今泸州一直是有名的酒城。

古城泸州位于沱江同长江交汇处，以美酒驰名，素有"江城酒乡"之称。泸州老窖酒 18 世纪已闻名于世。清代乾隆五十七年（1729 年），有一个好饮酒的诗人张船山氏，从北京到四川，又顺长江东行，沿途饮酒作诗，不难设想他曾遍饮南北各地的好酒，在泸州写诗赞美泸州老窖佳酿：

> 泸州水独厚，老窖工艺精。
> 开坛香四溢，随风飘半城。

在国外，泸州特曲酒畅销于欧亚各洲，特别为东南亚各国人民和侨胞所喜爱，当地的鉴酒家们赞誉："在南洋地方，于泸州特曲酒内加以少量冰块饮用，香沁脾胃，醇酣肌肤，醺醺然妙不可言。"

泸州老窖特曲始创于明代万历年间，距今已有 400 多年历史。据记载：明末清初，泸州舒姓武举，在陕西略阳担任军职，对当地曲酒十分欣赏，曾多方探求酿酒技艺和设备。清顺治十四年（1657 年），他解甲归田时，把当地的万年酒母、曲药、泥样等材料用竹篓装上，聘请当地技师，一起回到泸州，在城南选择了一处泥质适合做酒窖的地方。附近的"龙泉井"水清冽而甘甜，与窖泥相得益彰，于是他开设酒坊，试制曲酒。这就是泸州的第一个酿酒作坊——舒聚源，即泸州曲酒厂的前身。到清乾隆二十二年（1757年），所产曲酒已闻名遐迩。

位于"天府之国"南部的著名酒城——泸州，依山傍水、气候温和，所产老窖特曲、头曲酒（过去叫泸州大曲）属古老的四大名酒之一，也是现代的十七大名酒（白酒）之一。泸州老窖特曲酒，酒液无色晶莹，酒香芬芳浓郁，酒体柔和、甘爽，酒味谐调醇浓。饮后余香、荡气回肠、香沁脾胃，令人心旷神怡、妙不可言。其主体香源成分为乙酸乙酯，"糟香"原为乳酸乙酯，"泥香"原为丁乙酸，所含诸香协调，主体香源突出。

泸州老窖"特曲"是泸州大曲酒中品级最高的一种，其次为"头曲"（四川名酒），再次为"二曲"。泸州大曲酒在历史上并不分级，通称为"大曲酒"，故人们习惯地称之为泸州大曲酒。评酒家们一致认为：泸州老窖特曲酒具有"浓香、醇和、味甜、回味长"的四大特色，它浓郁的芳香极为突出，尤其是饮后的回味有一股苹果的香气，使饮者感到心神愉快。无论是善饮者或常饮酒的人，一旦尝试都能感到风味特殊。老资格的饮客们更称赞说："泸州老窖大曲，堪称醇香浓郁、回味特长的旨酒佳酿。"

泸州老窖特曲酒之所以具有独特的风格，关键在于发酵的窖龄长，是真正的老窖。老窖的特点是在建窖时有特殊的结构要求，经过长期使用，泥池出现红绿彩色，泥性成软体，并产生奇异的香气，此时，发酵醅与酒窖泥接触，蒸馏出的酒也就有了浓郁的香气，这样的窖就可称为老窖了。随着窖龄的增长，酿出的酒其品质也不断提高。百年老窖酿成的酒才被认为是合乎理想的佳品美酒。据史载：泸州曲酒厂最老的窖至今已有300多年的窖龄，风貌依旧、令人神往，游人莫不以一睹为幸。

那么老窖是怎样建立的呢？自然老窖始于新窖。建窖时，开窖的基地必须是黄泥底，窖底用净黄泥夯实。搭窖墙的黄泥采自离城十里的五渡溪地方，用老窖的黄水加入细致、柔软、无砂的黄泥中踩柔后，方可搭成窖墙。窖墙的黄泥经七八月后，由黄色转为乌色，又经一年半乌色开始发白。这时泥质也由绵软变成脆硬，酒质也随之提高。再经20余年，泥色由乌白逐渐变成乌黑，并出现红绿色的彩色。这时泥性变为软、碎（无黏性），产生出奇浓的异香。酒糟发酵时与窖墙接触后，蒸馏出来的酒就有了特殊的芳香，这样窖才可以列入老窖的行列。此后，窖龄年复一年地增长，出酒的品质也逐年提高。因此，百龄以上的老窖就更为宝贵了。

泸州老窖大曲酒的原料是糯高粱，选料精细，而制曲以小麦为原料，且酿造用水非常讲究，长期以来使用龙泉井水，水质优异、口感微甜、呈弱酸性、硬度适宜，能促进酵母繁殖，有利于糖化和发酵。后因产量增加，又使用清澈纯净的沱江江水，水中悬浮物极少，嗅之无味，氨、硝酸盐、腐败有机质及铁等的含量均甚微，经化验认为是优良的酿造用水。

泸州大曲酒的酿造工艺是混蒸连续发酵法。"混蒸"在这种酒的酿造中，起着重大作用。方法是将高粱粉（新原料）拌入母糟中同时进行蒸酒与蒸粮。优点是粮食本身含有少量的酯、酮等成分，加高粱粉的粮糟酒比没加高粱粉的红糟蒸出的酒醇香，尤其是甜味好；其次高粱粉从母糟中吸收部分酸与水分，为糊化创造了有利条件；蒸完酒后，在原粮再蒸时蒸去了母糟中更多的挥发酸，从而降低了入窖酸度，也为发酵创造了良好的条件。酿酒家们经研究认为，这是一种优良的传统操作法。

泸州大曲酒的工艺操作比较特殊，有"万年糟""低温发酵""回酒发酵""熟糠合料""发酵周期长"以及"滴窖"等特点，要求严格细致，这与成品酒的风格、品质的形成有重大关系。

泸州老窖大曲酒蒸馏得酒（新酒）后，用四川特产的"麻坛"分坛贮存，以增加酒质的醇和浓香。在历史上贮存期约为半年，现在为1—3年。最后经过细致的品尝和勾兑，达到了规定的标准，才能装瓶出厂。"陈年老酒"酒质自然更高。

最近，泸州老窖股份有限公司1573国宝窖池被省政府命名为四川省第三批爱国主义教育基地。1573国宝窖地，位于泸州市江阳区下营沟，建于明代万历年间，迄今已有400多年历史。老窖池共四口，皆为长方形，横纵向排列不等，占地面积44.28平方米。四百多年的历史，窖池已形成一个庞大的微生物体系，以粮糟拌曲药在该窖池发酵酿出的酒，酒质好，为中国浓香型大曲酒的发源地。泸州大曲老窖池是我国建造最早、保存最好、持续使用时间最长的酒窖池，其生产仍保持了传统工艺，具有很高的科学价值和历史价值，不愧为名副其实的中国第一窖。老窖酒的特点是：醇香浓郁、回味悠长。

5. 古井贡酒

古井集团的所在地安徽省亳州市（古称谯）古井镇，过去称减店集，古名减王店。关于"古井贡酒"的传说，在当地民间流传着许多生动、有趣、美丽的故事。

一说：道教始祖李耳，即人们所称的老子，2300年前在减店以杖划地成沟，仙杖所画，地涌仙泉，故减店之水能酿名酒。如今这条"柱杖沟"距离古井集团二里多远，沟内有水，清澈可见游鱼。

二说：东汉末年曹操在亳州为汉献帝选妃，献帝见一村姑骑在土墙上，不悦。那村姑原是真人不露相的"清风仙子"，未被献帝选中。她知道献帝昏庸，汉室将倾，遂盛妆而现出绝伦美色，微笑着投入古井之中，自此井水甘美无比。

再传：减地一姓陶女子8岁父母双亡，只得跟着哥嫂采桑喂蚕。一天忽听杀声四起，原来有一将军被人追赶，遂把将军用辘轳筲藏在井中。被救的将军后来把陶女接到宫中，封为减王后，齐心合力治理国家。再后来，减王死了，陶女的泪水把坟地冲成一口井，这口井里的水就像奶汁一样芳香浓郁，后人便取水造酒。

又传：1000多年以前，南北朝时期的梁武帝萧衍派大军攻打谯郡，北魏独孤将军奉命出城迎战，两军对垒，厮杀甚烈，独孤将军终因寡不敌众而兵败阵亡。死前，将金铜长戟投入井中。这一带为盐碱地，水味苦涩，只有投戟之井，水质清洌甘爽、矿物质丰富，用来酿酒，酒体饱满、窖香浓郁。

传说与神话弥漫在古井这块神秘的土地上。正是这块风水宝地孕育了醇厚甘爽的古井贡酒。

古井贡酒产于安徽省亳县古井贡酒厂，是我国有悠久历史的名酒。古井贡酒酒液清澈透明如水晶一般，香气纯净如幽兰之美，倒入杯中黏稠挂杯，属于浓香酒，但风格独特、酒味醇和、浓郁甘润、回味悠长，余香经久不息，酒度为60—62度，适量饮用有健胃、祛劳、活血、焕神之功效。

亳县在汉代被称为"谯陵"，是东汉曹操的家乡。据史志记载，曹操曾用"九投法"酿出了有名的"九酿春酒"（九酝酒），并为此上书汉家皇室，说明亳县是古老的产名酒的地方。420—589年，中国分裂为南北两个王朝，亳县地处军事要地，据《亳县志》记载：南朝梁武帝萧衍中大通四年（532年）率军攻取谯城（亳县），北魏守将独孤守疆拒侵，激愤而死。后有人在战地附近修了一座独孤将军庙，并在庙周围掘了20眼井。后因年深日久，大部分井被淤塞，仅存4眼，毫县一带土质盐碱，水味苦涩，唯其中有一眼井，水质甜美、适宜饮用，并能酿出香醇美酒。1000多年来，人们都取这古井之水为酿酒之水，酿成的酒遂以"古井酒"为名。后地名改为咸阳让，又发展成咸阳集。咸、减相讹而成"减店集"，减店集所产的酒也称为"减酒"。民间也流传着"胡芹减酒宴佳宾"的佳话。胡芹是胡襄城（在减店西北约35公里处，属河南省）所产的芹菜，这种芹菜棵高肥大、无渣，作为此地特产。佳肴美酒自然是宜于宴请佳宾了，这说明减店集产名酒在当时已是远近闻名的。"减酒"也就是古井酒。自明万历年间（1573—1620年）起，在明、清两代均被列为进献皇室的贡品，故又得"古井贡酒"之名。

古井贡酒原料选用淮北平原生产的上等高粱，以小麦、大麦、豌豆为曲，科学酿制而成，并以自己的优美风格赢得了广大群众的喜爱。评酒专家一致认为："古井贡酒的色、香、味都属上乘，不愧为我国古老的名酒之复生。"

古井贡酒在1963年、1979年、1984年和1988年四届全国评酒会上都被评为国家名酒。

6. 全兴大曲

全兴大曲酒是我国的名酒之一，历史悠久、别有风韵，为人称道。早在秦代，四川酿酒兴盛，有佳酿"清酒"。西晋左思《蜀都赋》云："吉日良辰，置酒高堂，以御嘉宾，金罍中坐，肴隔四陈，觞以清。"形容当时饮酒的盛况。

传说成都城南有一条锦江，又名府河。江南岸有一家叫锦江的作坊，挖了一口水质好、旱不涸、涝不溢的井，大家都叫它"薛涛井"，寓有酒美人更美、幽情缠绵之意。

薛涛出生宦门，才情很高，幼随父到成都，父早逝，沦为歌女。她住在望江楼下，门前有清泉一眼，常汲水磨墨，写字吟诗，积成诗笺。后有人取水酿酒，名扬四方。薛涛去世后，人们在附近修了望江公园，园中有吟诗楼，有楹联，下句为"天地间多少韵事，对此名笺旨酒，半江明月放酣歌"。其中"旨酒"，即指用薛门前井水酿成的美酒。

成都在四川盆地中心，古称"天府之国"，物产丰富、农业兴盛，自古以来在酿酒方面一直有着得天独厚的优势。据载：秦惠文王、秦昭王时（前316—前251年），当时蜀和巴郡地方酿酒极为普遍，有佳酿"清酒"。到了秦汉以后，酿酒、饮酒之风极为盛行。唐代成都产酒业进一步发展，有关文献记载很多。唐代闻名于世的大诗人杜甫曾有"酒忆郫筒不同沽"的诗句。郫筒酒是产于成都郊区的名酒。

全兴大曲酒产于四川成都市酒厂，其前身之一是全兴老号。据文献记载：全兴老号酒坊建于清朝道光四年（1824年），生产的酒名即为全兴大曲酒，由于酒质佳美，独具风格，在四川省内外都有很好的声誉，因而至今沿用其名。全兴大曲酒酒液无色、清澈透明、醇香浓郁、和顺回甜、味净。饮者称道："此酒的曲香、醇和、味净最为显著，举杯即能感到它的特殊风韵，风格极为突出。"酒度为58—60度，但醇而不烈。

全兴大曲酒以高粱为原料，以小麦制的高温大曲为糖化发酵剂，在酿造工艺上有一套传统的操作方法，其特点是：发酵用陈年老窖，发酵期长达60天之久，达到了"窖热糟醇"（酯化充分）的要求；蒸酒时，掐头去尾（头道酒稀释后回窖发酵），中流酒还要经过品尝鉴定，验质分级，然后再勾兑，加浆，分窖分坛入库贮存，库存1年以上才包装出厂供应市场。可见全兴大曲酒的清香、醇和、干净的独特品质是来之不易的。

7. 剑南春

剑南春酒产于四川省绵竹酒厂，是我国历史名酒之一，迄今已有1200多年的历史了。唐代时人们将酒命名为"春"，绵竹又位于剑山之南，故名"剑南春"。绵竹酿酒已有1000多年的历史，早在唐代武德年间（618—625年），有剑南道烧春之名，据唐人所著书中记载："酒则有……荥阳之土窖春……剑南之烧春。""剑南之烧春"就是绵竹产的名酒。"好酒之地必有好水"，同样，绵竹也有很多关于水的传说。

玉妃溪的传说

很久很久以前，绵竹有一个美人，当她还是婴儿时，被遗弃在一小溪旁。鹿堂山的母梅花鹿用乳汁把她养大。蜀王将女孩纳为王妃，赐名玉妃。不久，玉妃病死，蜀王将玉妃厚葬于成都武丹山。有一年，绵竹大旱，河床干裂，禾苗焦枯。玉妃的魂魄被家乡父老哀号之声惊醒，飞回绵竹，将头戴用四百颗珍珠镶成的凤冠抛向大地，顿时化作400眼泉，解救了家乡困境，泉水用于酿酒，酒美。至今，玉妃溪和400眼清泉仍在绵竹土地上。

诸葛井的传说

诸葛瞻和儿子诸葛尚双双战死绵竹,到元代,绵竹人思复汉业,将他们父子的骸骨迁葬于城西。众百姓纷纷掘土垒茔,所掘土质好,一夜之间成清泉一口,水清澈甘甜、微有香气,大家便称为"诸葛井"。用井水酿酒,成为绵竹酒中珍品,据说这就是声震九州的绵竹大曲。

剑南春酒液无色透明、芳香浓郁、醇厚甘甜、余香悠长,并有独特的"曲酒香味",是浓香型白酒。酒度有60度和52度两种规格。

据唐李肇著的《国史补》中记述,"酒则有郢州之富水,乌程之若下,荥阳之土窨春,富平之石冻春,剑南之烧春……"唐代在剑南山脉以南设道,绵竹是剑南道辖区内的一个大县。素有"七十二洞天福地"之称,地处天府之国的西北边缘。唐代绵竹县产的酒是很有名的,剑南烧春为皇帝专享的贡品。相传青年时期的李白曾在绵竹"解貂赎酒",留下了"士解金貂,价重洛阳"的佳话,说明了当地酒身价之名贵。北宋时一代名家苏轼曾作诗《蜜酒歌》,有"三月开瓮香满城"的赞誉,可见北宋时期绵竹酿酒已以酒质的醇酽著称于世。

在明末清初之时,剑南春的前身——绵竹大曲酒已远近闻名。绵竹大曲最早是由"朱天益醉坊"(坊主朱煜,陕西三原县人)酿制,迄今已有300多年的历史了。据《绵竹县志》记载:"大曲酒,邑特产,味醇香,色清白,状若清露。"乾隆年间,清著名文士李调元自述:"天下名酒皆尝尽,却爱绵竹大曲醇。"在他编纂的《函海》中说:"绵生清露大曲,酒是也,夏清暑、冬御寒,能止呕吐,除湿及山岚瘴气。"

中华人民共和国成立后,1951年成立了地方国营绵竹酒厂,绵竹大曲酒不但产量逐年增加,质量也不断提高,生产技术与规模不断发展。1958年绵竹酒厂在原来大曲酒的传统酿造工艺基础上,通过技术革新,进一步改进工艺和调整原料,酿出了超越原来大曲酒品质的新产品,因此正式将其正式命名为"剑南春"。

剑南春是以高粱、大米、糯米、玉米和小麦五种粮食为原料,用小麦制大曲为糖化发酵剂酿制而成的。在酿制过程中采用了红糟盖顶、回沙发酵、去头折尾、蒸熟糠、低温发酵、双轮底发酵、精心勾兑等新工艺,其配料精巧、操作精细,因而成品酒质优异、香醇突出、风味悦人。一经问世，即受到广大群众的欢迎，人们赞美它是千年名酒的新生，并写诗赞道："香飘剑南春送明，李白在世当忘归。"

剑南春酒除选料精良、麦曲优质、工艺先进外，另一个特点就是优良的水源。《绵竹县志》写道："惟西南城外一线泉脉可酿此酒。"其中尤以诸葛井的水为佳，清花亮色、味甜爽口。过去私人酒坊都设在这一带，现在绵竹酒厂仍建在这里。源源不断的甘甜美水，孕育着一批批"剑南春"名酒的诞生。

8. 董酒

董酒酒液晶莹透明、香气扑鼻，具有独特的香气，饮时甘美清爽、满口醇香、风味优美别致，在我国白酒香型中独树一帜。它属于兼香型，这是由于其香气优雅独特，饮时兼有大曲、小曲两类酒的风格。

董酒也是我国的名酒，大约在20世纪初年出现于贵州省遵义市郊董公寺附近的酒坊，老百姓习惯地把它称为"董酒"。董酒用大小两种酒曲酿造，工艺操作过程不同于众酒，既有大曲酒的浓郁芳香，又有小曲酒的醇和、甘甜，别有一种风味，因此深受饮酒者的喜爱。

而且，董酒的热量高。这主要是因为它的原料好，生产工艺特殊。董酒是以优良的糯高粱为主要原料，用大曲（即麦曲）和小曲（即米曲）为糖化发酵剂，并且配有多种中草药精心酿制而成的。大曲中加入藏红花、桂皮、当归、虫草等40多种珍贵药材；小曲中加入的中草药更多，达90种以上。再加上当地山泉甘美、水质洁净，这样酿造出来的董酒就形成了与众不同的风格。董酒的发酵池与其他白酒不同，窖泥系用白灰、白泥与洋桃藤泡汁拌和而成。红粱下窖稻壳盖顶，香糟具有一种沁人肺腑的醇香。

董酒独特的工艺操作是：先用糯高粱以小曲酒酿造法取得小曲酒，再用小曲酒串蒸董酒香糟以取得董酒（这个工序也叫串香或翻烤）。董酒香糟是用小曲酒糟、董酒糟（串蒸过酒的酒糟）、董酒香糟（未串蒸过董酒的糟）三者混合后，加入大曲在地窖内长期发酵（半年以上）。新产的董酒经鉴定后分级贮存，1年以后再勾兑包装出厂。

董酒的独特风格：一是用小曲酒串蒸大曲酒，因而使董酒既具有大曲酒的浓香，又具有小曲酒的柔绵、醇和、甘甜的特点，在我国的白酒中独成一型；二是董酒的下窖发酵是用酒糟再发酵，发酵时间较长，酸度偏高，窖底香持久，回味中微含爽口的酸味；三是大曲、小曲中都配入品种繁多的珍贵中药材,酒味略带使人心旷神怡的药材香。这一切经常使董酒的香型既不同于茅台型的酱香,也不同于泸州老窖特曲型的浓香和汾酒型的清香,而是介于清、浓之间,所以有人称它为兼香型。就是指清香、浓香特征兼而有之,成为独具一格、别开生面的一种香型,人们也称之为"董香型",成为四大香型白酒中兼香型的代表酒。

9. 郎酒

郎酒产在川黔交界的四川省古蔺县二郎滩镇,以产地得名。它距扬名四海的贵州茅台酒仅有 70 公里。茅台酒在赤水河上游的东岸,郎酒则在下游的西岸,故被誉为赤水河上两颗璀璨闪光的酒林明珠。二郎滩镇地处赤水河中游,四周崇山峻岭。就在这高山深谷之中有一清泉流出,泉水清澈、甘甜,人称"郎泉"。酒因取郎泉之水酿酒,故名"郎酒"。传说二郎滩有一英俊小伙子叫李二郎,爱上美丽的赤妹子,要娶她为妻。但赤妹子父母提出要有一百坛美酒作聘礼,才许亲事。纯朴的小伙子为了能和赤妹子过美满的生活,听从仙人的点化,在荒滩上找泉水,挖断了九十九把锄头,铲断了九十九把铁铲,终于挖出泉水,酿出了美酒。人们便把李二郎开挖的泉水叫"郎泉",以此水酿出的酒叫"郎酒"。

郎酒酒液色清透明、酱香纯净、酒质醇柔,口感似食鲜果之甜润清爽,回香满口、回味悠长,饮者心悦神怡,饮至微醉仍不上头、不口渴。

郎酒属酱香型酒,虽不及茅台酒味长,但香有过之,独有的风格极为显著。

据历史记载:早在汉代,赤水河一带就产酒。北宋年间,这里又盛产优质的小曲酒二郎滩"小糟坊",该小曲酒以价廉质优为饮者所喜爱,直到清末,仍为人们所钟爱。据记载:清代末年(1907 年)以前,当地居民已发现郎泉水适宜于酿酒,开始取之以酿造小曲酒和香花酒,酒质优美,为人们所喜爱,因此逐渐发展。

郎酒是酱香型白酒,得天独厚的自然条件和独特的生产工艺,使它具有"酱香浓郁、醇香净润、幽雅细腻、回甜悠长"的独特风格。1936 年贵州茅台镇三家茅酒作坊中最好的"成义"酒坊失火,酒师失业,迫于生计,大师傅郑应才被邀请到二郎滩的"集义"酒坊为师。郑庆才用"成义"的曲子,采用当地优质高粱为原料,用小麦制成高温曲为糖化发酵剂，以生产茅台酒的方法，即 2 次投料、8 次加曲糖化、窖外堆积、窖内发酵、7 次蒸馏取酒、长期贮存、精心勾兑等工艺酿制。1936 年"成义"酒坊复业，又用"集义"的母糟去生产茅台酒。所以有人说，郎酒的胚胎中有茅台酒的"基因"，肌体中有茅台的"血液"。因此，人们把茅台酒、郎酒称为"姊妹酒"是有历史渊源的。

由于此酒的酿造用水是优质的山泉水，陈酿于山洞中，老百姓称此酒的特点是"山泉酿酒，深洞贮藏；泉甘酒冽，洞出奇香"。

郎酒之美，除了酿制工艺和郎泉水之外，还因为有一对天然溶洞——天宝洞和地宝洞做窖藏室。洞中冬暖夏凉、四季恒温，有利于酒的保存，是提高酒质的重要因素，是贮酒佳地。两洞是在距郎酒厂约 5 公里处的蜈蚣岩千仞绝壁间，站在洞往下看，是滔滔奔流的赤水河，向上看，绝壁似刀削。两洞一上一下，上为天宝洞，下为地宝洞，总面积约 1 万平方米。"郎泉""宝洞"可称为郎酒厂二绝，因此有"郎泉水酿琼浆液，宝洞肚藏酒飘香"之说。

10. 双沟大曲

双沟大曲产于淮河与泽湖交汇之滨的江苏省泗洪县双沟镇，是著名的浓香型白酒，它以产地得名。双沟地方产酒有悠久的历史，双沟古为泗州之地，据文献记载：宋代大诗人苏东坡巡游泗州时，挚友章使君送双沟酿造之美酒，诗人品尝后赋诗曰：

使君半夜分酥酒，
惊起妻子一笑哗。

诗中"酥酒"即位于双沟地区的有名美酒。

现在双沟镇生产的双沟大曲酒的历史，可以追溯到清代雍正至乾隆初年，有山西太谷县孟高村人贺氏，路过双沟，发现双沟一带盛产高粱，既有清醇甘美的水源，又有酿酒的精湛技艺，于是便在双沟山镇办起了"全德"糟坊。"全德"所产白酒曾在清朝末年的南洋名酒赛会上荣获金质奖牌。当时双沟镇上已有"广盛""涌源"两家糟坊，由于贺氏将山西酿酒方法传入，与当地酿酒技术结合，酿出的酒"香浓味美"，超过当地原产的酒，因而有"香飘十里，知味息船"的赞语。

双沟大曲酒酒液清澈透明，芳香扑鼻，风味纯正，入口绵柔、甜美、醇厚，回香悠长，浓香风格十分典型，酒度虽为 65 度，但醇而不烈。

双沟大曲酒原料和工艺特点是：选用优质高粱为酿酒原料，以大麦、小麦、豌豆制高温大曲为糖化发酵剂。酿造用水为淮河水，水质甘美，含碱量低，并有适于促进糖化发酵的矿物质。工艺上用"热水泼浆"，因而酿出的酒入口甜美。采用传统的混蒸生产工艺，并不断加以改进。

这些使双沟大曲酒保持了它的独特风格和品质，20 世纪 70 年代以来大量出口外销，受到许多国家的好评，在群众中享有很高的声誉。

双沟大曲酒在全国历届评酒会上均被评为国家优质酒，1984 年、1988 年在全国第四、五届评酒会上被评为国家名酒。

11. 台湾名酒

金门酒

号称"宝岛台湾第一名酒"的金门 38 度特级高粱酒引用宝月古泉的甘甜泉水，用金门高粱酿制而成，有传统高粱酒的清香甘醇，却无传统高粱酒的辛辣。金门低度高粱酒系列产品风靡台湾 40 年，以其二次精酿的独特工艺博得广大消费者的一致好评。目前，金门 38 度特曲在台湾地区销售独占鳌头，年产值近 50 亿人民币。"金门酒"产地金门，离大陆很近，因此大陆沿海一带的人民都熟悉金并喜爱门酒。

高粱酒

"八八坑道"系列高粱酒由台湾统一企业集团旗下的马祖酒厂生产出品，因其在马祖列岛一条名为"八八坑道"的战备坑道中窖藏精酿而得名。该酒属清香型，甘醇劲爽、不上头、不宿醉，酒精度在 38—47 度之间，在宝岛台湾倍受消费者青睐。

二、黄酒类

黄酒是中华民族的瑰宝，历史悠久、品种繁多。历史上，黄酒名品数不胜数。由于蒸馏白酒的发展，黄酒产地逐渐缩小到江南一带，产量也大大低于白酒，但是酿酒技术精华非但没有被遗弃，在新的历史时期反而得到了长足的发展。黄酒魅力依旧，其名品仍然家喻户晓，其佼佼者仍然像一颗颗璀璨的东方明珠，闪闪发光。

绍兴黄酒品种甚多，著名的有加饭酒、元红酒、花雕酒、香雪酒等。

1. 加饭酒

关于加饭酒的来历，民间有这样的一个传说：一位心地善良的酿酒师傅，常见有几个穷苦人家的孩子溜进酒坊，来偷吃摊晒在场上的糯米饭，于是他在"浸米"时往往偷着多放几升。日子一久，"加饭"酿酒成了习惯，而酿出的酒的品质比以往优良。后来他就索性公开这一秘密，进一步改进工艺，酿出了名副其实的"加饭酒"。

女儿红的由来就是绍兴酒俗的最好见证。女儿红原是加饭酒，因为装入花雕酒坛，因此也叫"花雕酒"。传说：早年绍兴有张姓裁缝的媳妇有喜，裁缝望子心切遂在院内埋下一坛花雕酒，想等儿子出世后用作三朝招待亲朋。孰料妇人产下一女，失望之余这坛深埋院中的酒也被忘却。后来其女长大成人，贤淑善良，嫁与张裁缝最为喜欢的徒弟。成婚之日院内喜气洋洋，裁缝忽想起 18 年前深埋院中的老酒，连忙刨出，打开后酒香扑鼻、沁人心脾，女儿红由此而得名。此俗后来演化到生男孩时也酿酒，并在酒坛上涂以朱红，着意彩绘，谓之"状元红"。

绍兴黄酒可谓是我国黄酒中的佼佼者。绍兴酒在历史上久负盛名，在历代文献中均有记载。宋代以来，江南黄酒的发展进入了全盛时期，尤其是南宋政权建都于杭州，绍兴与杭州相距较近，绍兴酒有较好的发展，当时的绍兴名酒中首推"蓬莱春"为珍品。南宋诗人陆游的诗句中，不少都流露出对家乡黄酒的赞美之情。清代是绍兴酒的全盛时期，酿酒规模在全国堪称第一。绍兴酒行销全国，甚至还出口到国外，几乎成了黄酒的代名词。目前，绍兴黄酒在出口酒中所占的比例最大，产品远销到世界各国。绍兴酒酿酒总公司所生产的品种很多，现代国家标准中的黄酒分类方法，基本上都是以绍兴酒的品种及质量指标为依据制定的，其中绍兴加饭酒在历届名酒评选中都榜上有名。它比元红酒酿造配料中糯米的使用量增加 10% 以上，所以称加饭酒。酒质丰美、风味醇厚，是绍兴酒的上等品。酒度 18 度，糖分 2 度，高于元红酒，似葡萄酒的"半干"类型。

2. 元红酒

旧时称"状元红"，因在坛壁外涂朱红色而得名，是绍兴酒的代表品种和大宗产品。用摊饭法配制，属干型酒。此酒发酵完全，含残糖量少，色液橙黄清亮，具特有芳香味，甘爽微苦，含酒精 16%—18%（v/v），糖分小于 0.9 克/100 毫升，总酸小于 0.45 克/100 毫升，深受饮酒者的喜爱。

3. 善酿酒

用已贮存 1 年—3 年的陈元红酒，带水入缸与新酒再发酵，酿成的酒再陈酿 1—3 年，所得之酒香气浓郁、酒质特厚、风味芳馥，是绍兴酒之佳品。

4. 香雪酒

是用米饭加酒药和麦曲一次酿成的酒（绍兴酒中称为淋饭酒）。拌入少量麦曲，再用由黄酒糟蒸馏所得的 50 度的糟烧代替水，一同入缸进行发酵。这样酿得的高糖（20% 左右）高酒度（20 度左右）的黄酒，即是香雪酒。酒色淡黄清亮、香气浓郁、风味醇厚、鲜甜甘美，为绍兴酒的特殊品种。

5. 古越醇酒

该品种是 20 世纪 80 年代初由绍兴黄酒集团公司试制成功的新产品，是以陈酿的元红、善酿、加饭、糟烧代水酿成的双套酒。用淋饭法酿制，属甜型酒。此酒色液黄褐透明、特具醇香，鲜甜不腻，具丰满协调的甜酒风格。含酒精 14%—16%（v/v），糖分 17—19 克/100 毫升，总酸小于 0.5 克/100 毫升。该产品的开发填补了绍兴新优甜型酒空白，男女老幼四季皆宜。

6. 竹叶青

竹叶青酒又名"孝贞酒"，该酒以嫩绿竹叶浸出的绿色素作为酒的色泽，故称"竹叶青"。又据传是明代正德皇帝即位前游历江南时，饮用竹叶青酒后，御笔亲题"孝贞"二字，故称为"孝贞酒"。此酒选用当年的淡笋竹中采摘的新鲜嫩绿竹叶，用 70 度糟烧酒浸泡半年左右，浸提出，翠绿色素汁，作为酒的色泽。酒液淡青透明、清香沁人，酒味鲜爽清洁、独树一帜，是一种知名度较高的传统花色产品，最适宜在夏季饮用，使人有舒适的清凉感。

7. 花雕酒

花雕酒是从我国古代女酒、女儿酒演变而来的，是一种经多年贮存的、优质的加饭酒。它以酒坛外面的五彩雕塑描绘而命名，故称"花雕"。其实应该说是一种"雕花的老酒"或"雕花酒"，只是因为古人喜欢将谓语动词后置的缘故，所以花雕的称呼一直沿用至今。

花雕源自晋代嵇含的《南方草木状》："南人有女数岁，既大酿酒……女将嫁，乃发陂取酒，以供宾客，谓之女酒，其味绝美"；《浪迹续谈》中记述："最佳者女儿酒，相传富家养女，初弥月，即开酿数坛，直至女儿出门，即以此酒陪嫁。则至近亦已十许年，其坛常以彩绘，名曰花雕酒。"按浙江地方风俗，民间生女之年要酿酒数坛，泥封窖藏，待女儿长大结婚之日取出饮用，即是花雕酒中著名的"女儿红"。因这种酒在坛外雕绘有我国民族风格的彩图，故取名"花雕酒"或"元年花雕"。

现在这种传统习俗虽没有沿袭下来，但当家中有小孩诞生时，为人父母总要酿几坛酒，请雕花师傅装潢雕塑、刻意彩绘，内容多为寓意吉祥的民间故事、神话传说，花鸟、戏剧人物等，然后泥封窖藏。生女儿的美其名曰"女儿红"，生儿子的则喜称为"状元红"，待孩子长大后出嫁娶亲，便将酒取出用以庆贺、款待宾客。因酒已陈，故酒质特优。

"花雕酒"是一种集绘画、书法、雕塑、文学元素于一身的独特产品。作为绍兴酒中的精品，它以优质加饭酒为内容物，以精雕细琢的浮雕酒坛（瓶）为盛载体，是中国文化名酒的典型代表。它秉承绍兴历代的美丽传说，得益于中国绍兴黄酒集团前身——绍兴酿酒总厂的挖掘性开发生产，直到普通的玻璃瓶也冠以"花雕"之名，如今已成为绍兴酒中的一大品名。

此外，在绍兴酒系列品种中，尚有众多的传统花色品种，如鲜酿酒、补药酒、福桔酒、鲫鱼酒、桂花酒等，但目前很少生产。近年开发的又有八仙酒、枣酒、黑米花雕酒、青梅酒等。这些花色酒大都将嫩竹叶、福桔、活鲫鱼等用高度糟烧浸泡，取其浸液，在元红、加饭酒杀菌灌坛时，按配比加入；或直接用热酒冲泡，泥封库存，过月余，各物鲜香气味溶化于酒液内，形成各种特有的香醇风味，故以各物名字命为酒名。在绍兴，酒的名字与很多习俗有关，如：孩子满月有"剃头酒"。绍兴的"剃头酒"和其他地方略有不同，除用酒给婴儿润发外，在喝酒时，有的长辈还用筷头醮上一点酒，给孩子吮，希望孩子长大了能像长辈一样有福分喝"福水"（酒）。另外还有孩子周岁时的"得周酒"、人生逢十而办的"寿酒"，以及"白事酒"，也称"丧酒"。

绍兴旧时有很多岁时酒俗，从农历腊月的"请菩萨""散福"开始到正月十九"落像"为止，因为都是在春节前后，所以叫"岁时酒"。腊月二十前后要把祖宗神像从柜内"请"出来祭祀一番，这叫"挂像酒"；到正月十八，年事完毕，再把神像请下来，这叫"落像酒"；除夕之夜的"分岁酒"要一直喝到新年来临，正月十五还要喝"元宵酒"等等。

8. 福建龙岩沉缸酒

龙岩沉缸酒历史悠久，在清代的一些笔记文学中多有记载，现在为福建省龙岩酒厂所产。这是一种特甜型酒，酒度在 14%（v/v）—16%（v/v），总糖可达 22.5%—25%。内销酒一般储存 2 年，外销酒需储存 3 年。

龙岩沉缸酒的酿法集我国黄酒酿造的各项传统精堪技术于一体。比如：龙岩酒用曲多达 4 种，有当地祖传的药曲，其中加入 30 多味中药材；有散曲，这是我国最为传统的散曲，作为糖化用曲。此外还有白曲，这是南方所特有的米曲。红曲更是龙岩酒酿造必加之曲。酿造时，加入药曲、散曲和白曲，先酿成甜酒酿，再分别投入著名的古田红曲及特制的米白酒，长期陈酿。龙岩酒有不加糖而甜、不着色而艳红、不调香而芬芳三大特点。酒质呈琥珀光泽、甘甜醇厚、风格独特。

三、啤酒类

1. 青岛啤酒

19 世纪末，啤酒输入中国。1900 年俄国人在哈尔滨首先建立了乌卢布列希夫斯基啤酒厂；1901 年俄国人和德国人联合建立了哈盖迈耶尔 - 柳切尔曼啤酒厂。1903 年 8 月，古老的华夏大地上诞生了第一座以欧洲技术建造的啤酒厂——日尔曼啤酒股份公司青岛公司。经过百年沧桑，这个最早的啤酒公司发展成为享誉世界的"青岛啤酒"生产企业——青岛啤酒股份有限公司。

青岛啤酒是中国久负盛名的名牌产品，也是中国啤酒驰名商标。在近百年的生产实践中，青岛啤酒形成了有鲜明特色的酿造工艺。其酿造方法是继承德国酿酒传统，经几代啤酒专家的研究、改进而形成的，素以泡沫洁白细腻、持久挂杯、酒体清亮透明、醇香爽口而享誉中外。

青岛啤酒的生产特点是：采用崂山水，质软而甜；采用溶解良好的二棱大麦麦芽及香型酒花，另外添加 25% 的大米。糖化采用双醪二次煮出糖化法，原麦汁浓度 12%，酒花添加量较国内一般啤酒稍高。发酵采用两罐法，低温下发酵，发酵度适中。传统做法贮酒期 2—3 个月，目前前发酵采用锥形罐，后发酵采用卧式罐，贮酒期缩短至 1 个月左右。青岛啤酒应用经典酿造工艺和独到的后熟技术精心酿制，素以泡沫洁白细腻、澄澈清亮、色泽浅黄，酒体醇厚柔和、香醇爽口、持久挂杯，同时具有清新的酒花香味、苦味适中、口味醇和、清爽适口、独具风格，为国内外所推崇。它曾 7 次荣获国家金奖，3 次在美国国际评酒会上荣获冠军。青岛啤酒自 1954 年出口以来，现已畅销 40 多个国家和地区。

　　青岛啤酒还注意消费者的习惯差异。为了满足消费者的不同需求，青岛啤酒不断开发新品种。比如：根据南方消费者偏爱酒精含量低的清淡型啤酒，青啤推出了淡爽型 8 度、10 度系列酒。根据消费水平的不同，提出了"金字塔理念"，重新考虑广大群众的市场需求，推出了适合低档消费的大众酒。加上原有的金质酒系列、优质酒系列，它形成了档次分明、品种齐全的产品组合，为消费者提供了宽泛的选择余地。淡爽型系列酒具有原麦汁浓度低、酒精度低的特点，由于选料精良、做工精细，该酒清淡而不乏味、低度而不粗糙。优质酒系列是青岛啤酒的传统产品，这些产品铸就了青岛啤酒的声誉。盛名之下却能安守中档价位，实为精明之选。金质酒系列采用出口美国啤酒的配方，选用上等原材料精心酿制而成。新开发品种有极品青岛啤酒、青啤王等新品种，是为不同地区、不同需求的消费者设计制作的。这些多样化的品种是青岛啤酒酿造技术的集中体现。

青岛国际啤酒城

　　位于石老人国家旅游度假区的青岛国际啤酒城，号称亚洲最大的国际啤酒都会。它占地 35 万平方米，分南、北两大功能区。南区为娱乐区，北区为综合区，现在到啤酒城的游乐项目除喝啤酒外还可以进行大型游乐活动，北部综合区已建成大型游乐场，内有许多国际先进流行的游乐设施，最出色的就是双向往复式过山车。正门位于南区，一进大门，有一座高大的标志性雕塑——"溢满全球"，雕塑由一个大型高脚杯矗立于圆形的水池中央，高脚杯被做成世界地图的图案，啤酒沫从杯中不断地溢出，上有青岛啤酒商标，寓意十分深刻。在水池后面有一半月形石壁，上有"国际啤酒城" 5 个大字。夜幕降临后，彩灯、喷泉、水柱相映成趣、无比绚丽。在城标雕塑后面就是呈扇形的万人广场，1998 年以前历届国际啤酒节开幕式就是在这里举行，现已成为永久性的节庆活动场所。广场南侧为啤酒宫区，每年啤酒节期间这里就是各啤酒厂家在此临时搭建的啤酒宫，在此品尝世界各地名牌啤酒的同时，还可观看各厂家随团演员的精彩表演。在"青岛啤酒"的大厅内可以喝到刚刚下线的最新鲜的"青啤"，同时还可以观看微型啤酒生产线的酿酒全过程。

青岛啤酒博物馆

青岛啤酒博物馆作为百年青岛啤酒企业文化的一个重要组成部分，它集青啤的发展历程、文化底蕴、工艺流程、品酒娱乐、购物为一体，为国内首家啤酒博物馆。它的建成将为海内外游客走近青岛啤酒、了解青岛啤酒提供了一个独具魅力的"视角"。

据了解：青岛啤酒博物馆总投资达 2000 余万元人民币，展出面积为 6000 平方米，是由青啤集团借鉴了包括嘉世伯啤酒博物馆和喜力啤酒博物馆在内的众多国际啤酒博物馆的设计理念和风格特点，征求各方意见，本着尊重历史、挖掘历史、保护历史、再现历史的宗旨，同时综合专业性、国际性、前瞻性、趣味性、和谐性为一体，建设成的世界一流的博物馆。其概念规划是由著名的啤酒博物馆设计者——嘉世伯啤酒博物馆负责人尼尔森（Nielsen）设计完成，由清华大学美术学院环境艺术研究所的设计人员负责室内装饰布展的。博物馆共分为百年历史和文化、生产工艺、多功能区 3 个参观游览区域。青岛啤酒博物馆集啤酒文化展示、生产线参观、啤酒生产介绍、酒吧、游客参与为一体的科普休闲项目，以图片、文字、实物为主体，运用高科技的声、光、电等媒体展示青啤百年历史、现代化的生产设备以及丰富多彩的啤酒历史、啤酒文化。

青岛国际啤酒文化节

青岛国际啤酒节兴起于 1991 年，是以啤酒为媒介，融经贸、旅游、科技、文化、体育为一体的大型节庆活动。啤酒节举办以来，历届都有亚、欧、美洲等数十个国家和地区的啤酒厂家携酒前来参展，国内外各大知名品牌的啤酒在这里登场亮相，成千上万的人涌进各家啤酒屋、啤酒棚举杯畅饮。

啤酒节期间，文化广场还举行交响乐音乐会、摇滚乐队演唱会、大型文艺晚会、大规模海上焰火等，丰富多彩的文化体育活动、民俗民情表演及各类体育比赛，使逛会的人们流连忘返。啤酒城实为青岛市人民和中外游客夏季游乐的最佳去处。

商贸和科技交流活动是啤酒节的一项重要内容。国际饮料博览会、名优新特产品展销会、科技经贸博览会、农村产品展销会吸引着众多的国内外商家。

啤酒节带动了青岛旅游业的发展，促进了青岛与世界各国人民的经济文化交流和友好往来，与会的中外客商和旅游逐届增加。

1994 年，坐落在石老人国家旅游度假区内的青岛国际啤酒城建成。啤酒城占地 35 公顷，总建筑面积 47 万平方米，分设啤酒广场、啤酒宫区、啤酒街市、综合娱乐区、国际啤酒俱乐部、综合商贸区和综合办公区，气势宏伟，蔚为壮观，已成为亚洲最大的国际啤酒都会。

从 1994 年起，啤酒城已成为青岛啤酒节的永久性场所。一年一度的啤酒节开幕时间为每年的 7、8 月份，会期为 14 天。

2. 燕京啤酒

燕京啤酒是久负盛名的中国名牌产品、中国驰名商标、人民大会堂国宴特供酒、中国啤酒行业绿色食品认证产品、中华人民共和国建国 50 周年及澳门回归献礼酒、全国"两会"宴会专用酒。

燕京啤酒精选天然优质矿泉水等原料、采用先进的工艺设备和独特的发酵技术酿造而成，赋予了其清爽怡人的独特风味。它曾 30 余次在国内外啤酒质量评比中获得大奖，有 8 度、10 度、11 度、12 度共四大类 30 多个品种，分纯生啤酒、果汁啤酒、金玫瑰啤酒、金小麦啤酒等多个品种，精品高档和普通中、低档啤酒齐全，包装方式采用瓶装、易拉罐装和桶装，能满足不同口味和不同消费层次的消费者的需求。

3. 雪花啤酒

1964 年，中国啤酒权威云集的产品评比会上，一种新产品击败中国的所有老牌啤酒，夺得第一。同年，这种啤酒被命名为"雪花"并正式投产，以后每次国家评比都名列前茅。

自 1964 年以来，雪花啤酒先后出口到美国、法国、新西兰、澳大利亚、日本等国。

从 2002 年开始，雪花啤酒被国家质量监督检验检疫总局正式认定为"中国名牌产品"。从此华润雪花将雪花啤酒定位为全国性品牌来推广，2004 年雪花啤酒单品牌销量已达 107 万吨，进入全国啤酒单品牌前三名。2005 年，雪花啤酒的品牌价值达 88 亿，成为中国成长速度最快的全国性啤酒品牌；2005 年，雪花啤酒销量达 158 万吨，单品牌销量行业第一。

目前，雪花啤酒已经在华润啤酒（中国）有限公司下属的黑龙江、吉林、辽宁、天津、北京、湖北、安徽、四川等地生产，并销往全国各地，受到全国消费者的喜爱。

雪花啤酒的生产设备全国各厂统一，工艺和质量控制标准全国统一，各地技术人员接受国外技术培训、人员素质统一，从而保证了各地的"雪花"品质如一。

四、葡萄酒类

我国地域辽阔，有十分适合赤霞珠这一国际优良品种生长的土壤、气候等条件，经过合理种植、科学采收，能产出优质的酿造葡萄，为酿造优质葡萄酒奠定了良好的基础。但目前国产葡萄酒的缺点主要是贮存期短，如果能够在木桶中适当地延长陈酿年限，我国大部分企业可以酿造出具有自己特点的优质葡萄酒。

1. 长城葡萄酒

中国长城葡萄酒有限公司地处被中国农业学会命名为"中国葡萄之乡"的河北省张家口市怀来县沙城。公司周围地区盛产优质酿酒葡萄品种达 63 种之多，目前拥有葡萄原料基地 13 万亩，且有 1122 亩葡萄园，种植着 10 余种国际酿酒名种葡萄，可供酿制单一品种的高级葡萄酒。公司曾酿造了中国第一瓶干白葡萄酒。

公司产品已形成干、半干白、半甜、甜、加香、起泡、蒸馏 7 个系列 50 多个品种，被欧美专家被誉为"典型的东方美酒"。

长城牌干白、半干白、半甜白、干红、桃红葡萄酒及香槟法起泡葡萄酒被中国绿色食品发展中心认定为"绿色食品"。公司产品遍及全国各省、市、自治区，并远销英国、法国、德国、荷兰、日本、俄罗斯等 20 多个国家，出口量占全国葡萄酒出口量的 40% 以上，受到了国内外顾客的欢迎。

2. 张裕葡萄酒

烟台张裕集团有限公司的前身是 1892 年由我国近代爱国华侨张弼

士先生创办的烟台张裕酿酒公司，至今已有 100 多年的历史，是中国第一个工业化生产葡萄酒的厂家，也是目前中国乃至亚洲最大的葡萄酒生产经营企业。集团公司主要产品有葡萄酒、白兰地、香槟酒、保健酒、中成药酒、粮食白酒、矿泉水和玻璃制瓶八大系列，几十个品种，产品畅销全国并远销马来西亚、美国、荷兰、比利时、韩国、泰国、新加坡等多个国家。

1915 年，张裕的可雅白兰地、红玫瑰葡萄酒、琼药浆、雷司令白葡萄酒一举荣获巴拿马太平洋万国博览会四枚金质奖章和最优等奖状。以后历届全国乃至世界名酒评比中，张裕产品一直榜上有名，先后获得 16 枚国际金银奖和 20 项国家金银奖。

鉴于张裕公司对国际葡萄酒事业的杰出贡献，1987 年，国际葡萄·葡萄酒局正式命名烟台市为"国际葡萄·葡萄酒城"。烟台市被接纳为国际葡萄酒局的观察员。

3. 王朝葡萄酒

中法合资王朝葡萄酿酒有限公司始建于 1980 年，是我国最早成立的中外合资企业之一，主要生产王朝牌高档系列葡萄酒。产品的产量从 1980 年的年产 10 万瓶增长到 1996 年的 1866 万瓶，增长了 186 倍。产品的品种从单一的半干白葡萄酒发展成三个系列 16 种产品，王朝公司成为亚洲地区规模最大的高档葡萄酒生产厂家。

王朝葡萄酒清澈透明、果香浓郁、味道爽顺、回味绵长，是无污染、无公害、营养丰富的绿色食品。

第四节　酒的贮藏

一、白酒

白酒的保存，瓶装白酒应选择较为干燥、清洁、光亮和通风较好的地方，相对湿度在 70% 左右为宜，湿度较高易使瓶盖霉烂。白酒贮存的环境温度不得超过 30℃，严禁烟火靠近。容器封口要严密，防止漏酒和"跑度"。

二、黄酒

黄酒的包装容器以陶坛和泥头封口为最佳，这种古老的包装有利于黄酒的老熟和提升香气，在贮存后具有越陈越香的特点。保存黄酒的环境以凉爽、温度变化不大为宜。黄酒合适的贮藏温度为 15℃ 以下，储存在阴凉干燥处，如地下室、地方窖。在其周围不宜同时存放异味物品，如发现酒质开始变化时，应立即饮用，不能继续保存。瓶酒经贮存可能会出现沉淀，这是黄酒中蛋白质凝固，不影响酒质，加温即溶而清亮透明。

三、啤酒

保存啤酒的温度一般在 0℃—12℃ 之间为适宜，熟啤酒温度在 4℃—20℃ 之间，保存期为两个月。保存啤酒的场所要保持阴暗、凉爽、清洁、卫生，温度不宜过高，并避免光线直射。要减少震动次数，以避免发生浑浊现象。

四、葡萄酒

葡萄酒是非常敏感的，装入酒瓶之后仍然会逐渐成熟，因此在不良情况下保存会破坏味道的平衡。所以，请注意温度、湿度、光度、震动、臭味等影响因素。

1. 温度

葡萄酒最佳的储存温度是 10℃ 恒温，而冰箱的蔬菜水果储藏室一般约在 8℃ 左右，葡萄酒可以被保存得很好，甚至可到 2 年以上。不过要注意的是：若是温度太低，可能会使软木塞很快地干缩，之后冰箱里面的味道就会渗透到葡萄酒之中。

2. 湿度

70% 左右为理想湿度。湿度过低会造成软木塞干燥，不容易拔起；湿度过高会使软木塞缩小，造成空气或有害微生物进入葡萄酒中，使之容易变质。保存葡萄酒时必须横躺摆放，就是为了维持软木塞的湿度。

3. 光度

葡萄酒酒瓶虽然采用不易透光的材料，但葡萄酒对于光线还是相当敏感的，阳光或日光灯都是让葡萄酒变劣质的原因。

4. 震动

震动会使葡萄酒过度成熟（速度过快，）容易造成劣质化（变坏）。购买餐用酒后立刻畅饮而尽，或是摆放在客厅。

5. 平放

不论是白酒、红酒，或是香槟，尽量让酒瓶平躺呈水平状，这样可以使葡萄酒与软木塞接触，保持软木塞不干缩，否则外在的空气和气味就会渗透到瓶中破坏葡萄酒风味。另外，过高的温度或是温差太大，都可能会使酒质变差，丧失鲜度与个性。

那么什么样的葡萄酒需要贮藏？

在葡萄酒分级中属于日常餐酒和地区餐酒的，可随时打开喝，只有法定产区餐酒 AOC 才需要贮藏。

白葡萄酒不含单宁，所以一般不用贮藏。通常贮藏的是红葡萄酒。

葡萄酒有生命周期，并不是愈陈愈好。贮藏时间的长短取决于酒单宁的含量，单宁多则需要贮藏时间长。通常，好酒可以贮藏 15—25 年，其他的一般不超过 10 年。

五、药酒

有些泡制药酒的成分由于长期贮存和温度、阳光等的影响，常常会使原来浸泡的物质离析出来，而产生微浑浊的药物沉淀，但这不说明酒已变质或失去饮用价值，但发现有异味就不能再饮用了。因此，药酒的保存期不宜过长。

第 三 章
酒器的选用

第一节　历代的酒器

有了酒，才有了酒器。随着酒的发展以及社会生产力的不断提高，酒器也在不断发展变化着，并产生了种类繁多、璀璨瑰丽的各种酒器。它标志着我国的酒文化和工艺水平，凝聚着劳动人民的智慧，也表现了他们非凡的创造力。总之，我国酒器种类之多、造型之繁、装饰之美都居世界之首。

按酒器的材料可分为：

天然材料酒器（木、竹制品、兽角、海螺等）、陶制酒器、青铜制酒器、漆制酒器、瓷制酒器、玉制酒器、水晶制酒器、金银酒器、锡制酒器、景泰蓝酒器、玻璃酒器、铝制罐、不锈钢饮酒器、袋装塑料软包装、纸包装容器。

按酒器的种类分：

盛酒器：古有尊、瓿、彝、罍、罾、瓴、斝、卣、盉、壶等。现有罐、桶、瓶等。

温酒器：古代的斝、盉，既是盛酒器，又是温酒器。现代有锡壶、烫酒器等。

饮酒器：古代有爵、角、觚、觯、瓻等。现代有杯、盏、盅等。

一、远古时代的酒器

远古时期的人们茹毛饮血，火的使用使他们结束了这种原始的生活方式；农业的兴起使人们不仅有了赖以生存的粮食，还可以随时用谷物作酿酒原料酿酒；陶器的出现又使人们开始拥有了炊具。从炊具开始，又分化出了专门的饮酒器具。究竟最早的专用酒器起源于何时？还很难下定论。因为在古代，一器多用是很普遍的。远古时期的酒是未经过滤的酒醪（这种酒醪现在仍很流行），呈糊状和半流质。这种酒不适于饮用，而是食用，故食用的酒器应是一般的食具，如碗、钵等大口器皿。远古时代的酒器制作材料主要是陶器、角器、竹木制品等。

早在几千年前的新石器文化时期，已出现了类似后世酒器的陶制品。在山东泰安附近的大汶口，一座墓穴出土了大量酿酒器具和饮酒器具，其中有相当精美的带圆耳的小茶碗形酒杯和带孔的高脚酒杯。

在新石器时代晚期，以龙山文化时期为代表，酒器类型增加，用途明确，这些酒器有罐、瓮、盂、碗、杯等。

二、商周的青铜酒器

在商代，由于生产力的提高、酿酒业的发达、青铜器制作技术的成熟，中国的酒器达到了前所未有的繁荣。当时的职业中还出现了"长勺氏"和"尾勺氏"这种专门以制作酒器为生的氏族。周代饮酒风气虽然不如商代，但酒器基本上沿袭了商代的风格，也有专门制作酒器的"梓人"。

青铜器起于夏，现已发现的最早的铜制酒器为夏二里头文化时期的爵，后来在商周达到鼎盛，春秋没落。商周酒器的用途基本上是专一的。据《殷周青铜器通论》记载：商周的青铜器共分为食器、酒器、水器和乐器四大部，共50类，其中酒器占24类。按用途分为煮酒器、盛酒器、饮酒器、贮酒器。

盛酒器具是一种盛酒备饮的容器，其类型很多，主要包括：尊、壶、区、卮、皿、鉴、斛、觥、瓮、瓿、彝。每一种酒器又有许多式样，有普通形状的，也有动物造型的。以尊为例，有象尊、犀尊、牛尊、羊尊、虎尊等。

饮酒器的种类主要有：觚、觯、角、爵、杯、舟。不同身份的人使用不同的饮酒器。如《记·礼器》明文规定："庙之祭，尊者举觯，卑者举角。"如温酒器，饮酒前用于将酒加热，配以勺子，便于取酒。温酒器有的称为樽，在汉代流行；又如湖北随州曾侯乙墓中的铜鉴缶，可置冰贮酒，故又称为冰鉴。

三、汉代的漆制酒器

商周以后，青铜酒器逐渐衰落，进入春秋战国时期，铁器出现，青铜日益被取代。而到了秦汉之际，中国的南方开始流行漆制酒器，漆器成为两汉、魏晋时期的主要类型。

漆制酒器，其形制基本上继承了青铜酒器的形制。有盛酒器具、饮酒器具。饮酒器具中，漆制耳杯是常见的。在湖北省云梦睡虎地 11 座秦墓中，出土了漆耳杯 114 件，在长沙马王堆一号墓中也出土了耳杯 90 件。

在汉代，人们饮酒一般是席地而坐，酒樽放置在席地中间，里面放着挹酒的勺，饮酒器具也置于地上，故形体较矮胖。

魏晋时期开始流行坐床饮酒，酒器变得较为瘦长。

四、瓷制酒器

瓷制酒器的萌芽，始于魏晋南北朝时期。到了隋唐五代，有较大的发展。这个时期的酒器，种类繁多、做工讲究、样式新颖奇特。瓷器与陶器相比，不管是酿造酒器还是盛酒或饮酒器具，瓷器的性能都超越陶器。唐代的酒杯形体比过去要小得多，故有人认为唐代出现了蒸馏酒。唐代出现了桌子，也出现了一些适于在桌上使用的酒器，如注子，唐人称为"偏提"，其形状似今日之酒壶，有喙、有柄，既能盛酒，又可注酒于酒杯中。因而取代了以前的樽、勺。

宋代是陶瓷生产鼎盛时期，有不少精美的酒器。宋人喜欢将黄酒温热后饮用，故发明了注子和注碗配合使用的酒器。使用时将盛有酒的注子置于注碗中，往注碗中注入热水，可以温酒。

元代瓷制酒器在唐宋的基础上进一步提高，酒器丰富多彩，出现了青白釉印高足杯、青花松竹梅高足杯等代表性酒器，工艺相当精致。瓷制酒器一直沿用至今。

明代的瓷制酒器以青花、斗彩、祭红酒器最有特色，这时景泰蓝的问世使酒器更为华贵。

清代瓷制酒器具有清代特色的有法琅彩、素三彩、青花玲珑瓷及各种仿古瓷。

五、当代酒器

现代酿酒技术和生活方式对酒器产生了显著的影响。进入 20 世纪后，由于酿酒工业发展迅速，留传数千年的自酿自用的方式逐渐被淘汰。现代酿酒工厂，其白酒和黄酒的包装方式主要是：瓶装和坛装；对于啤酒而言，有瓶装、桶装、听装等。在生活水平较低的 20 世纪 70—80 年代前，广大的农村地区及一部分城市地区卖的如果是坛装酒，一般要自备容器。但瓶装酒在较短时期内就得以普及，故百姓家庭以往常用的贮酒器、盛酒器随之而消失，饮酒器具则是永恒的。当然在一些地区，自酿自用的方式仍被保留，但已不是社会的主流。

民间所饮用的酒类品种在最近几十年中发生了较大的变化，在几十年前，酒度高的白酒无论在农村还是城市，一直都是消耗量最大的，黄酒在东南一带非常普遍。在 20 世纪 80 年代之前，啤酒的产量还很少，但 80 年代后，啤酒的产量飞跃发展，一跃而成为酒类产量最大的品种。葡萄酒、白兰地、威士忌等的消费量一般较小。酒类的消费特点决定了这一时期的酒器有以下特点：

小型酒杯较为普及。这种酒杯主要用于饮用白酒。酒杯制作材料主要是玻璃、瓷器等，也有用玉、不锈钢等材料制成的。

中型酒杯，这种酒杯既可作为茶具，也可以作为酒器，如啤酒、葡萄酒的饮用器具。材质主要是以透明的玻璃为主。

有的工厂为了促进酒的销售，将盛酒容器设计成酒杯，得到消费者的喜爱。酒喝完后，还可以作为杯子。由于生活水平的提高，罐装啤酒越来越普及，这也是典型的包装容器和饮用器相结合的例子。

第二节 酒具的选用

很多人认为喝酒的主角是美酒，在研究喝酒的艺术时就一味把心思放在酒的品质上，而把盛酒的器具当作次要之物。他们没有想到酒具对酒的重要性，其实已达到影响酒味的地步。同一款酒放进不同的容器内，效果是有天壤之别的。

为了不浪费美酒，绝对要认真追求品质高的酒杯，这样才可以把酒的瑰丽色彩展现出来，令人赏心悦目，还可以把酒的芳香在酒杯里集拢起来，经久不散。西方人认为：饮什么酒使用什么杯，是一种"酒礼"。例如：长型圆脚杯用于红葡萄酒；半圆高脚杯用于白酒；如果只喝一种酒一般使用半圆高脚杯为宜；超长半圆高脚杯专用于莱茵、莫索尔两种德国白酒；漏斗型酒杯专门用来喝口感比较强烈的葡萄酒，如雪利和波特酒；半高大肚酒杯专用来喝白兰地等烈性酒；长脚杯宜用来喝香槟酒。另外，啤酒多用有把手的大玻璃杯，鸡尾酒式样很多，可根据配制选用。

洋酒从清末开始引入中国，饮酒方式和饮酒具也随之传入我国。西方人在不同的场合下饮用不同的酒，还选用适宜的酒杯，不能随便乱用。一般来说，喝洋酒应该用水晶杯，玻璃杯是不合适的。好的水晶杯价格昂贵，但请相信，它所带来的体验感远超此值。品质上乘的水晶杯，宜光身无花、透明度高，一叩，清脆的高音尾声缭绕，十秒不尽。不过达到这样的高水准，含铅量也比较高，所以现在多数的高级水晶杯都有足够厚的隔绝，以防铅中毒。喝烈酒，像白兰地，不管是干邑还是雅文邑，都用短根的杯子，杯的短根是为了不让饮者持根而饮，而只能以掌心轻托杯心，使体温加速酒的挥发，把香味提早蒸发出来，满足嗅觉享受。杯口弧度大，香味保留在杯内，闻起来也就更过瘾了。威士忌杯则是另一码事。当然，喝最好的威士忌，可把它当成白兰地喝，用白兰地杯子。不过，在添水或加冰喝的情况下，就得用宽窄上下一致的杯子。建议最好是用透明无花的品种，既可以欣赏酒色，拿在手上也惬意。记住要有个杯垫，否则一桌子酒液，也是无趣。

洋酒酒具在一些较为高档的餐饮场所得到应用。餐饮场所分高、中、低等几档。高档餐饮场所由于销售的酒大多为洋酒类，故酒具具有西方化的特点。随着人民生活水平的提高，这些高档场所所使用的酒具逐步在民间得到一定的认可，但并不普及。

餐饮场所中的酒具以星级宾馆或饭店较为规范。在二星级宾馆以上的场所，必须具备酒吧。星级越高的宾馆，其酒吧的规模就越大，设施越齐全、豪华，酒的价格越高。理所当然，其酒具就更加齐全和规范化。

目前在酒吧所售的酒以洋酒居多，品种主要有白兰地、威士忌、朗姆酒、杜松子酒、俄得克、香槟、利口酒等，鸡尾酒也较为普遍。不同的酒用不同的酒杯，这是酒吧工作人员的基本常识。

酒杯种类繁多、造型各异，这有历史、地域等方面的原因，同时也反映了一定的科学性和艺术性。在对外交往中，正确使用酒杯是非常重要的。

饮用不同的酒应选用不同的酒杯，杯的容量是最为重要的，历史上用盎司（ounce，简写成 oz）作为酒的液量单位。英美单位制都有这一单位，但略有不同，如英制 1 盎司为 28.41ml；美制 1 盎司为 29.57ml。16 盎司折合 1 品特（美制）。

现在推行国际单位制，用毫升数表示酒具的容量。30ml 代替原先为 1 盎司的容量。

以下是常见的酒杯容量：

威士忌纯饮杯	（Whisky Line）	1.5—3oz
雪利和波特杯	（Sherry&Port）	2—3oz
甜酒杯	（Liqueur）	1—1.5oz
白兰地专用杯	（Brandy Snifter）	3—8oz
鸡尾酒杯	（Cocktail）	2—4.5oz
酸酒杯	（Sour Cocktail Glass）	4.2—6oz
香槟鸡尾酒杯	（Champagen Cocktail Glass）	4.5—6oz
古典杯	（Old Fashioned）	6—8oz
柯林杯或高杯	［Collins（or Tall Glass）］	10—12oz
冷饮杯	［Cooler（or Tall Glass）］	15—16.5oz
高球杯	（Highball）	6—10oz
啤酒杯	（Beer）	10—12oz
生啤酒杯	（Mug）	12—32oz
水杯	（Water Glass）	10—12oz

第三节　酒具的赏析

酒具同酒的历史一样源远流长。虽然最早的专用酒器起源于何时现在还很难定论，但酒具从远古时期就已经走进人们的生活，并伴随着时代的发展成为酒文化的一部分，十分具有赏析价值，这一点是毫无疑问的。下面我们就略举一二。

一、窦绾合卺铜杯

以错金、嵌绿松石为主要装饰方式，双杯内外饰错金柿蒂纹，足饰卷云纹。每件杯瓜外壁及高足上镶嵌有大小圆形和心形绿松石共13颗。鸟身上错金短羽长翎，颈胸部共嵌圆形、心形绿松石各两颗，其中胸部的一颗最大。这件青铜酒器造型生动活泼、结构对称平衡、装饰华美瑰丽，是一件极为罕见的艺术珍品。

二、"君幸酒"云纹漆耳杯

木胎研制，杯内髹红漆，杯外黑漆。纹饰设在杯内及口沿和双耳上。这种40件耳杯可分成大、中、小三种型号，中号杯内红漆地上绘黑漆卷云纹，中心书"君幸酒"三字，杯口及双耳以朱、赭二色绘几何云形纹，耳背朱书"一升"二字。器形线条圆柔，花纹流畅优美。另一种耳杯共20件，大号杯无花纹，仅有"君幸酒"三字，耳背朱书"四升"。小号杯10件，两耳及口沿朱绘几何纹。"君幸酒"漆耳杯是饮酒之具，人所共识。

漆画钟为旋木胎、圆体、小口、细颈、扁圆腹、有圈足，弧顶盖上有云状纹。钟内髹红漆，器表髹黑漆，并绘红色或灰绿色花纹。口沿和圈足饰红彩波折、水点纹，颈绘红彩岛形花纹，腹部用红漆和灰绿漆绘制卷云纹。盖面绘红色卷云纹政，底正中朱书"石"字。现藏湖南省博物馆。

三、漆布小卮

在漆卮中，最为精美珍贵者应属"漆布小卮"，所谓"漆布"指在麻布胎上刷漆制器，汉代把布胎称作夹料胎。漆布小卮的把和盖钮上均有鎏金铜环，器内红漆，器表黑漆，在盖面和卮壁上针刻云气纹，云气间隐约显露两个怪兽。卮高11厘米，口径9厘米。

四、凤鸟纹爵

此爵倾酒用的流甚宽大，与流相对的尾尖锐，口与流之间有伞形柱一对。器腹呈杯形，一侧有兽首鋬，器下有三刀形尖足。器身装饰鸟纹。

凤鸟纹爵是西周中期的饮酒器，原器通高 22 厘米，最宽 17.1 厘米，入藏于故宫博物院。

五、铜冰鉴

铜冰鉴是战国时期的一件冰酒器，原器 1978 年出土于湖北省随县曾侯乙墓中。曾侯乙墓出土了大量的青铜器，其造型和纹饰在继承商周以来的中原青铜文化传统的基础上有很大的创新。

铜冰鉴便是曾侯乙墓青铜器的代表器物，集中表现了曾侯乙墓青铜器新颖、奇特、精美的特征。

铜冰鉴的四足是四只动感很强、稳健有力的龙首兽身的怪兽。4 个龙头向外伸张，兽身则以后肢蹬地作匍匐状。整个兽形看起来好像正在努力向上支撑铜冰鉴的全部重量。鉴身为方形，其四面、四角一共有 8 个龙耳，作拱曲攀伏状。这些龙的尾部都有小龙缠绕，还有两朵五瓣的小花点缀其上。

在中国古代，人们喜欢温酒，温酒不伤脾胃。夏季也嗜喝冷酒，冷酒可以避酷暑。铜冰鉴是一件双层的器皿，鉴内有一缶。夏季，鉴缶之间装冰块，缶内装酒，可使酒凉。所以说铜冰鉴是迄今为止发现最早的、最原始的"冰箱"。当然亦可以在鉴腹内加入温水，使缶内的美酒迅速增温，成为冬天便于饮用的温酒。

六、觚

觚（gū）是流行于商代至西周初的饮酒器。整个觚体分为三段：上部器口与细颈为容体，中间的腹部为实心，考古学上称之为"假"腹，下面为圈足。这样的造型设计符合力学原理，使重心降低，增强了器物的稳定性，显得精巧别致而又不失沉稳庄重。商代酒器最基本的组合是一爵一觚，用以斟饮，也有与斝成组合的。其形制为圆柱形，器体较高且细，多为喇叭形，通体呈 X 形。商周时觚非一般饮器，有一典故为"不能操觚自为"，即指觚的多寡与饮者的身份地位、人品、酒量相关，只有高品位的人方可用此器。

七、对罍

对罍（lěi）是大型的盛酒器，又可盛水，在青铜礼器中占有重要的地位，《国风·周南·卷耳》中即有"我姑酌彼金罍"之语。《周礼·春官》载："凡祭祀……用大罍。"函皇父簋铭亦云"两罍两壶"，对罍 1973 年出土于陕西省凤翔县劝读村，从族徽、日名的习俗来看，此罍的作器者应该属于商遗民。铭文中提到"子子孙孙，其万年永宝用"，是典型的西周金文常见嘏辞，希望后世子孙世代昌盛，发扬家族荣耀，将此器永远流传珍用。

八、"晨肇贮"铜角

"晨肇贮"铜角为西周文物，通高 27 厘米，是目前所知角中最大的一件，故有"角王"之称；盖顶有半环钮，器口呈橄榄形，深腹圜底，三棱锥足，器腹一侧有兽首状鋬；盖及腹部有扉棱，其间采用"三层花"的手法装饰有云雷纹衬地的饕餮纹，颈部和足部则为蕉叶蝉纹，这是目前已知极少数使用三层花工艺的角之一，突出的扉棱在其他角器上也十分少见；盖与腹内壁对铭"晨肇贮用作父乙宝尊彝即册"12 字，是角、爵类器物中拥有 10 字以上铭文的极少数器物之一。

角为饮酒器或温酒器，从文献记载来看，应是一类容量较大，和爵、觯（zhì）等酒器按照一定配比，在祭祀或宴飨时依据使用者身份尊卑区别使用的容器。其流行时间较短，仅见于商周之际。因此，与其他类别的青铜器相比，传世和出土的角的数量极其稀少。该角构思巧妙，造型优美，纹饰富丽，通体发亮，制作工艺精湛，为同期青铜器中罕见的珍品，可谓青铜角中的翘楚。

九、凤柱斝

斝（jiǎ）是青铜礼器的一种，盛行于商周时期，一般为盛酒行裸礼（古代酌酒灌地的祭礼）之器，兼可温酒。

凤柱斝铸于商代晚期，原器通高41厘米、口径19.5厘米、重2.86千克，1973年出土于陕西省歧山县贺家村，现藏于陕西历史博物馆。

同墓葬出土青铜器共35件，凤柱斝是其中最为精美的。该斝侈口，口沿立双柱，三个三棱锥足，器底略向外鼓，两柱项端各置一圆雕高冠的凤鸟。鸟作站立状，冠耸立，圆目鼓睛，正在举目远眺，那娇美健壮的身躯和姿态，寓意着生命的活力，具有很强的装饰效果和艺术造型。腹部纹饰分上下两段，均为云雷纹组成的饕餮纹。这种分段式的斝，足的断面呈丁字形，与殷墟第二期同类器物相似，唯纹饰略有变化。

凤是鸟中之王，向来被人们当作祥瑞幸福的象征和爱情的比喻，早在3000多年前，已被人们理想化，并赋予种种神秘的色彩。凤鸟作为青铜器纹饰很普遍，这些纹饰变化多样、神态各异，显示出凤鸟不凡的风姿。但这些纹饰多为线雕，而凤柱斝双柱上的凤鸟则是圆雕，在这类酒器中颇为罕见，反映了3000多年前商代青铜造型艺术的高深造诣。

十、龙形觥

觥（gōng）是一种盛酒或饮酒器，《诗经》屡见其名，如《七月》："称彼兕觥。"觥最早出现在商代中晚期，一直沿至西周中期，西周后期逐渐消失。其形制有盖、有流、有鋬（pàn），下有方座或四足。觥的纹饰精美，大多有生动的动物花纹，在当时应是最贵重的器物。

龙形觥是商代酒器。高19厘米，长43厘米，宽13.4厘米，1959年石楼县桃花者村出土。通体呈龙形，前端为龙首，露齿昂翘，瞠目张角，龇牙咧嘴为流。盖面饰龙纹与前端龙首衔接，衬涡旋纹。腹两侧以涡纹和云纹为衬托，主纹饰鼍纹和夔龙纹，头向与龙首相反，颇富动感。一边一对贯耳用于悬挂；圈足饰相对的夔龙纹，更增稳定之感。特别是鼍纹在青铜器中极为少见，鼍即鳄鱼。是商代晚期"方国"青铜文化的代表作品。

在我国历史上还有一些独特材料或独特造型的酒器，虽然不是很普及，但具有很高的欣赏价值，如金、银、象牙、玉石、景泰蓝等材料制成的酒器。

明清时期以至中华人民共和国成立后，锡制温酒器广为使用，主要为温酒器。

夜光杯：唐代诗人王翰有一句名诗曰："葡萄美酒夜光杯"，夜光杯为玉石所制的酒杯，现代已仿制成功。

倒流壶：在陕西历史博物馆有一件北宋耀州窑出品的倒流瓷壶。壶高18.3厘米，腹径14.3厘米，它的壶盖是虚设的，不能打开。在壶底中央有一小孔，壶底向上，酒从小孔注入。小孔与中心隔水管相通，而中心隔水管上孔高于最高酒面，当正置酒壶时，下孔不漏酒。壶嘴下也是隔水管，入酒时酒可不溢出。设计颇为巧妙。

九龙公道杯：上面是一只杯，杯中有一条雕刻而成的昂首向上的龙，酒器上绘有8条龙，故称九龙杯。下面是一块圆盘和空心的底座，斟酒时，如适度，滴酒不漏，如超过一定的限量，酒就会通过"龙身"的虹吸作用，将酒全部吸入底座，故称公道杯。

渎山大玉海：专门用于贮存酒的玉瓮，用整块杂色墨玉琢成，周长5米，四周雕有出没于波涛之中的海龙、海兽，形象生动、气势磅礴，估测质量为1053—1178千克，容积为0.722立方米。据传这口大玉瓮是元始祖忽必烈置在琼华岛上，用来盛酒、宴赏功臣，现保存在北京北海公园玉瓮亭。

第 四 章
酒礼与酒俗

第一节　传统酒文化中
的礼与德

中国素有"礼仪之邦"的盛誉。自古以来，"礼"就成为对人们社会生活产生很大影响的总准则、总规范，并渗透到政治制度、伦理道德、婚丧嫁娶、风俗习惯等诸多方面。因此，酒行为自然也纳入了礼的轨道，受到礼的约束，并产生了酒礼。它是用以体现酒行为中的贵贱、尊卑、长幼乃至各种不同场合的礼仪规范的总和，一般要注意以下六忌：不适当地劝酒；"争强好胜"或"落井下石"；信口开河、口无遮拦；争论吵骂；当场呕吐或打瞌睡；久饮不休而忘了"适可而止"。且饮酒在古代就被纳入礼的轨道——"非酒无以成礼，非酒无以成欢"。翻开儒家三本经典《周礼》《仪礼》《礼记》，没有一页不提到礼，几乎也没有一页不提到酒的：祭祀要用酒、饮宴要用酒、用什么酒、何时用酒、用多少酒、如何用酒，规定得清清楚楚。

总之，古今中外的酒礼不尽相同，但均应视为观念、行为和现象，其目的是为了收到良好的效果。为此，理应做到态度诚恳，既是尊重自己，更是尊重他人。

一、古代酒礼

1. 祭祀之礼

"国之大事，唯祀与戎"，这是历代统治者奉行不悖的真理。戎，即兵戎，用于平服外患、镇压叛乱、维护统治秩序和社会安宁，被视为头等大事。且祭祀也为头等大事，让人不能不叹服统治者的智慧。说白了，戎是武的一手，是力；祀是文的一手，是礼。一文一武、一张一弛、交替使用、相得益彰，于是乎天下太平，统治者就可以高枕无忧了。

祭祀在古代中国有许多内容，天地鬼神、日月山川、列祖列宗，都要享受祭祀。各种祭祀有不同的名称，但有一点是共同的，即凡祭礼必有酒，酒在整个祭祀过程中扮演着重要角色。

统治者的祭祀活动离不开酒，下层百姓的祭祀活动也少不了酒。只要有祭祀，就会见到酒，可见酒和祭祀已经分不开了。

祭前备酒

"凡治人之道，莫急于礼。礼有五经，莫重于祭。"祭是五经之首，丝毫含糊不得，当然要郑重其事。古人祭前要做许多准备：首先祭祀的场所要打扫干净，家庙祠堂除了掸扫之外，如有破损还需修好；祭祀之人，事先要沐浴更衣，以示心诚；祭祀用具要洗涤、清理，不能缺损；祭祀用的三牲和酒是最重要的，不能怠慢；三牲必须活杀，死牲万万用不得，那是大逆不道的罪行。至于用酒，更有讲究，以周代为例。据《周礼》记载：掌管国家祭祀大典的官员称大宗伯，大宗伯手下有一大批官员作为助手，协助他掌管好祭祀大典，其中有专门管礼器的（司尊彝）、专门管几席的（司几筵）、专门管玉器等宝物的（天府）、专门管天子祭祀冕服的（司服）等等。各个环节可以说分工明确、职责分明。而专门负责酒供应的官员称酒正，隶属于天官，其责任是掌管有关酒的一切政令和作酒的材料。凡因公事所需的酒，由酒正发给造酒用料，供有关官员自行酿造。平时，天子设宴招待群臣，赐宴耆老、功臣、后裔……由酒正按规定准备，负责供应；逢到有祭祀，也由酒正负责备酒。因受技术条件限制，那时候酒的质量不如今天，都有渣滓，且按清浊程度将酒分为五等，称"五齐"，由浊至清依次为：泛齐、醴齐、盎齐、醍齐、沈齐，这五齐专供祭祀用。此外还有"三酒"之说：有事临时酿的酒为事酒，酿造时间较长的为昔酒，酿造时间比昔酒更长的，一般头年冬天酿造第二年夏天饮用的酒称清酒。这三酒主要是祭祀后供人饮用的。祭祀前，五齐、三酒都得准备好。"凡祭祀，以法共（供）五齐三酒，以实八尊"（《周礼·天官冢宰》），对于数量讲得十分清楚，要装满八个大樽。这还不算，还有更具体的规定：凡是祭上帝、先王的大祭祀，可以添酒三次；祭四望山川的中祭祀，可以添酒二次；祭风雨师的小祭祀，只可添酒一次。用酌盛酒于樽，都有规定数量。

列酒和酹酒

祭天地山川一般都在户外，例如历代帝王都热衷的泰山封禅（封为祭天，禅为祭地），不辞辛苦，千里迢迢跑到泰山去举行的是露天祭祀。而祭祖先一般都在室内，天子在太庙，百姓在家里（或称家庙）。野外祭祀，酒的陈列方法记载不详；室内祭祀，酒的陈列规定得极为明白："元酒在室，醴酏在户，粢醍在堂，澄酒在下。"（《礼记·礼运》）元酒指水；醴、酏指五齐中的醴齐、盎齐；粢醍指五齐中的醍齐；澄酒指五齐中的沈齐。水透明无色、最清，所以在最上；醴酏、粢醍、澄酒颜色依次变浅，于是依次往下降。

所谓室、户、堂，和我国古代建筑特点有关。中国古代建筑，往往是堂室结构，坐北朝南，堂和室建在同一个堂基上。堂基的大小高低，取决于主人地位的尊卑，主人地位高，则堂基大台阶高，反之，则堂基小台阶低。堂和室的上方为同一个房顶覆盖，堂在前，室在后，堂室之间隔着一道墙。墙外属堂，墙内属室。这道墙靠西边有窗（牖），靠东边有门（户）。堂的东北西三面有墙，东墙叫东序，西墙叫西序，南边临院子敞开，式样仿佛今日的戏台。堂的中间一般有两个大明柱（楹），堂上不住人，是议事、行礼、交际的场所。寝室住人，庙室祭祖。但对一般下层人民来说，没那么多讲究。

祭祀活动通常在室内进行。打开室门进去，迎面看到的是室的西墙，那是供祖先神位的地方，最尊贵，即"元酒在室"。理所当然，"澄酒在下"，则指的是堂之下，是最卑下的了。上下尊卑是礼教的核心，且在祭祀活动中表现得最明显。古人在室内座次以东向为上，其次才是南向、北向和西向，所以，室内神主牌位都是放在东向让人跪拜。有的人家世系绵长、人丁兴旺，神主牌位东向墙上置放不下，那也有办法，则分昭穆排放，始主仍在东向墙上不动，以下父、子（祖、父）递为昭穆，左为昭，右为穆，依次排列，也即第二、四、六代祖牌位在南向，第三、五、七代祖牌位在北向。祭祀时，子孙也按这种规定排列行礼，"祭有昭穆，昭穆者，所以别父子，远近，长幼，亲疏之序而无乱了"。（《礼记·祭统》）

祭祀时要献三次酒，称为三献，一边献一边口中还要祈祷，不可没有声音。第一次献泛齐，第二次献醴齐，第三次献盎齐。大夫和士不能像天子、诸侯那样奉神主，他们供奉的对象是尸。这尸不是尸体的尸，而是主的意思。祭祀祖先，不见亡亲形象，哀慕心情难以宣泄，于是就以兄弟中一人为尸主，用他来代替死者的形象，作为行祭施敬的目标，后世用画像代替了"尸"。祭祀者向"尸"行三献之礼，以示心诚。祭祀之礼的最后一道程序是酹酒。苏轼词有"一樽还酹江月"（《念奴娇·赤壁怀古》），因在长江上，当然只能酹江月。一般祭祀都要以酒酹地，祝祷之后必须以酒酹地，才意味着祭祀结束，与祭的人才能开始食飨，否则祭祀不能算结束。酹酒也有仪式，必须恭敬肃容，手擎杯盏，默念祷词，然后将酒左、中、右分倾三点，再将余酒洒一半圆，形成个三点一长钩的"心"字，表示心献之礼。

2. 宴饮之礼

宴，在古籍中也同燕。而筵本意是指铺在地上的坐席，后来延伸为宴。所以，宴饮、燕饮、筵饮，在古人眼中是同一回事。

中国人好客，常设宴款待客人。设宴之风源远流长、绵延不断，上至天子诸侯，下至贩夫走卒、引车卖浆者，人人都设过宴、赴过宴。伴随宴饮活动，产生了许多相应的礼节。

入席

古人设宴对座次安排十分讲究，主人坐什么位子，客人坐什么位子，都有严格规定，乱坐就有喧宾夺主、以下犯上之嫌。《史记·项羽本纪》就记载了座次安排的尊卑观念。鸿门宴上，项羽、项伯东向座，亚父（范增）南向坐，沛公北向坐，张良西向侍。项羽是主位，东向坐，而南面为上，坐的是亚父范增，显示项羽对范增的尊敬，张良地位最低，不能称坐而称侍，意思是与今天的侍从差不多。

宴饮必定论资排辈，以别尊卑长幼。南北方座次虽略有不同，但上座则完全相同。同样是上座，还有左右区别，以右为尊。如《史记·汉文帝纪》就有右贤左戚的记载，这里的右与左，古人韦昭的注释是右犹高，左犹下也。颜师古注：右亦上也。沿袭古制，今人也视右席为上席，无论北方南方，座次排列，其右面都是单数，而左面则是双数。但是左右之分只是相对而言，还得服从上下之分。宴饮时，必须得上座者入席后，其余人方可入席就座，否则被人认为是失礼。时代发展到今天，建筑式样、家具式样都发生了很大变化，礼节也发生了变化，完全照搬古人宴饮礼仪既无必要，也很困难，于是人们在日常生活中逐渐形成了变通的、新的宴饮座次礼仪。古人在堂上向南为尊，在室内以东为尊，说穿了就是面对门，视野不受阻为尊，今人沿袭了这个礼仪，以面对门为上座，不去管东南西北。万一面对门的座位不大宽敞，则以最宽敞、少受干扰的座位为尊，将贵宾安排在此座，以示对客人的尊敬。当然，客人入席在先的礼仪仍旧未变。

献报酬

入席后，主人得先给客人斟酒，以示礼貌。斟酒次序是先长后幼。俗话说：浅茶满酒，酒可以比茶斟多些，但也以八分不溢为敬。给客人一一斟完酒后，主人才给自己斟。有的主人不善饮，甚至滴酒不能沾，则可以请一位善饮的亲友代为陪饮，也可以以茶或其他饮料代酒，但无论是陪饮或代酒，主人均得主动向客人打招呼，征得客人同意，否则为失礼。

宴饮正式开始时，主人必定先恭敬肃立，擎起酒杯向客人敬酒，这叫作献，客人也必定站起来擎起酒杯表示回敬。主人口称：先干为敬，将杯中酒一口干掉，尔后将酒杯倒转以示一滴不剩的诚心待客，客人纷纷响应，也将各自的酒干掉。客人饮毕，需回敬主人，再给主人斟酒和给自己斟酒，此为报（也称酢）。然后为劝客人多饮，主人再先饮以倡之，称酬。此种礼仪，由来已久，至今仍在沿传。古人习惯席地而坐，今日所见桌椅，南宋时才广泛采用。南宋以前，因坐姿关系，宴饮干杯时宾主均不起立，各自举杯，邀齐同饮即算干杯。今人干杯，往往要碰杯，而且要碰出响声，逢到碰杯，主客都要站起来，面向对方正视，才算礼貌，否则为失礼。

3. 作客之礼

作客之礼有很多，《礼记》就有详细的规定，依今天的眼光来看，它真是琐碎得厉害，要想全部做到实在太难而且没有必要，但剔除其不合理部分，合理部分还是应当继承的。事实上，我们今天生活中许多作客礼节也确实是从《礼记》等古书中传承下来的。

作客之礼依宴饮顺序大致有以下内容：

宴饮前，要精心做好准备，衣冠整洁，不要迟到，以免让主人和其他客人久等，即使因某种特殊原因而迟到，到达后也应该主动向主人和其他客人讲明，并致歉意，以此体现自己的诚意和修养。

落座时，应等主人招呼才落座，切忌大大咧咧、目中无人，随意找个位置坐下，那是失礼的。碰杯时，客人的酒杯以略低于主人酒杯，小辈的酒杯低于长辈的酒杯，以此为敬。干杯时，必须起立正视对方，碰响杯子，并喝干自己杯中的酒，才能落座。有的人不胜酒力，遇到有人敬酒干杯不站起来，这是失礼的。即使不干，也得举杯起立答礼，表示感谢。

"酒逢知己千杯少"，酒宴上经常会看到这种亢奋热烈的场面，每到这时，客人须及时提醒自己掌握分寸。酒是特殊饮料，既有益于人，也有害于人，是有益还是有害全在于如何把握。对客人可以适当劝酒，不宜频频相劝，各人酒量不同，频频劝酒难免醉倒，不论是自己还是他人醉倒，都是失礼。有人以为酒宴上非得有人醉倒才够味，拼命劝酒，甚至掺假，以水代酒等来灌醉对方，这就带点恶作剧味道了。

宴饮时，要注意谦让，特别对老人、女性、儿童适当予以照顾。"凡尝远食，必须近食"，注意吃相，不能只顾自己不顾他人。

二、古代酒俗

在历史漫漫的发展长河中，人们为了生活和生产的需要，要互相交往。互相交往的结果，就是产生了一些约定俗成的礼节和风尚，这种礼节和风尚就是风俗。它虽然不是法律手段强制实施的，却有着巨大的约束力，和其他文化现象一样也打着统治阶级的烙印。以酒俗为例，就有着不少封建迷信的内容。

中国人喝酒已有几千年传统，喝酒的人上至帝王将相、达官巨贾，下至贩夫走卒、市井小民，社会层面如此广，喝酒的机会自然就多，婚丧嫁娶、饯行接风、造房上梁、喜得贵子等等，可以说中国人日常生活和社会活动都与酒结下了不解之缘，并形成丰富多彩的酒俗文化。

1. 婚嫁之俗

婚嫁是人生中的大事。"洞房花烛夜"是古代文人一生中的一大喜事，特别受重视。《仪礼》中就载有一卷《昏（婚）礼》，不厌其烦地规定繁琐而又庄重的程序，反映人们对婚嫁的重视。

古代婚俗大致要经过这么几个过程：

纳彩：男女两家先要经过媒人互通意向。

纳吉：如双方满意，就可以择日下定礼。

纳征：下定礼后，再过一段时间便可以送彩礼、嫁妆。

婚嫁：即两个家庭的联姻，双方家长主观愿望都是为子女好，所以一般男方下定后女方必有回定，男方下财礼，女方必有嫁奁。

请期：接下来就是确定娶亲日期。

亲迎：也称大礼，就是男方迎娶新娘，那是相当紧张热闹的。

最后，喜堂上的仪式完毕之后，众亲友及贺客纷纷入座尽兴喝喜酒，婚礼进入高潮。酒席上，众人必定要缠住两位新人喝交杯酒。交杯酒古称合卺，即用瓠（葫芦）分两半，当作酒杯，婚礼时用彩线连接卺的柄端，两人饮酒后合成一体，象征夫妇相亲相爱、风雨同舟。这个习俗到了宋代才改用两只杯子，但仍用红线连接，新夫妇各饮一杯，以示合欢，合卺也从此改称交杯酒了。新夫妇这天必定是既兴奋又羞涩，一切行动听凭亲友支配。有的地方对交杯酒的杯子处置非常有趣，要将杯子掷于床下，验其俯仰，如杯子一俯一仰，就意味着天覆地载、阴阳和谐，是大吉大利之兆，亲友们会热烈祝贺。但这一俯一仰不可能每次都有，后来干脆一俯一仰预先安于床下，取大吉大利之兆，亲友们当然照样祝贺，掀起婚礼的最后高潮。

2. 诞生酒俗

中国的家庭结构都是以血缘关系为纽带组成的，添丁进口意味着血缘关系得到继承，家族延续得到保证。所以婴儿还未降生，就会引起父母及整个家族的重视，忙于准备襁褓用品，乐孜孜地思考给婴儿取一个吉利的名字。婴儿一朝降生，接着就有相当隆重的祝愿仪式。婴儿诞生礼仪和其他礼仪不同之处在于持续时间相当长，从婴儿诞生一直到一周岁，其主要内容有满月、百日、周岁。

满月酒

孩子满月当天，家里有祭祖祀神、摆酒请客，这酒宴就称满月酒。届时孩子母亲抱着孩子出来接受亲友的祝贺，家里要向邻里亲友赠送染成红色的红鸡蛋。孩子满月必须剃头。剃头也很有讲究，因婴儿囟门柔软，不能剃，只将周围剃净，为讨吉利，许多地方给剃头理发师另加犒赏。理完发后，在场亲友要轮流抱一抱婴儿，然后团团坐下喝满月酒。按常规，参与喝满月酒的长辈、亲友要给婴儿一些礼物，如衣物、鞋帽和吉祥物，依经济能力而定。吉祥物一般有金木鱼、银手镯、玉挂件、长命锁等。长命锁往往刻着状元及弟、长命富贵、五子登科等祝愿辞句。

周岁酒

婴儿长到一周岁时，俗称周晬，或抓周、得周，这一天照例得办酒庆贺。

《红楼梦》中就有一段描述贾宝玉周岁时"抓周"的风俗："那周岁时，政老爷试他将来志向，便将世上所有东西，摆了无数叫他抓。谁知他一概不取，伸手只把些脂粉钗环抓来玩弄，那政老爷便不喜欢，说将来不过是酒色之徒，因此不甚爱惜。"

3. 祝寿酒俗

逢十做寿办寿酒，这一习俗由来已久，特别是自六十以后，越往后，寿酒规模就越大。因为六十一转为甲子，人活到七八十，其儿孙满堂、家成业就，经济上也已无忧虑，何况老人健康，也是做子孙的福气，所以儿孙们也乐于搞得热闹丰盛。届时，寿堂上高挂寿星图，贴上祝寿对联，点燃寿烛，几案上放寿桃、寿糕、寿面，做寿老人换上新衣新鞋，端坐堂前，依次接受儿孙的跪拜。不仅如此，倘若是高寿老人，连街坊邻里、亲戚朋友都会来拜贺，希冀沾些喜气。拜寿完毕，摆开酒宴，大家畅饮，当然寿公公（婆婆）是一定端坐上席的。

4. 丧事酒俗

丧事又称"白喜事"，它是相对"红喜事（婚嫁）"而言的。能称上白喜事的丧事有个前提，即死者必须高寿而亡，一般讲在七十岁以上。如果中年丧夫（妻）、老年失子，都属悲痛之事，那是不能称"白喜事"的。按旧时习俗，老人仙逝后，全家要操办一系列的事：洗尸、换衣、上供、报丧、守灵、吊唁、入殓、送葬。整个礼仪要持续好几天，不仅花费多，操办人也非常辛苦。说旧时丧葬礼俗劳民伤财，毫不过分。在治丧过程中，丧家必办酒席，这桌酒俗称"豆腐饭"，菜肴以素斋为主，赴席者还在丧事的悲痛中，所以按例不能猜拳、行令及大声喧闹嬉戏，当然也不能劝酒。

在中国，很多民俗活动因受社会政治、经济、文化发展与变迁的影响，其内容、形式乃至活动情节均有变化，唯有民俗活动中使用酒这一现象则历经数代仍沿用不衰，同时也形成特定的酒宴，如：

生期酒

老人生日，子女必为其操办生期酒。届时，大摆酒宴，至爱亲朋、乡邻好友不请自来，携礼品以贺之。酒席间，要请民间艺人（花灯手）说唱表演。在贵州黔北地区，花灯手要分别装扮成铁拐李、吕洞宾、张果老、何仙姑等八个仙人，依次演唱，边唱边向老寿星献上自制的长生拐、长生扇、长生经、长生酒、长生草等物，献物即毕，要恭敬献酒一杯，诸"仙人"与寿星同饮。

会亲酒

即订婚仪式时要摆酒席。喝了"会亲酒"，表示婚事已成定局，婚姻契约已经生效，此后男女双方不得随意退婚、赖婚。

交杯酒

是我国婚礼程序的一个传统仪节。"交杯"在古代又称为"合卺"（卺的意思是一个瓠分成两个瓢），《礼记·昏义》有"合卺而醑"，孔颖达解释道："一个瓠分成两个瓢谓之卺，婿之与妇各执一片以醑（即以酒漱口）"，合卺又引申为结婚的意思。在唐代即有交杯酒这一名称，到了宋代在礼仪上，盛行用彩丝将两只酒杯相联，并绾成同心结之类的彩结，夫妻互饮一盏或夫妻传饮。至于婚礼上的"交臂酒"，则是为表示夫妻相爱，即在婚礼上夫妻各执一杯酒，手臂相交各饮一口。

回门酒

即结婚的第三天，新婚夫妇要"回门"，回到娘家探望长辈，娘家要置宴款待。回门酒一般只设午餐一顿，酒后夫妻双双把家还。

百日酒

是中华各民族普遍的风俗之一，这是婚嫁酒仪式的自然衍生。生了孩子到百日时，需摆几桌酒席，邀请亲朋好友共贺，亲朋好友一般都要带礼物，也有送上红包的。

梳头酒

某些地区时兴"吃梳头酒"，这是一种结婚的礼仪。新婚三日，女方家的亲戚来到男家，进上房见礼，然后在男方家事前搭好的彩棚内按长幼顺序就坐。男家端上果品款待，然后再上菜、敬酒。但是按俗礼要求，大家均不动筷，待新郎按桌磕头行礼后，放赏封散席。所以人们常把吃梳头酒称为"望宴席"。

月米酒

妇女分娩前几天，要煮米酒1坛，一是为分娩女子催奶，一是款待客人。孩子满月，要办月米酒，少则三五桌，多则二三十桌，酒宴上烧酒管够，每人另有礼包 1 个，内装红蛋等物。

祭拜酒

涉及范围比较宽泛，一般来讲有两类：一是立房造屋、修桥铺路要行祭拜酒。凡破土动工，有犯山神、地神之举，就要置办酒菜，在即将动工的地方祭拜山神和地神。鲁班是工匠的先师，为确保工程顺利，要祭拜鲁班。仪式要请有声望的工匠主持，备上酒菜纸钱，祭拜以求保佑。工程中，凡上梁、立门均有隆重仪式，其中酒为主体。二是逢年过节、遇灾有难时，要设祭拜酒。除夕夜，各家各户要准备丰盛酒菜，燃香点烛化纸钱，请祖宗亡灵回来饮酒过除夕。此间，家里所有人以长幼次序磕头，随及肃穆立候于桌边，三五分钟后，家长将所敬之酒并于一杯，洒于供桌前，祭拜才算结束。此时，全家才能起勺用餐。在民间，若有了灾难病痛，都认为是得罪了神灵祖先，就要举行一系列的娱神活动，乞求宽免。其形式仍是置办水酒菜肴，请先生（也有请花灯头目）到家里唱念一番，以酒菜敬献。祭拜酒因袭于远古对祖先诸神的崇拜祭奠。在传统意识中，认为万物皆有神，若有扰神之事不祭拜，就会不得清静（祭拜酒中的一些现象，因属糟粕一类，已逐渐消失）。

酒礼与酒德密切相关，酒礼要突出一个"敬"字，而失礼就有失德之嫌。古人提倡"洁樽肃客""三揖""三让"，座中应长幼有序、气氛和谐。下献酒于上称"寿"，向尊长、有德者及敬仰的同辈敬酒，并致尊敬、美好之辞，称为"奉觞上寿"。所以讲敬让、礼仪之饮才算得上有酒德。

酒德，即酒行为的过程中所要具备的道德，它与酒礼可谓互为表里、相得益彰。龚若栋先生认为："如果说礼是中国酒文化内核的话，那么酒德就是中国酒文化的外壳。"此话颇有见地。古人认为，酒德有凶和吉之分。周公《十三经注释》所反对的是酗酒的酒德，所提倡的是"毋彝酒"（《尚书·酒树》）的酒德。所谓"毋彝酒"，就是不要滥饮酒。那么怎样才算不滥饮呢？被后世尊为圣人的孔子说各人饮酒的多少没有什么具体的定量与标准的限制，以饮酒之后神志清晰、形体稳健、气血安宁、皆如其常为限度。"不及乱"即为孔子鉴往古、察当时、成来世提出的酒德标准，先秦时符坚的黄门侍郎赵整目睹符坚与大臣们泡在酒中，就写了一首劝戒的《酒德歌》，使之能迷途而返，接受劝谏。

　　酒德对于塑造人们的文明礼貌之作用也同样地不可忽视。古人吴彬在《酒政》中提出饮酒要禁忌"华诞、连宵、苦劝、争执、避酒、恶谑、喷秽、佯醉"。

　　古今医学从保健的角度也极为提倡酒德。战国时期的名医扁鹊、唐朝"药王"孙思邈、明代大医药家李时珍都重视酒德。而且，现代医学也总结了不少科学饮酒的方法。

　　总而言之，我们不提倡封建社会属于糟粕的那种"敬老尊上"，但是正常的"敬老尊上"之礼仍是必要的。制止滥饮，提倡节饮，文明、科学饮酒，这才是中国酒文化所提倡的饮酒之德。

　　除此之外，酒德还反映在酒的酿造和经营相关的行为上。按现在的话来说，就是酒的酿造要严格按工艺程序和质量标准去做，不能偷工减料、以次充好；酤酒必须货真价实、不缺斤少两。我国许多传统名酒之所以千百年盛誉不衰，一个根本的原因就是始终保持重质量、重信誉的高尚酒德。

　　中国酒史如此之长，且尚酒之风又如此普遍，但酗酒之害却并不算很严重，这一点与西方国家大不一样。其中很重要的原因之一就是：中国从周代就大力倡导"酒礼"与"酒德"，并设有酒官，把禁止滥饮、防止酒祸法律化，从而保证了中国酒文化始终沿着可控的方向发展。原因之二就是：中国历代的"禁酒"主要是从"节粮"这个角度提出来的，其出发点的定位是十分正确的。当年大禹"疏仪狄，绝旨酒"，正是出于这样的目的，以此避免天下因为缺粮而祸乱丛生、危及社稷。此后历史上有过很多次大规模的真正禁酒，如齐景公、汉文帝、汉景帝、曹操、刘备、西晋赵王、北魏文成帝、北齐武成帝、北周武帝、隋文帝、唐肃宗、元世祖、明太祖、清圣祖等时的禁酒，绝不仅仅因为酗酒会造成社会治安问题，而主要是为了备战积聚粮草，或是天灾人祸、"年荒谷贵"使然。所以每次禁酒基本上都能令行禁止、收效显著。相比之下，西方社会的大规模禁酒运动只是从试图改善社会矛盾和保护人身健康的角度提出来的，所以屡禁不止。这说明西方酒文化从概念上来说也缺乏中国酒文化所具备的博大精深的内涵和特征。

　　总之，喝酒的是非曲直，主要以量来定性。饮之适度是雅致；喝过了头、乱了性则既糟蹋了酒又糟蹋了身体。因此，饮之有节是酒德的核心内容之一，凡饮酒者应自珍自爱，以理智管好自己，并上升至人格修养的高度。

综观中国酒文化的酒礼和酒德，固然有许多必须摒弃的东西，如尊卑等级观念、繁文缛节，以及带有形形色色的封建迷信色彩的仪式与活动等，但客观地剖析，酒礼和酒德仍有许多值得继承和发扬的精华，如尊敬父兄师长，行为要端庄，饮酒要有节制，酿酒、酤酒要讲质量、重信誉等等。

第二节　现代酒礼与酒俗

一、安排酒会应注意的礼仪

酒会的可塑性很强，可针对不同的家庭条件和经济状况，选择合适的规格。根据主办者的意愿，酒会可以一切从简也可以大操大办，这对于那些需多方操心、不无惊惶的主人来说，颇有选择余地。一般来讲，即使是最小型的酒会，它的目标也是建立新的社交关系或稳固同那些乐于时常见面的人的交情。换言之，酒会是一种有效的社交润滑剂。

酒会的一种功能便是提供异性交谊的机会，这是由来已久的传统。高度的流动性使酒会成为一种无以与之媲美的男女交际场所。如果这是酒会的一个目的，那就应该安排跳舞，并邀请许多单身男女。但若酒会是为欢迎某些老朋友的归来而举办，那么请来的客人就应该是同他们熟识的人，并要鼓励客人们相互交谈。这时，安排一个小型或中型的鸡尾酒会不失为明智的选择。酒会之后，还可以请贵宾和其他少数客人同主人共进晚宴。

很多主人把酒会看作是一种对别人曾对自己的殷勤款待的绝好的回报机会。的确，如果你曾在别人家中受到设宴款待，那么你也应该请他们到自己家里来吃饭。也就是表明，你想继续这种友好的往来。然而，假若你只想感谢他们的盛情招待，而不准备发展这种关系的话，那就不妨邀请他们参加酒会。

酒会也是进一步发展友情的场所。人往往怯于邀请一位不甚相识的人参加宴会，这也是情理之中的事情。几个小时的紧张应酬，尽管是令人愉快的，但对任何朋友关系都是一种考验。那种不甚相识的特殊关系也许就因为不熟而经不起考验，但在酒会上却能一切顺利。相识——尽管可能会大吃一惊——但仍会愉快地接受邀请，而且还有一屋子的人帮助招待这些新相识的人，使主人可以宽心。如果友谊的种子从中萌发，那么这一邀请肯定会得到回报，这就表明交际之门已经打开。而若事情的发展并非如此，那也不会有人对这么一次晚会而耿耿于怀。

易犯的错误。许多促使酒会成功的因素往往也会成为导致酒会失败的原因，记住这一点同明确酒会的目标同等重要。屋里过于拥挤会使谈话难以顺利地进行，对于那些岁数大的人，不会喜欢持续站好几个小时。在一个大型酒会上，应约而来的客人倘若无人相识，他们会因为主人顾不上招待他们而不悦。酒会的风格应该考虑到客人的特点：一位18岁的姑娘可能乐于挤进一大群殷勤的青年男子中，而她祖母的要求和期望就截然相反了。但是，一位考虑周到的主人完全可以在同一个酒会上对这两种客人区别招待，使他们各得其所。

二、不同酒会的准备

酒会可分为两个不同的类别：正餐之前的酒会（或称鸡尾酒会）和正餐之后的酒会。后一类可能还包括跳舞，有时还可能有夜餐，也可以是一项相当正式的活动。

鸡尾酒会，一般是始于下午18时或18时半，进行两小时左右的那类聚会的名称。在这种酒会上，可以只提供一种雪利酒，或一种香槟酒，或红葡萄酒和白葡萄酒，以及一种混合葡萄酒或各种烈性酒和开胃酒。此外，至少还要有一种不含酒精的饮料。食品包装与盛放从简，而且要做得使人拿取方便。鸡尾酒会的一个特点是通常有明确的时间限制，这要在请帖上写明；客人要是逗留，就与礼节有悖了。鸡尾酒会的人数安排，可从十几人至百余人不等。

正餐之后的酒会，通常在晚上21时开始，一般不规定客人告辞的时间。在请帖上，甚至在口头邀请中都不用"酒会"一词，通常只说"聚会"。在印制的请帖中，最常见的是用"家庭招待会"一词。如果还有跳舞，有时也要在请帖上注明。一般默认客人都已用过晚餐，因此很少需要供应食品，但若是较为大型或正式的酒会，就可能还有夜餐。

这种酒会通常都要播放音乐，而且常常腾出地方以供跳舞。如果是大型酒会，跳舞也是一项重要的内容——那就不妨租用一个唱片柜。

在饮料方面，除雪利酒可能没有之外，其他均与鸡尾酒会相同。

三、赴酒会的礼仪

对于一个酒会，主人要尽量将各方面照顾周全，同样作为赴酒会的客人也要注意相关方面的礼仪，给他人留下好的印象。"我可以带个朋友来吗？"一位客人会向主人提出这样的问题，这是几乎所有聚会都难免遇到的事情。客人固然可以提出这样的要求，但主人也有拒绝的自由。可实际上，很多主人讲不出口。因此，客人婉转地要求多发一份请帖即可，只要确信这样做并无不便。通常，主人都希望有尽量多的男宾光临，所以多带男宾来几乎总是受欢迎的。但是，一位男宾若想带一位女子参加聚会，那在提出要求之前应该慎重考虑一下：他可能因为是一个没有什么牵连的男子才受到邀请，主人会因为他的安排被打乱而感到不快。出于各种各样原因，一位女子在提出是否可带另一位女子赴会之前也应该认真考虑，因为主人可能不想邀请与自己不相识的人。

主人可能出于个人理由而反对增加客人，于是客人应该完全放弃这种要求。事先未同女主人商量自带一个或几个朋友参加聚会，这是很不礼貌的行为，即使是在非常大型和非正式的聚会中也是如此。因此作为客人要十分注意这一点。

瓶酒会是一种大部分饮料由客人自带的一种"野鼠"的招待会形式。这种形式在学生和年轻人中特别流行。

参加瓶酒会，男宾必须携酒。如男女偕同赴会，则男宾所携之酒可代表他们两人。单独赴会的女宾在这一点上可灵活一些：如果带上一瓶酒，固然很受欢迎；如果不带，也不会将她拒之门外（有些妇女不好意思被人看见拎着个显出酒样的包）。但是，如果几个女子结伴同往，一定得带些酒。

到这种酒会上最常见的是葡萄酒。如果带的是烈性酒，特别是威士忌，就会被认为是一种特别的请客举动而受到欢迎。出于对所有参加者第二天的状况着想，应该避免用酒市场上的底脚酒；各种家酿的酒也不宜拿出来，不管酿制者对自己的手艺是如何地感到骄傲。啤酒，最好是大罐装的，很受欢迎。

到达酒会地点之后，每位客人应将带来的酒交给主人，或者放在充当酒吧的桌子上。如果客人把自己带来的酒留下自己受用，那实在是太有失礼节了。尽管瓶酒会是一种在某个方面共同合作的酒会，但仍应由发出邀请的一人或数人主办，主客之间的正常礼节仍应遵守。

四、倒酒亦有道

在饮酒宴上，倒酒是要有一定礼仪的。过去均以斟八分不溢为敬，客人则要少饮，以免喝醉了对主人失礼；而主人则恰恰相反，往往是"劝君更进一杯酒"，尽量让客人多饮一些。而且，今人倒酒每每都倒满，如果主人不善饮，还都要请亲朋好友来坐陪，男客由男子陪，女客由女子陪。

具体来讲，在倒酒的程序、倒法及杯中的酒量方面，主要应该注意以下几点：

倒酒程序

若是用软木塞封口的酒，在开瓶后，主人应先在自己的杯中倒一点点，品尝一下是否有坏软木味。如果口味欠纯正，应另换一瓶。如果是白酒，这个程序就可以省略了。倒酒时，应先首席客人后其他宾客。通常按逆时针方向，在每一个客人的右侧逐一倒酒，最后给自己倒酒。

倒酒时注意将商标向着客人，不要把瓶口对着客人。如果倒汽酒可用右手持杯略斜，将酒沿杯壁缓缓倒入，以免酒中的二氧化碳迅速散逸。倒完一杯酒后，应将瓶口迅速转半圈，并向上倾斜，以免瓶口的酒滴至杯外。

"茶七酒八"

针对茶杯、酒杯中的茶或酒应倒至何等程度而言，白兰地只需倒至三分之一杯或更少些；红葡萄酒倒至大半杯即可，例如评酒时有"大半试样"之说，是指倒酒至三分之二杯为宜。

五、宴会祝酒的礼仪

一般说来，一个酒宴总有一个核心话题，这样，在饮第一杯酒以前，需要致祝酒词。

祝酒词要紧紧围绕酒宴的中心话题。假如老友聚会,可以说:"此时此刻,我心里感激诸位光临。我极为留恋过去的时光,因为这里有着令我心醉的友情,但愿今后的岁月能一如既往。来吧,让我们举杯相碰,彼此赠送一个美好的祝愿。"祝酒词必须简短、凝练,有内涵。上述那几句很短的祝酒词会勾起彼此间温暖的回忆和向往,为后面的宴饮创造美好的气氛。

祝酒词还要带一点幽默的色彩,这样有利于彼此间的对话和交流。祝酒词应略加修饰,但不可过分矫揉造作,祝酒词可以事先有所准备,但最主要还在于临场发挥。

六、劝酒

中国人的好客在酒席上发挥得淋漓尽致,人与人的感情交流往往在敬酒时得到升华。中国人敬酒时,往往都想对方多喝点酒,以表示自己尽到了主人之谊,客人喝得越多,主人就越高兴,说明客人看得起自己,如果客人不喝酒,主人就会觉得有失面子。有人总结道,劝人饮酒有如下几种方式:"文敬""武敬""罚敬"。这些做法有其淳朴民风遗存的一面,也有一定酒文化糟粕的成分。

"文敬":是传统酒德的一种体现,即有礼有节地劝客人饮酒。

酒席开始,主人往往在讲上几句话后,便开始了第一次敬酒。这时,宾主都要起立,主人先将杯中的酒一饮而尽,并将空酒杯口朝下,说明自己已经喝完,以示对客人的尊重。客人一般也要喝完。在席间,主人往往还分别到各桌去敬酒。

"回敬":这是客人向主人敬酒。

"互敬":这是客人与客人之间的"敬酒",为了使对方多饮酒,敬酒者会找出种种必须喝酒的理由,若被敬酒者无法找出反驳的理由,就得喝酒。在这种双方寻找论据的同时,人与人的感情交流得到升华。

"代饮":即不失风度,又不使宾主扫兴的躲避敬酒的方式。本人不会饮酒,或饮酒太多,但是主人或客人又非得敬上以表达敬意,这时就可请人代酒。代饮酒的人一般与他有特殊的关系。在婚礼上,男方和女方的伴郎和伴娘往往是代饮的首选人物,故酒量必须大。

为了劝酒,酒席上有许多趣话,如"感情深,一口闷;感情厚,喝个够；感情浅，舔一舔"。

"罚酒"：这是中国人"敬酒"的一种独特方式。"罚酒"的理由也是五花八门。最为常见的可能是对酒席迟到者的"罚酒三杯"。有时也不免带点开玩笑的性质。

七、酒会禁忌

1. 即使提前一分钟也不好；或者于预定结束时间前 15 分钟才到，然后又待了一小时，明明主人已经因招待客人而疲惫，还硬拖着不走。

2. 用又冷又湿的右手和人握手（记得请用左手拿饮料）。

3. 右手拿过餐点，却还没抹干净就和人握手（请用左手拿餐点，要不然，吃完就应立刻用餐巾把手仔细擦干净）。

4. 和别人说话时东张西望，好像深怕错过哪个重要的人物，这是非常不礼貌的（但是在鸡尾酒会上，这种错误却很常见）。

5. 硬拉着主人讨论严肃话题，说个没完。要知道，主人还有更重要的事做，没工夫与一个人闲聊整晚。

6. 抢着和贵宾谈话，不让别人有搭讪的机会。

7. 把烟灰弹到地毯上，或拿杯子当烟灰缸，用完就不管了。

8. 霸占餐点桌，以致别的客人没机会接近食物。

第三节 少数民族饮酒的礼俗

在人类社会中，任何一种饮食方式都会受到社会结构和文化特征的影响，从而形成不同的饮食规则和食物习俗。在众多的食物中，酒的饮用规则和饮用习俗又是最为复杂、最具文化特色的，少数民族饮酒的礼俗更是新奇。

一、独特的饮酒方式

1. 羌族

羌族聚集在我国四川茂汶羌族自治县。遇有喜庆日子或招待宾客时，他们会抬出一个大坛子，放在地面。人们围坐在坛子周围，每人手握一根竹管或芦管，斜插入坛中，一边谈笑一边从坛子里吮酒汁。由于管长达数尺，人们围坐的圈子较大，所以五六个人甚至七八个人可以同时吸吮，气氛十分热烈。有时饮一会酒，又起身跳一会锅庄舞，再继续饮酒，这种饮酒被称作饮咂酒，贵州苗族也喜欢饮咂酒。

2. 彝族

彝族人有饮"转转酒"和"杆杆酒"的习俗。转转酒就是指在饮酒时不分场合地点，也不分生人、熟人，席地而坐，围成一个一个圆圈，端着酒杯，依次轮饮。关于转转酒的来历，有这样一个传说：在一座大山里住着汉、藏、彝三个汉子，他们和睦相处，结拜为兄弟，汉族为大哥，藏族为二哥，彝族为老三，每年过节都团聚在一起。有一年三弟彝族开荒收获了许多荞子，磨荞面后煮了很多，请二位兄长前来进食，第一天没有吃完，第二天泛出了浓烈的酒香，舀进碗后，三兄弟你推我让，谁也舍不得喝，从早转到晚，没有喝完。后来有神灵告知，只要辛勤劳动，喝完后就会有新的。于是三人就转着喝开了，一直喝得酩酊大醉。后来相沿成俗，流传至今。

杆杆酒即每年逢喜庆节日，彝家的女子就抱着一坛酒，插上几支锦竹管或麦管，在家门口的路边上，劝过往行人喝上几口才让他们继续赶路，喝过的人越多，这家主人就越光彩。

3. 壮族

壮族有一种特殊的饮酒方式叫"打甏"。据《岭外代答》载：邕州钦州壮族村寨，用小瓮干酝成浓糟，贮存起来。客人来了，先在地上铺一张席子，把小瓮放在宾主之间，旁边放一盂干净水，开瓮后，酌水入瓮，插一根竹管，宾主轮流用竹管吸饮，先宾后主。竹管中有一个像小银鱼一样的开揆，能开能合，吸得过急或过缓，小银鱼都会关闭。这种风俗就叫打甏。打甏讲究礼仪，要先由女主人致欢迎词，然后将竹管庄重地递给客人，男女同饮一瓮，水尽管加。

4. 布依族

布依族人爱饮米酒，饮酒时有这样几个特别：一是用坛子装酒，将葫芦（地方土语叫"革当"）伸进坛里汲取；饮酒不用酒杯，而多用碗。二是对饮时要行令猜拳以助兴。三是要唱酒歌，酒歌内容无所不包，诸如开天辟地、日月星辰、民族历史、山川草木，你唱一首，我答一曲，答不上来的会被罚酒。唱完，敬每个客人喝一口酒，人们举起斟满米酒的碗来唱歌答谢。

5. 高山族

台湾高山族饮酒讲究"聚饮"或"会饮"。高山族人很少个人闭门独酌，常常是聚众豪饮，通宵达旦，不醉不休。《重修凤山县志》记载：聚饮以木碗盛酒，土官先酌，次及副土官、公廨，众番相继而饮。一年之中，新屋落成，捕鹿归来，男女结婚，新年节日之际，都要聚饮一番。饮宴时必令酒多，不拘肴核。男女杂坐欢呼；其最相亲爱者，并肩并唇，取酒从上泻下，双入于口，倾流满地，以为快乐。若汉人闯入，便拉同饮，不醉不止（《番社采风图考》）。酒酣之后，又群起歌舞，极尽欢乐。黄叔璥《番俗六考》云："饮酒不醉，兴酣则起而歌而舞，舞无绵绣被体，或着短衣，或袒胸背，跳跃盘旋，如儿戏状；歌无常曲，见在景作曼声，一人歌，群拍手而和。"高山族这种聚饮方式的形成与高山族历史上长期处在原始公有制社会阶段的历史状况有关。

6. 藏族

到藏族家做客喝青稞酒时，讲究"三口一杯"。即客人接过酒杯（碗）后，先喝一口，主人斟满，再喝一口，主人又斟满，喝第三口时应干杯。若客人确实不能饮酒，则可按藏族习惯以右手无名指蘸酒向右上方弹酒3次，表示敬天地神灵、父母长辈、兄弟朋友，主人不再勉强。通常在"三口一杯"之后，客人即可随意饮用。待客人起身告辞时，得最后干一杯，方合乎礼节。

有关少数民族饮酒方式还有下面两种比较常见，也很有趣。

火塘酒

火塘酒，即在火塘边饮酒及其相关的规程。

火塘是少数民族生活的重要组成部分。火塘边，展示了生育婚丧的生命历程；火塘边，演绎着人间的悲欢离合；火塘边，记录着家庭的喜怒哀乐。在漫长的社会历史进程中，火塘与少数民族的社会生活、民族文化形成了密切的内在联系，孕育出了独特的火塘文化。在少数民族地区，居家饮酒几乎都离不开火塘，火塘文化和酒文化在少数民族文化中是两种相伴共生的重要文化质点，展示出浓郁的地域文化特色和迷人的民族文化光彩。

火塘多设在堂屋中。堂屋是会客、祭祀的地方。面对门的后墙前放置供桌，桌上供奉祖宗神主、牌位等。火塘位置在供桌正前方或屋门两侧。在火塘边饮酒絮语，也就有在列祖列宗前饮酒的意味。与豪气万丈或欢快活泼的少数民族酒文化主流相比，火塘酒在整个饮酒礼仪上则显得庄重拘谨得多，整体气氛表现出更多的理性成分。

火塘酒的拘谨与严肃首先表现在饮酒人的座次排列。在传统的彝族社会中，火塘"上方"指背墙面门的位置，这个位置离供桌最近，是家庭中男性长者的专座；纳西族摩梭人则正好相反，火塘上方是当家女人理所当然的座位。火塘饮酒排座次，表面上是一种生活习俗，其深层揭示的是各民族的伦理道德观念、社会结构、人际关系等，也反映了各民族间的社会、文化差异。

火塘酒的拘谨与严整还表现在饮酒礼节上。在父权制度牢固确立的民族中，居家围坐火塘饮酒，斟酒人一般是家庭的长子，第一杯酒要敬给男性长者，次则女性长者，平辈者依年龄长幼顺序斟满。若有宾客临门，第一次斟酒要由男性长者亲自执壶，为宾客斟满后，再移交酒壶给长子，由其依次斟满。饮酒时，要先敬客人或长辈后才能饮用。火塘酒讲究温馨和睦的氛围，先举杯者，眼望尊长，再环视众人，说一声："来，喝吧！"既是敬意，也是邀请，饮用时碰杯而不干杯，饮多饮少，随意而定。

火塘酒的拘谨和严整还表现在饮酒时的语言行为上。火塘边饮酒，祖宗在堂，老幼环坐，因此不得有秽语亵行，更不得随意喧哗。火塘酒的话题多由宾客或长者提出，晚辈后生尤其是青年妇女不能随意插话打岔。讨论的内容，从农事安排到生活总结，无所不包。酒意阑珊，老人开始用本民族语言吟唱古老的歌谣，向后辈讲述本民族所经历的艰苦磨难和先祖们的艰辛曲折，歌颂本民族的英雄人物，传播本民族文化的优良传统。此时，温暖的火塘边、酒壶中，流淌着一个民族古老的历史，酒碗中蕴涵着一个民族的传统文化，美酒的波光中闪动着一个家庭的温馨与幸福。

饮火塘酒，在有的民族中，是一种团结人群、凝聚人心的重要手段。傈僳族、怒族、独龙族的火塘酒，除严禁在火塘边污言秽语外，较少受繁文缛节的限制，更多地是追求一种宽松舒畅、热烈欢快的生活氛围。

咂酒

咂酒（又写作"砸酒"）古称"打甏"。它不是酒，而是一种饮酒习俗，也就是借助竹管、藤管、芦苇秆等管状物把酒从容器中吸入杯、碗中饮用或直接吸入口中。因选用吸管的不同，咂酒又称竹管酒、藤管酒等。其流行于四川、云南、贵州、广西等地的彝、白、苗、傈僳、普米、佤、哈尼、纳西、傣、壮、侗等民族之中。以咂酒法饮用的酒都是水酒。咂酒有冷咂、热咂之分。咂即搬出酒坛，将吸管插入坛底吸饮；热咂酒是把水酒放在锅里加热或者直接把酒坛架在火上，边加热边饮用。冷咂酒是一插到底，一边饮用，一边加入冷开水，使坛内或锅内的酒液保持在相同的水平，直到酒味全都丧失。

这种饮酒方法，在西南各民族中曾长期盛行，是待客的最高礼节。明代旅行家徐霞客游历滇中，在洱海边的铁甲场村民家晚餐时，这种独具特色的饮酒方式曾令徐霞客大开眼界。

佳节良宵，在宽阔的场坝上置盛满水酒的桶或大罐，其间插入竹管若干根，人们环绕着酒坛轻歌曼舞，渴了，凑近酒坛对着竹管喝一口，清清喉咙再唱；累了，凑近酒桶吸一气，振奋精神又跳起来。气氛极为欢快热烈。贵客临场则欢迎加人歌舞，一曲舞罢，众人簇拥宾客到酒坛前，主持者执管相邀，客人插管，众人才插管入坛，同饮共欢。

但以竹、藤、芦苇等直接吸饮的咂酒法，缺乏卫生保障，有碍健康。一些民族已逐渐弃置不用，而有的民族至今仍完整地保留着这一饮酒方法，有的则采取折衷的方式，将酒"咂"出，盛入杯、碗中再饮用。如普米族、侗族等群众就是用竹管将酒吸出盛在葫芦、碗里，再分配饮用。

二、待客酒俗

热情好客是我国各少数民族的普遍风尚。酒被许多民族普遍视为珍贵圣洁之物，许多民族好以酒飨客，以表达自己真诚的心意。

1. 蒙古族

蒙古族对于来访客人，无论生、熟都热情地以酒相待。首先是立即斟上奶酒，其次还要举行酒宴款待。酒宴中，主人之妻"无不同席"，以表示对客人接待隆重，又说明没把客人当外人。席间，如客人杯中少留酒滴，主人则不高兴，如客人喝尽杯中酒，主人才高兴。饮酒时，主客经常换尝杯中酒，需要客人尝一口，主人只用一只手举杯；若主人双手举杯，则表示主客必须互换酒杯，客人必须饮尽主人所赠的杯中酒，不饮尽，则不高兴，也不再斟。而一旦见到客人醉中喧闹失礼、或吐或卧，主人才格外高兴，并说："客醉，则与我心无异也！"（宋孟珙《蒙鞑备录》）。遇贵客临门，蒙古族人有一种名为德吉拉的礼节。过程为：主人拿一瓶酒，瓶口抹有酥油，先由主座客人用右手食指蘸一点瓶口上的酥油在额头上抹一抹，然后依次轮抹，当每个客人抹过后，主人才拿杯子斟酒敬客。

2. 藏族

在客人临门时，先要敬上一碗青稞酒，表示主人好客之心如酒力一般热烈，友情如酒味一样浓厚悠长。有时也以喝咂酒的方式招待客人。其饮法是，先烧开一大锅水，放在火塘边温着，然后将一坛酿好的青稞酒插入两支或数支竹管，放在火塘边的客位上。客齐后，主人先请最年长的客人坐于酒坛边，诵经并以指泼点酒洒向四方后，即开始饮。饮时请另一位或几位年长客人与先前长者那样对坐，各吸一根竹管，第一轮酒毕，又以长先幼后的顺序换上另一轮客人。

3. 傣族

云南傣族人请客饮酒时，贵客必须坐上座。饮酒前，要请客人先吃点饭，以免客人空肚喝酒不尽兴即醉倒。主人向客人敬酒时，一人大呼一声，众人和之，如此者三（明清古训、李思聪《百夷传》），土司头人宴请重要客人，俗例由寨中年轻姑娘敬酒，她们用银盘托着酒壶，依次向客人敬酒。如果谁敬而不饮，她们就会抱其头而灌饮。如果想让她们手下留情的话，就必须准备好银元，在来敬酒时，放上一枚银币，请其代饮。

4. 黎族

黎族将远道而来的客人待为上宾。若是男客，先酒后饭；若是女宾，则先饭后酒。饮酒分三段进行：第一段是相互敬酒，属一般的感情交流；第二段是开怀畅饮；第三段是主客对歌饮酒，感情融洽。主人向客人敬酒时，先双手捧起酒碗向众人致敬，并一饮而尽，将空碗给大家看，以表示自己的诚意；接着向客人敬酒，客人干杯后，主人马上来一块肉送到客人嘴里，客人不应拒绝，只能笑纳才合礼数。

5. 景颇族

景颇族十分讲究喝酒礼节。熟人相遇，互相敬酒，不是接过酒就喝，而是先倒回给对方的酒筒里一点才喝，这样做表示互相尊重。几人同到景颇人家作客，主人一般不一一给客人敬酒，而是把酒筒交给中年长者，表示把心交给了他，让他代表主人的心意给大家敬酒。敬酒者要根据酒的数量和人数平均分配酒。包括主人在内，然后才能自己喝，最后酒筒里还要留点酒，表示酒筒里的酒永远喝不完。大家共喝一杯酒时，每人饮过，都用手揩一下自己喝过的地方再传给别人，这是习惯礼节。

6. 壮族

壮族敬客人酒的风俗是饮交杯酒。交杯酒并不用杯，而是用白瓷汤匙，两人从酒碗中各舀一匙，相互交饮，然后用充满敬意的目光相对而视，主人这时会唱起敬酒歌：

> 锡壶装酒白连连，酒到面前你莫嫌。
> 我有真心敬贵客，敬你好比敬神仙。
> 锡壶装酒白瓷杯，酒到面前你莫推。
> 酒虽不好人情酿，你是神仙饮半杯。

动听的敬酒歌比杯里的美酒还醉人。

7. 布依族

布依族讲究主客对唱酒歌。主人唱谦让之词，客人唱答谢之意，一人唱一首，唱完大家各饮一口酒，要是谁不会唱，就罚喝三口。布依族的迎客酒也饶有风趣。客人临家，主人在大门口摆上桌子，放上酒壶和碗，碗里斟上酒，双手端起，唱起《迎客歌》。客人若是能歌者，就以歌作答。如此对答几个回合的不分胜负者，客人就要喝一口。进到屋内，若客人不会唱歌，主人唱一首，客人喝一口，直喝到七八口才罢休。进屋后，主人要请善歌的姑娘向客人边敬酒，边唱《敬酒歌》。若客人能歌，就要以歌对唱，要是不会唱酒歌，姑娘唱一首，就要被罚喝一口。

8. 佤族

阿佤人在客人来临时，会感到格外荣幸，认为朋友的到来，带来了兴隆和吉祥，因此搬出酒坛，以迎宾之礼待之。首先，主人敬酒时，先要自己饮一口，以打消客人的戒意，然后依次递给客人饮。而客人一定要把所敬之酒喝干，否则主人会认为客人瞧不起他。客人离去时，主人又要以送亲之礼向客人敬酒，主人用葫芦盛满水酒喝过一口后，双手放到客人嘴边，直到对方喝光，主人方歇手。这样做的意思是，客人离去后，不论走到哪儿也不要忘记朋友。同时也有以泡酒待客的习俗。泡酒是用小红米饭加酒曲发酵后酿成的一种水酒，味甜，度数低，男女老幼都爱喝。客人临门，佤族同胞总是先用泡酒招待。主人从竹箩内将已发酵好的小红米饭倒入长约60厘米、直径10厘米的竹筒内，然后灌入山泉水，再用一根细竹管插入竹筒底部。利用虹吸法将水酒从筒底吸出，盛进竹杯内。饮用时，主人先喝一口，用右掌擦擦竹杯口，再双手递给客人，表示酒没问题，请放心喝。这时客人要伸右手，手心向上去接酒杯，以示谢意。客人喝一口后，也擦一下杯口给别人喝，一人一口往下传，不得独饮。不管人多人少都是用一只杯子轮流饮用，边饮边聊，边往竹筒内倒泉水。客人在酒席上要注意不能用手摸头和耳朵，因为这是求爱的表示。

三、婚姻酒俗

婚姻是人生的大喜事，大喜事必然要伴以佳酿美酒，这是我国许多民族共有的习俗。许多民族，从恋爱、订婚、结婚、回娘家到生儿添女，都要以酒称贺，无酒不成礼仪，无酒难结姻缘。

1. 羌族

居住在四川阿坝州羌族同胞的习俗是：男方请红爷（媒人）去女家说亲，若女家同意，即向男家提出需办多少酒席，费用由男家承担，表示订婚初步成功，这叫吃开口酒。

2. 拉祜族

云南拉祜族订婚要举行火笼酒的订婚仪式。即男方去女方求亲时，请一媒人陪同，带一把捆好的烟草、一壶3公斤左右的米酒。到女方家后，女家父母请来亲戚围坐于火塘四周。这时媒人说明来意，并把烟草递给老人，如父母同意这门亲事，便双手接过烟草，并叫女儿拿出碗来。如女儿也同意，就拿来碗在每人面前放一个，媒人就把烟草分给每人，给每人倒碗米酒，大家边喝酒边闲谈。如果女方不同意这门亲事，既不会接受烟草，也不会拿碗倒酒。

3. 纳西族

云南丽江纳西族，在订亲过程中，颇有以酒联姻的意思。订亲，纳西语叫日蚌，意为送酒。男孩长至五六岁时，父母便到寺庙里烧香求签排八字，给他物色媳妇。相中女孩后，父母便托媒人带一壶酒给女家为儿子说亲，如女方父母同意，待女孩十岁左右即择日举行订婚礼。订婚时，男家须向女方送酒一坛及白米、红糖、茶叶等，其中糖、茶、酒是不可缺少的礼物，称小酒。小酒后，任何一方觉得不合适，都可悔婚。退婚时，女方须把所收礼物如数退还男家。若男家悔约，通知女家即可。小酒后隔上一年半载，男家再得给女家送第二次礼，叫做"过大酒"，也称"小过门"或"请媳妇"。除备有过小酒的礼物外，还要赠送土布一匹、衣服两件、手镯一对、猪肉三十斤及现金等，披红挂彩，由媒人和男家亲友将聘礼送到女家。女家以酒席相待，客人要称赞男家送的酒好，向结亲两家祝贺。女方要送一壶酒和两盒红糖为回礼。送大酒后第二天，男家要将女方的回礼喜酒、喜糖供祭祖先，祈其认可，并由男家的至亲去女家会亲，从此两户人家开始互访以亲家相待，订亲男女须视为夫妻。

4. 赫哲族

赫哲族求婚时，由男方邀请亲友长辈，带上栓有红布的两瓶酒和鲤鱼，到女家求婚。取得女家同意后，第二天，女婿要来拜见未来的岳父母、敬酒、磕头，送给岳父马和貂皮，还要送上一坛酒、一口猪作为聘姑娘时招待亲友用。

5. 鄂温克族

鄂温克族订婚过程是：先由媒人带一瓶酒到女方家，说明来意，然后拿出酒来给女方父亲敬酒。女方父亲喝酒，亲事就算成了，反之就没有订成。常有的情形是，女方父母开始时假装不喝酒，激媒人多费口舌，把男方的品德、长相等述说一番，觉得满意后方才喝。喝酒时还要把女方家庭内的人都请来参加。

6. 鄂伦春族

与鄂温克族相似的鄂伦春族在求婚时，同样由男方请媒人到家边喝酒边提亲，然后男方托媒人送两瓶聘酒给女家。如订婚成功，认亲和过彩礼时，男方必须带上酒、野猪送给女家作为聘礼。在岳父参加完婚礼返家时，走到房门口，新郎须敬酒相送，岳父上马时，新郎同样得敬酒相送。女方送亲人员，可藏酒杯而走，而男方敬酒人员，需将酒杯追抢回来。

7. 蒙古族

西北鄂尔多斯蒙古族婚礼上，新郎要拿着酒壶，新娘手捧放着一对银杯的盘子，双双向众宾客敬酒，宾客则必须喝完所敬的酒，并说些祝贺赞美之词。锡伯族的新郎、新娘在向长辈宾客敬酒后，彼此还要互敬，以示感情融洽。

8. 侗族

贵州侗族婚礼一般设三天酒席，并且名目各异。第二天为正席酒。饮酒中讲究酒令和礼词。酒过半酣，宾主要进行打马游街、解粮讨赏的礼节。由一个人充当解粮官，手托茶盘，内放扣肉一碗、酒四盅，另一人持酒壶为副手，双双前来解粮酬敬皇客（送亲客），双方在一场你盘我诘的辞令战中敬酒与回赐，异常热闹激烈。

9. 土家族

湖南湘西土家族婚礼上有"喝上马酒"的习俗。婚娶中女家堂兄弟路上护送新娘至男家后，男家须在堂屋中摆酒宴招待。充当舅老爷的堂兄弟坐在祖先神龛下特设的正中席位，俗称坐上马位，陪客坐于左右边位。桌上酒菜须按礼规摆成马蹄形，若摆错了位置，舅老爷借故不饮，或只喝头尾两杯，那么其他客人的酒席一概开饮不成。

10. 独龙族

云南独龙族晚上举行结婚仪式，先由双方父母教育一对新人婚后要互相关心，和睦相处，然后双方父母递给新人一碗米酒，新郎新娘同时双手接过，当众向父母表示愿意听从老人教诲，永不分离。接着捧起酒碗，同饮而尽，这叫喝同心酒。

11. 瑶族

广西瑶族婚礼上有喝连心酒的习俗。婚礼之夜，男家欢宴宾客，其中首席用五张桌子连成一席，由新郎、新娘、媒人、双方父母等就座。新娘新娘给每位宾客斟满酒后，再将杯中酒倒回酒壶混合一起，再斟到每人的杯中。然后，新郎新娘向席中每位长辈、亲友敬酒，每敬人一杯，自己便陪饮一杯，散宴后，其他酒席才开始。

12. 黎族

海南岛的黎族有婚礼尾酒之俗，亦称收席酒。新郎家设此酒宴，一方面答谢那些婚礼期间予以资助或帮助煮饭做菜的亲友；一方面为了聆听亲友们的教诲。亲友们边喝边唱，嘱咐新婚夫妇要互相照顾，生儿育女，发展家业。因亲友不断登门祝贺，往往酒宴要延长到三天三夜，或更长时间。

13. 门巴族

西藏门巴族在迎亲时，新郎要带几竹筒酒，请新娘途中喝三次。竹筒酒碗边抹上酥油表示吉利。婚宴上新娘舅舅面对酒肉不吃不喝，先挑毛病，说一句就用拳头击一下桌子，新郎家赶紧献上哈达，添酒更菜，直到舅舅满意，众宾客才开怀痛饮，以此考验男方的诚意。席间新娘轮流给每个客人敬酒。众人还要求新郎新娘互赠一碗酒对饮，比比谁喝得快，据说，谁先喝完这碗酒，谁今后在家中的权力就大。

14. 白族

云南白族的婚礼酒俗也别具特色。当新人被扶进洞房，一对中年夫妇端着一壶有辣椒面的喜酒，首先进洞房给新人喝，新人喝过后，再给院子里所有在场的人一小杯辣椒酒。辣字在白族话中与亲字发音一样，喝了这酒，表示祝愿新人亲密无间。吃晚饭时，几十人围成一大桌开始闹席，新人要给在座的每个人斟酒鞠躬。等闹完了，桌上的酒杯都不见了。这时新人恳求众人将杯子还给他们。众人一齐发问：你们用它做什么？新人便羞红了脸回答：明年，我们用来喂娃娃。在笑声中，人们把杯子还给新人。

四、祭祀、丧葬酒俗

1. 蒙古族

蒙古族历史上存在过原始宗教信仰，相信天地万物均有神灵，对这些神灵，人们要表示虔诚的敬意。凡饮酒，先酹之，以祭天地。蒙古族有祭敖包、祭尚西的原始宗教祭祀活动。尚西在蒙古语里是独棵大树或神树的意思。在祭尚西仪式上，要将树杆、树枝用鲜艳的花布条打扮起来，人们集于树下，由珊蛮巫师诵经祈祷。还有一人扮尚西老人，坐于神树下，由一名代表全体信男信女的主祭人向他敬酒，进献奶食品。敬酒是表示对氏族神灵的礼敬。

2. 仡佬族

居住于贵州、广西、云南的仡佬族，往往是把敬拜自然神灵和祭祀活动合而为一。农历三月三祭神树，也是仡佬人悼念祖先的一种仪式。

祭祀时，在神树前要摆放十个碗、六双筷和一碗五谷掺合煮的饭，一个专用牛角酒杯，一盘猪和鸡头尾、内脏合拼合成的供菜。仪式开始后，点香烛、焚纸钱、放鞭炮，主祭老人用一小木勺挨次往十个碗中斟酒，并口念祭词，祝愿老祖保佑全寨人畜平安、五谷丰登。祭祖毕，人们就饮酒吃饭。

3. 哈尼族

每年七八月稻谷泛黄时就要举行一次盛大的喝新谷酒的仪式，哈尼族称"车收阿巴多"。这个仪式要选一个吉祥的日子。这天，各家割回一把将成熟的颗粒多的谷把，倒挂在堂屋后山墙小篾笆沿边，再捋下上面的百十颗谷粒，放进酒瓶里泡酒，然后备一桌美味佳肴，请长者来家喝新谷酒。席上，主人倒出泡有新谷的米酒，唱起祝酒歌。唱罢，主客共饮新谷酒，连婴孩也要在嘴边沾一点酒汁。元江一带哈尼族，吊者击锣鼓、摇铃，头插鸡尾跳舞，名曰洗鬼，忽泣忽饮。红河地区的哈尼族闻知丧讯，即携带猪、鸡、米、酒来祭。

4. 苗族

苗族人家听到丧信，同寨的人一般都要赠送丧家几斤酒，以及大米香烛等物。如与丧家是亲戚，亲戚要送一两坛酒，女婿则要送二十来斤白酒、猪一头，丧家要杀牲设酒宴款待吊丧者。

5. 布依族

贵州布依族整个丧葬过程都少不了酒。亲友接到报丧信，便要备办酒礼等物去祭奠，亲友吊丧完毕，丧家要加祭，哭诵祭文。加祭时，须备酒礼、猪头等。加祭后，半夜十二时起，请魔公为死者开路，超度死者上天。魔公念着开路经，后辈女婿要给他上酒，魔公喝够了，就把酒赏给丧家女婿，表示上方把粮赏给女婿了。开路到天亮出殡时刻，孝子要提一壶酒，斟在碗里，请帮忙抬灵柩的众寨邻每人喝一口，才抬起灵柩出发。待死者安葬下土后，送葬人返回丧家，孝子则还要留在墓地，摆一桌事先准备好的刀头酒礼敬给死者吃，孝子要陪死者喝酒吃饭。葬后第三天，女婿及丈母娘还要携带酒礼来为死者复三。

6. 布朗族

云南双江地区布朗族，在把死者送至墓地后，同时要在棺木的四角放四对蜡烛点燃，随棺木一同埋入墓穴，同时在死者的头部埋入一壶酒、一杯茶，意思是让死者吃饱酒食后顺着火光照亮的路去和祖先团聚。

7. 普米族

普米族的丧葬仪式中有"给羊子"的习俗。即请巫师为死者指点祖先的名字，交待归宗线路，并用一只白羊为死者引路。在这个仪式中，须在羊耳上撒酒和糌粑，如果羊子摇头，表示死者欢喜，全家吉利，死者家属就要跪在地上向羊子磕头，请羊子喝酒，再由巫师把羊子杀死，用羊心祭祀，并为死者念《开路经》。

8. 高山族

台湾高山族世有用酒来奠祭亡灵的传统，以此来表达生者对死者的哀思。高山族人认为酒是一种能够动天地、感鬼神的美好之物，因此他们往往借美酒来向神灵祈求和表达他们的愿望。插秧播种前，要"酹酒祝空中，占鸟音吉，然后男女偕往种插。收成时各家皆自蠲牲酒以祭神"。他们不仅用酒祈求祖先神灵保佑丰收平安，而且还念念不忘虔请过世的人来饮酒。每逢村里有人死亡，则"结彩于门，不用棺木，所存器皿、衣服与生人计分匀受；死者所应得同埋于院中。三日后，会集亲党，死者取出，设坐，各灌以酒，重为抚摩，然后埋葬"。他们给死者灌酒，显然是希望死者能饮上最后一口酒。陈梦林的《诸罗县志》亦载曰："人死，结彩于门，鸣钟异尸，诸亲属之门，各酹酒其口，抚摩再三，志永诀也。"向死者"酹酒其口"不仅反映了高山族人传统的丧葬仪礼，而且也反映了高山族人对酒的特殊情感和知识。

9. 鄂伦春族

鄂伦春族普遍信仰萨满教，信奉自然界中的各种神灵。山神白那查是鄂伦春猎人最崇拜的神灵之一。猎人在山上狩猎期间，每逢饮酒吃饭，都要先用手指蘸酒向上弹三下，或将酒碗高举过顶绕几圈，口中念念有词，祷告白那查多赏猎物，然后才能饮酒吃饭。

10. 彝族

彝族人死后，亲友无论远近，都要牵牛羊、带酒肉等祭品吊祭死者。入门时，丧家须给酒，让其举杯痛饮，愈饮愈哭，愈哭愈饮，哭到无泪时则作歌历数死者功德。彝族认为人死后灵魂不死，故火化后需对灵魂进行招亡，先用木杆、羊毛、草扎一五寸许人形，以此代表死者灵魂，由毕摩对其诵经念咒，家人凡吃肉吃酒，先在此偶像前进行祭奠。

第 五 章
酒令面面观

第一节 酒令概述

酒令的起源可追溯到春秋战国时代，那时的王公贵族、诸侯大夫，每逢酒宴都要"当筵歌诗""即席作歌"，或在酒席宴筵上投壶掷杯，游戏以助酒兴。这些举措实为酒令的早期雏形。

秦汉时期，席宴上抱盏"唱和"，助兴饮酒已成风俗。久而久之，一些席闻联句、即席唱和之辞日渐丰富并被不断沿用，即成酒令。

魏晋时期，世间流行"流觞曲水"的饮酒风俗。每年阴历三月初三，人们聚会溪边，将注满酒的杯子置于溪流中顺流而下，流至谁前谁即饮之。以祛除不祥。东晋永和九年（353 年）三月初三，王羲之即与谢安、孙绰等 42 人在兰亭借宛转溪水饮酒作诗，《兰亭集序》和"曲水流觞"从此千古留芳。

唐宋时期，酒令达到一个高峰。诗词的繁荣带动了酒令的发展，使之丰富多彩，已有"骰子令""旗幡令""上酒令""手势令""小酒令"等，诗句中也多有描绘酒令的佳作。

明清时期，酒令发展到另一高峰，此时酒令在品种上较唐宋时更为丰富。清俞敦培《酒令丛抄》载酒令 322 种。有人将之分为四类：古令、雅令、通令、筹令，凡举人间之人事对象、花鸟草虫、诗文曲牌、戏剧小说、佛经八卦、风俗节气等均可入令。

发展到今天，依然在酒桌上使用的酒令已经为数不多，只有射覆猜拳类中猜拳一类较为常见，如"宝一对"与"剪刀、石头、布"等。"宝一对"的叫法有"宝一对""一心敬""哥俩好""三桃园""四季财""五魁首""六六顺""七巧七""八匹马""九盅酒""满福寿"11 种。

第二节　射覆划拳类

一、射覆

（一）简述

射覆是最早的酒令游戏，据有关史书记载：三国魏管辂、晋郭璞都有射覆事。唐李商隐《李义山诗集·无题二首》诗有"隔座送钩春酒暖，分曹射覆蜡灯红"句。清沈复《浮生六记》卷一"闺房记乐"有"芸不善饮，强之可三杯，教以射覆为令"句，又有"船头不张灯火，待月快酌，射覆为令"句。

射覆，射者，猜度也；覆者，遮盖隐藏也。射覆游戏早期的玩法主要是制谜猜谜和用盆、盂、碗等把某物件事先隐藏遮盖起来，让人猜度。这两种玩法都是比较直接的。后来，在此基础上又产生了一种间接曲折的语言文字形式的射覆游戏，其玩法是用相连字句隐寓事物，令人猜度，若射者猜不出或猜错以及覆者误判射者的猜度时，都要罚酒。清俞敦培《酒令丛钞·古令》云："然今酒座所谓射覆，又名射雕覆者，殊不类此。法以上一字为雕，下一字为覆，设注意'酒'字，则言'春'字、'浆'字使人射之，盖'春酒'、'酒浆'也，射者言某字，彼此会意。"这基本上说明了射覆酒令游戏的玩法原理。

例如《红楼梦》第六十二回中描写的射覆酒令即与此相同，覆者先用诗文、成语和典故隐寓某一事物，射者猜度，用隐寓该事物的另一诗文、成语和典故等揭谜底。比如：宝钗和探春掷骰对了点子后，探春便覆了个"人"字，宝钗说"人"字泛得很，探春又覆了一个"窗"字，两覆一射。宝钗见席上有鸡，便射着探春用的是"鸡窗"

"鸡人"二典，即覆的"鸡"字，因而射了一个"埘"字。探春一听，知他射着，用了"鸡栖于埘"的典，二人一笑，相互会意，各饮了一口酒。再如：李纨和岫烟对了点后，李纨便覆了一个"瓢"字，概用了"瓢樽空挂壁"的典，即覆的"樽"字，岫烟射着，说了一个"绿"字，概用了诗句"愁向绿樽生"的典。二人才会意，各饮一口。

这类酒令从汉代的"藏钩"游戏发展而来。藏钩到了唐代分二途发展，一为博戏，二人酒令。现介绍几种比较典型的射覆类酒令，以供读者欣赏。

（二）典型酒令行令方法介绍

掘藏令

根据座客每人的酒量，将全体分为甲、乙两部分，再根据合席人数准备同样数量的酒杯和瓜子。从甲部分开始，在杯中藏瓜子。藏时可任意藏，即可空杯不藏，也可或二或五，数量不限。藏毕，甲、乙两部分划拳，每对划一拳。划完了拳，不管胜负，甲部分都令乙部分一人揭一杯，揭得空杯，免饮；揭得瓜子，则揭得几枚斟满几杯酒。所斟之酒由乙部分全体分饮。乙部分喝完之后，乙部分藏子，甲部分揭杯，方法同前，见清代《折枝雅故·卷五》"酒家南董曲禅氏"。

打擂令

参加人数不限。行令方法：假如一席共计八人，令官手中握松子或瓜子等，从一枚到八枚，数目不拘。然后问本次酒宴的主人，共喝几杯酒。主人若说共喝八杯酒，则本次聚会总计消八杯酒。但每一杯可化出若干杯，化出的杯数也由主人定。在行令之前，令官首先要向主人请示这一至八杯酒中每一杯化出几杯，以及行什么令。比如：主人说第一杯酒可化出三杯，行"猜子令"；第二杯可化出五杯，行"走马拳令"等。请示完毕，令官从第一人起逐位请猜其手中所握松子数，猜中则过；不中，就按主人事先讲明的，行令饮酒，见清代俞郭培《酒令丛钞·卷三》。

两覆一射

覆者举出两个字，以此二字隐物或典故为谜，令射者猜；射者须以一个字射该物，不中则罚酒。清代俞敦培《酒令丛钞·卷一》："今酒座所谓射覆，又名'射雕覆'。……法以上一字为雕，下一字为覆。设注意'酒'字，则言'春'字、'浆'字，使人射之。盖'春酒'、

'酒浆'也。射者言某字，彼此会意；余人更射。不中者饮，中则令官饮。"此处之"令官"，即指覆者，亦即出题目的人。

猜诗令

行令方法：令官指定二人，假定一人为甲，一人为乙。甲根据座客人数暗拈古人诗一句，令乙避于席外。甲将心中想到的诗分开，说与席间每人一字。乙入席，开始猜诗。乙随意向座中一人提问，该人用三句话作答，要求在三句话中不露痕迹地嵌入甲给自己的那个字。乙遍问座客之后，便要说出甲暗拈的一句诗。

比如甲暗拈"只在此山中"，乙问某人："你怎么来晚了？"某人回答："也不太晚，只不过稍微晚了点儿。""只"字隐在其中，以此类推。

若射中，甲与合席同饮；不中，则乙自饮一杯。

猜朵令

古人行这个酒令时用具比较讲究，备雕刻细致的水磨大方竹盒。上下两截，分别是一个竹盒，上有盖。游戏时，临时从花园中采摘十数种花朵，放在下层竹盒中。令官暗暗地拿出一朵，放置在上层竹盒中，请众人猜。猜中，令官饮酒；猜不中，猜者饮双杯。传统玩法往往将击鼓传花令与此结合起来，以猜朵压轴，见清代《红闺春梦》第六十四回"始宁竹秋氏"。

猜子令

清代俞郭培《酒令丛钞》卷三"猜子令"："即古之藏钩也。"其法有二：其一，一人手握一枚瓜子，左右手一实一空，令对方猜瓜子在哪只手中。猜不中罚酒；猜中则由覆者饮酒。其二，用三枚瓜子、两枚花生，叫"三红两白"，分别握在两手中。随意出一拳，让对方猜。先猜单双，后猜几枚，再猜红白，叫作"五子三猜，两手不空"。每次猜不中都须罚酒；若猜中，则由出拳者饮酒。

猜花令

根据合席人的酒量，均分为两曹；以覆的一方为上曹，射的一方为下曹。将十个酒杯扣在盘中，上曹把一朵花覆在其中一个酒杯中，将盘置于桌上，令下曹射。射毕，揭开酒杯。若揭得空杯，则斟满这杯酒，下曹分饮。饮后，将该杯另置盘外。一连九杯皆空，叫"全盘不出"。射中得花，将该杯及盘中所余之杯斟满酒，由上曹分饮，见清代俞敦培《酒令丛钞·卷三》。

猜枚

又叫"猜拳""搏拳""藏阄"。行令方法：一人手握某物，令人猜射，不中辄罚酒。清代阮葵生《茶余客话·卷十》中《猜枚》："元人姚文奂诗云：'晓凉船过柳洲东，荷花香里偶相逢。剥将莲子猜拳子，玉手双开不赌空。'皆诗料也。即今酒令之猜枚，前后不放空也。"清代翟灏《通俗编·卷三十一》中《俳优·猜拳》："宋孙宗鉴《东皋杂录》：唐人诗有'城头击鼓传花枝，席上搏拳握松子。'乃知酒席猜拳为戏，其来已久。"清代李调元《童山文集·卷三十八》中《弄谱百咏》："筵上花枝照烛红，随拈莲子斗雌雄。真空两手君休诧，看破乾坤总是空。"（注："藏阄即猜拳"，此令远承汉代的"藏钩"游戏，下开明清"猜子"等酒令的先河）

藏阄仪

行于辽代宫廷宴仪中。《辽史·礼志》中的《嘉仪》："藏阄仪：至日，北南臣僚，常服入朝。皇帝御天祥殿，臣僚依位赐坐，契丹南面，汉人剑匕面，分朋行阄。或五筹，或七筹，赐膳人食。毕，皆起。顷之，复坐行阄如初。晚赐茶，或三筹，或五筹。罢，教坊承应。若帝得阄，臣僚进酒讫，以次赐酒。"于宫廷之外，亦偶行此令。《辽史·表》中的《游幸》："（开泰八年）幸秦晋长公主第，作藏阄宴。"

藏花令

与"猜花令"略同。行令方法：按合席人数，择《红楼梦》中人物若干（宝玉、黛玉二人不可不选）写在纸上，作成阄，每人抓一阄，以定身分。得"黛玉"阄者为令官，藏花令人猜。其法：用四个酒杯，秘密地将花任意覆于一个杯下，令人猜花在哪里，每人猜一次，合席依次轮猜。猜中则重新覆花。若"宝玉"猜中，合席共贺一杯。其他人猜中，按理该"黛玉"饮，而由"宝玉"代饮。"宝玉"代酒时，"黛玉"须说："莫喝冷酒。"忘说则罚。"黛玉"得贺酒或受罚时，"宝玉"无需代饮，见清代莲海居士《红楼梦觥史》。

钓鱼令

此令与"渔翁下网令"相似，但不尽相同。行令方法：共设青、黄、赤、白、黑五色鱼，以一枚瓜子代表青鱼，二枚瓜子代表黄鱼，三枚瓜子代表赤鱼，四枚瓜子代表白鱼，五枚瓜子代表黑鱼。席间诸人任意在自己手中握瓜子，以代表什么鱼。令官指定席间一人为"渔翁"，

"渔翁"遵令开始钓鱼。开始时，"渔翁"先撒下一网，同时口中说打某鱼，比如说："找青鱼。"则席间凡是掌中握一枚瓜子者须亮出瓜子，意为鱼儿落网了。被打中者各饮一杯酒。一网之后，"渔翁"开始向席间每人钓鱼。比如"渔翁"指一人，口称："钓黄鱼。"假若该人正好握有二枚瓜子，叫"鱼儿上钩"，上钩者饮一杯酒；如果该人手中握着的不是二枚瓜子，为"鱼未上钩"，则罚"渔翁"一杯。鱼被全部钓完为令毕，同见清代莲海居士《红楼梦觥史》。

揭彩令

又叫"贴翠令"。行令方法：令官将一张写有数字的纸条用杯子扣在桌子上，合席诸人除令官之外均不知道这个数字，要求这个数字必须在 6—36 之间。令官饮过令酒，口中说出"6"这个数字送给席间任何一人；该人随意加一个数字后，再送给另一人。依此类推。如果所加之数的和正好与杯内所覆之数相等，叫作"得彩"，则该人饮

一杯酒。假若又轮到令官而数字又未超过杯中数，则令官只许加"1"再送与他人。如果累计数已超过杯中的数，那么该人与接者猜拳；过几个数猜几拳。输者饮酒。比如，纸条上的数字是"7"，令官说"6"送给甲；甲说了个"1"，恰好得彩，甲饮一杯。如果甲说了个"3"，那么令官和甲猜两拳，见清代俞郭培《酒令丛钞·卷三》。

武揭彩令

此令与"揭彩令"相似而有别。行令方法：令官将一张写有从 6—36 之间任何一个数字的纸条扣在杯子底下。令官饮过令酒。口中说出"6"这个数传给下家。他的下家只能说"工"或"0.5"，再向其下家传，以下类推。规定：累计为 10、15、20 等数（"5"的倍数）时，轮到谁谁饮一杯酒，叫"上衙门"；逢 3、6、9 等（"3"的倍数）时，该人在席间任找一人猜拳，所猜拳数与所逢数相等，叫"开操"；累计数字与杯中所覆数相等，谓之"得彩"。得彩者饮一大杯，见清代俞敦培《酒令丛钞·卷三》。

渔翁下网令

又名"打鱼令"。行令方法有两种：

一是先在众人当中推举一人为渔翁。其余诸人，每人手中各握若干枚花生（或瓜子、松子等），所握数量不得少于1、多于4。花生之数，各有指代，以"1"为鲥鱼，"2"为鲭鱼，"3"为鲤鱼，"4"为鳜鱼。众人握毕，渔翁先饮一杯酒，开始撒网捕鱼。若渔翁口喊"网鲥鱼"，凡握一枚花生的必须应声"落网"，落网之"鱼"罚酒一杯。假如渔翁声称"网鲤鱼"，而座中没有人手握3枚花生，则网空，罚渔翁一杯。众人赶巧均握相同数目花生，被渔翁网得，为一网打尽，则合席举杯，共贺渔翁一杯。鱼被全部打尽后令毕，见清代俞敦培《酒令丛钞·卷三》。

二是将鲥、鲭、鲤、鳜四种鱼制为大小形状相同的牌，每种鱼为10扇，共40扇。行令时，将40扇牌扣于席上，洗开。席间诸人每人抹一张牌，牌到手后，扣于桌上，密不示人。令官指定一人为渔翁，渔翁开始打渔。第一网，渔翁可以打尽一种鱼，比如渔翁说："一网打尽鲤鱼。"席间凡持鲤鱼牌的人都必须把鱼牌亮出，并饮酒一杯。饮毕，退出。持其余三种鱼牌的仍然不动。然后，渔翁手持一钓竿，顺手钓去，口中同时说钓某种鱼，比如渔翁说："钓鲭鱼。"如果被指者手中正好持有鲭鱼牌，是为"上钩"，则上钩者饮一杯酒；否则，钓空一竿，渔翁饮一杯酒。余皆仿此，见清代佚名《令仪》。

手势令

即以手作各种物品之势以行令，又叫"招手令"。起源于唐代，清姚莹《康纪行·卷十四》记载："唐代佛书盛行，以五指屈伸作手势，盖佛经所谓手诀也。唐人戏笑之为酒令耳。"手腕、手掌、手指各有指代，手掌为"虎膺"、指节为"松根"、大拇指为"蹲鸱"、食指为"钩戟"、中指为"玉柱"、无名为"潜虬"、小指为"奇兵"。五指通名"生其五峰"，垂着手腕叫"死其三洛"。具体方法不详。不过，清代杨世沅《增补绘芳园酒令》述"招手令"，其各个手指的名称与上述唐代时的手势令各指头名称相同，而该书介绍"招手令"的行令方法为：先写好若干阄，一个人随意拈取其中一个阄，藏好。阄中所写的也是上述各指名称。指定席间一人出手指，所出手指若与阄上所写相合，则藏阄者饮双杯；不相合，出手指者饮一杯。此法未必是唐代古法，但相去或不会太远，见《资治通鉴·卷二八九》"五代·后汉乾祐三年"注与清代翟灏《通俗编·卷三十一》。

二、划拳

（一）简述

划拳又作"豁拳""豁指头""搳拳"。清代翟灏《通俗编·卷三十一》中的《俳优·豁拳》："（明代李日华）《六研斋笔记》：俗饮，以手指屈伸相搏谓之豁拳，盖以目遥觇人，为已伸缩之数，隐机斗捷。"清代郎廷极《胜饮篇·卷八》："俗饮以手指屈伸相搏，谓之豁拳，又名豁指头。"清代"始宁竹秋氏"所著《红闺春梦·四十七回》："方夫人又道：'我们十人可行此令，那边聂奶奶他们单搳拳就是了。'"别名"拇战""拇阵"。行令的两个人以手指的屈伸来斗智，如两军之对垒，故名。明代王福征《拇阵谱》（一作《拇阵篇》），专述其行令的技巧。《红楼梦·六十二回》："说着又着袭人拈了一个，却是'拇战'。"赵翼的《瓯北诗钞》则有"老拳轰拇阵，谜语斗阄戏"之咏。

《红楼梦·六十二回》："湘云等不得，早和宝玉'三'、'五'乱叫，划起拳来。"它远承汉代的藏钩游戏，而直接从唐代的"手势令"演变发展而成。藏钩是猜对方手中所握之物，这种意义的藏钩演变成了后世的射覆；而划拳在暗暗地猜对方所出手指之数的同时，自己也须迅速地伸出指头，以二人所出指头数的多少，按一定的规则判定输赢，在游戏方法上更趋复杂。明清以后，它形成多种行令方法。现介绍几种比较典型的划拳类酒令，以供大家欣赏。

（二）典型酒令行令方法介绍

小霸王拳

划拳类酒令。此令因霸王拳令"殊欠雅道"而酌改更订而成，它比"霸王拳"少划一拳，故名。又叫"新霸王拳"。行令方法：甲乙二人猜拳，若甲负一拳，则甲起立；再负一拳，出位；又负广拳，向乙鞠躬一次；四负一拳，再向乙鞠躬；五负，则向乙行三鞠躬，并饮酒。反之，乙若输拳，亦同上法。中间有交错胜负时，则累计之，见清代《折枝雅故·卷五》"酒家南董曲禅氏"。

状元游街拳

酒令中另有"状元游街令"一种，二者不同。"状元游街令"是骰子令一类的酒令，它们在行令工具、行令方法上都有差异。

五行生克令

行令方法：大拇指为"金"、食指为"木"、中指为"水"、无名指为"火"、小指为"土"。二人相对，同时出拳。金克木，木克土，土克水，水克火，火克金。负者饮酒，见清代俞敦培《酒令丛钞·卷三》。

五毒拳

民间有五毒之说，五毒所指历来说法不一，这里取蛤蟆、蛇、蜈蚣、蝎虎、蜘蛛为五毒的说法。行令方法：每根手指指代一毒，大拇指为蛤蟆，食指为蛇，中指为蜈蚣，无名指为蝎虎，小指为蜘蛛。规定：蜘蛛吃蝎虎，蝎虎吃蜈蚣，蜈蚣吃蛇，蛇吃蛤蟆，蛤蟆吃蜘蛛。二人划拳，负者饮酒，见清代俞敦培《酒令丛钞·卷三》。

抢三筹令

行令方法：斟满一杯酒，将三支酒筹（无筹可以筷子代替）横架在杯口之上。二人划拳。若甲胜一拳，可取下一根酒筹；连胜三拳，抢下三筹，则甲胜乙败，乙将杯中酒喝干。假若甲先抢下一筹，第二拳却输给了乙，乙则从甲手中夺去这一筹。总之，三筹在手者才算终胜。与此令相类者有"抢两令"一法，二者区别只在于"抢两令"比前者少用一支酒筹，余法同前，见清代俞敦培《酒令丛钞·卷三》。

抬轿令

行令方法：三人猜拳，同时出手，但不许出声，出声者先罚一杯酒。其中两个人所出手指相同，叫作"抬轿"。第三个人为坐轿者，坐轿者饮一杯酒，见清代俞敦培《酒令丛钞·卷三》。

摆擂台令

行令方法：某人摆擂台，先自饮一大杯酒，高坐宣战；席间不拘何人，均可应战。应战者先饮一杯酒，再与摆擂者划拳：败则退去；胜则擂主退位，胜者继为擂主。百战百胜，合席再无应战者，封擂完令，见清代俞敦培《酒令丛钞·卷三》。

哑拳

行令方法：二人拇战，只许出手，不准张口，出言者罚。一方认"五"，二人出指数之和为"五"，则该人胜；一方认"对"，二人出指数相同，则该人胜。猜拳之数，由令官临时酌定，见清代俞敦培《酒令丛钞·卷三》。

添减正拳

行令方法：二人拇战，假如两个人各出一指，和起来为"二"，甲猜"三"为"添"，乙猜"一"为"减"，甲胜。若乙猜"一"而甲猜"二"，乙胜。若甲猜"二"而乙猜"四"，甲胜。猜中为"正"，多一为"添"、少一为"减"。余可类推，见清代俞敦培《酒令丛钞·卷三》。

内拳

行令方法：二人拇战，以不出的手指作数。比如甲、乙各出一指，口呼"八"者中。各出一拳，则猜"十"者中，负者饮酒，余可类推，见清代俞敦培《酒令丛钞·卷三》。

空拳

行令方法：二人对垒，只划拳不饮酒，而席间其他人饮酒，故名。有三项规定：第一，二人战成平局，他们的左右邻各饮一杯酒。第二，彼此所出手指相同，口中叫的数也相同，叫"手口相逢"，合席每人饮一杯酒。第三，猜中不算。如二人各出四指，而一人口叫"八"，为猜中，虽中也不必饮酒。也可这样：有人猜中，负者罚酒一杯，见清代俞敦培《酒令丛钞·卷三》。

走马拳

行令方法：挨着坐的两个人划拳，若无胜负，则分别与邻座划拳，负者饮酒。饮完酒，再向次座划拳。通席战毕，完令。比如甲乙二人划拳，甲负则甲饮酒，同时乙再与丙战，余可类推，见清代俞敦培《酒令丛钞·卷三》。

通关拳

简称"通关"，又叫"打通关"。一个人分别与席中每个人划拳，犹如将军过关斩将一样，按输赢决定能否过关。行令方法有三：第一，"赢通关拳"，规定只有赢对方一拳，才许过关，再与下一人接战，负者饮酒。第二，"输通关拳"，必须输给守关者才许过关，赢了反倒要留关，并罚酒一杯，饮后再战。第三，"无胜负通关拳"，规定双方打成平手，方准过关，或输或赢，均需留关再战。过关时，二人碰杯，各饮一杯，见清代俞敦培《酒令丛钞·卷三》。

竹节通关拳

行令方法有二：一是一人与席间诸人轮流划拳，每次划一拳，胜则过关。若能一直胜到底，势如破竹，则完令。输在某关，便从某关退回，再从第一关重新打起。每拳均有胜负，负者饮酒。二是打关者在某关输拳，则由胜者代替其接着打以下各关，余法同前。此法又名"脱卸竹节关令"，见清代俞敦培《酒令丛钞·卷三》。

鹅毛扇拳通关令

行令方法：每人为一关，一人分别与众人划拳，一关一拳，胜则过关。假如已胜三关，至第四关而败，则退至第三关重打；若再败于第三关，需退至第二关，依次再打。此法犹如编鹅毛扇，故名，见清代俞敦培《酒令丛钞·卷三》。

霸王拳

行令方法：二人划拳，甲胜一拳，乙站立起来；甲再胜，乙向甲作揖；甲三胜，乙向甲深深鞠躬；甲四胜，乙一膝跪地；甲五胜，乙双膝跪地；甲六胜，乙叩头，饮酒。乙胜同此。有时二人对跪，竟一杯没饮，见清代俞敦培《酒令丛钞·卷三》。

七星赶月令

又名"流星赶月令"。

行令方法：备七只小杯，一只大杯；小杯叫"星"，大杯为"月"。斟满各杯，先由小杯起找人划拳，胜则对方饮，负则自饮，最后负者饮大杯，见清代俞敦培《酒令丛钞·卷三》。

第三节　口头文字类

一、口令

（一）简述

口令是一类酒令的统称。没有其他行令工具，而只以口头吟诗、作对、唱曲、猜谜等行令，故名。清代褚人获《坚瓠集·补集》之卷六："崇祯间，吾苏郡候陈公（洪谧）与司李仉公（长玕）、吴邑候牛公（若麟）同坐公馆，候谒上官。有一庠生曾姓者，与一监生鲁姓者，乘间来白事。二生既去，陈公曰：'吾因二生之姓曾与鲁两字，戏拈得一口令在此，曰：曾与鲁，好似知县与知府，头上脚下一般的？只是腰里略差些。'盖称一腰金，一腰银也。"这类酒令数量极大，都是按照汉语、汉字的特殊规律而巧设机杼、精心编制而成。它发端甚早，春秋时代的"当筵歌诗""投壶赋诗""即席作歌"，已开后代此令之先河。宋代窦苹（一作"革"）《酒谱·酒令二十》："若幽人贤士既无丝竹金玩，唯啸咏文中可以助欢，故曰'闲征雅令穷经史，醉听新吟胜管弦'。今略志其美而近者于左。"而举"孟尝门下三千客，大有同人"，即"诗贯卦名令"。"大有""同人"乃卦名，孟尝君养士三千，当然同人很多，文意贯通。明清以后，这类酒令发展较快，各种名目层出不穷。清代张潮《下酒物》、清代佚名《新刻时尚化筵趣乐谈笑酒令》等，均是此类酒令的专著，散于他书者也屡见不鲜。现介绍几种比较典型的口头酒令，以供大家欣赏。

（二）典型酒令行令方法介绍

马无形令

每人举一马名，古代名马或传说中的马均可，要求马名中没有"马"字。如："赤兔""的卢""飞黄""飞兔""九花虬"等。合席轮说，不成者罚酒一杯。

水以山名令

每人举一水名，要求此水名是以山来命名的。如："太华池""鹊山湖""微山湖"等。合席依次轮说，不成者罚酒。

"酒"字令

清代郎廷极《胜饮编·卷八》："《过庭纪余》：先人家常宴集，喜举经史诗词及古人古事为酒令，以征后生学问。偶行'酒'字令，各拈一句旧诗，取其与酒字联属者，转换之间，多所开发。"在席众人每人一句，轮转下行，要求诗句中有"酒"字，不成则罚。如"酒敌先甘伏下风""列筵邀酒伴"之类。与此相类的，又有要求将"酒仙""酒史""酒圣""酒魔"嵌入诗句中者，诸如"自称臣是酒中仙"、"不作诗魔即酒颠"之类。有规定将"酒国"、（"酒城""酒乡""酒场"等表示地点的词嵌入诗句中的，如"微风酒市旗""细细绿波通酒巷"之类。也有规定将卖酒之地如"酒肆""酒楼"等嵌入诗中者，如"客舟不可渡，东行上酒楼"等。还有将"酒债""酒资""酒法"等嵌入诗句中的；也有将"酒瓶""酒贴""酒车""酒坛"等嵌入诗句中的。以上各法，既然事前有规定，吟诗中未带出所要求的词汇的，均罚酒一杯。

字体象形兼筋斗令

行令方法：从令官开始，先说一个字，接着说这个字像一个什么东西。然后把它上下颠倒，就像翻了筋斗，是什么字说出这个字来，最后将这三者（两字一物）连缀成一句话，比如："'甘'字像刨子，一筋斗成个'丹'字"，见清代俞敦培《酒令丛钞·卷二》。

字体抽梁换柱令

行令方法：先举出一个字，将其中的一笔抽出，变换其形再另加在某个位置，使之形成另外一个字，并用一句话表达出来。比如："'军'（軍）字取出中间柱，搓作一团，放在顶上变成'宣'。""'犬'字取出中间梁，搓作一团，放在左边变成'火'。"众人轮说，不成者罚一杯，见清代俞敦培《酒令丛钞·卷二》。

字体四柱册令

清代陈森《品花宝鉴·第五十回》："（桂宝）道：'我如今又想了一个拆字法，分作四柱：叫作旧管、新收、开除、实在四项。譬如这个酒字'，一面说，一面在桌子上写道：'旧管一个酉字，新收一个三点水，便成了一个酒字。开除了酉字中间的一字，实在是个洒字。都是这样。'"合席轮说，说得不好或说不出的，皆罚酒一杯。再举几例如下：

旧管是个"天"字，背后收一个"竹"字，便合成了"笑"字。开除了"人"字，实在是个"竺"字。

旧管是个"金"字，新收一个"则"字，便合成了"铡"字。开除了"贝"字，实在是个"钊"字。

旧管是个"射"字，新收一个"木"字，便合成了"榭"字。开除了"身"字，实在是个"村"字，又见清代俞敦培《酒令丛钞·卷二》。

无税良田令

每人举一田，要求此田非田地之"田"。如："砚田""心田""福田""兰田""纸田"等。不成者罚饮。

《四书》隐药名令

说《四书》中的一句，要求句中暗隐一个中草药名。如："管仲不死——独活""有寒疾——防风""夫人幼儿学之——远志""舟车所至——木通"等。

一字化为三字令

清代陈森《品花宝鉴》第三十七回："王桂保对著子云道：'我有个一字化为三字的令。我说给你听。'"行令方法：每人说一个字，然后在此字基础上增加一笔画而变成另一个字；再移动该笔画，又变成一个字。不成则罚。比如："大"字加上一点是个"太"字，移上去是"犬"字。"王"字加上一点是个"玉"字，移上去是个"主"字。"十"字加上一画是个"士"字，移上去是个"干"字。

一字化为三贯谚语令

口头文字酒令。行令方法：每人先说一个字，通过增减撤换该字的某些部分而使之变成另外两个字；再说一句谚语，使全句上下连缀起来，并要求文意贯通。如："'同'字添'金'即是'铜'，将'同'易'重'便成'钟'（鍾）。俗话说'现钟不打，倒去炼铜'。""'禾'字添'口'即成'和'，将'口'易'斗'便成'科'。俗话说'宁赠一斗，莫增一口'。"，见清代俞敦培《酒令丛钞·卷二》。

一字换半合成语成字令

又名"花样翻新令"。行令方法：每人举出一个字，用一个成语将该字某些部分撤换后形成另一个字。如：奏——偷"天"换"日"为"春"字；臂——飞"土"逐"肉"为"壁"字；砂——点"石"成"金"为"钞"字；椿——"春"行"夏"令为"復"字；波——脱"皮"换"骨"为"滑"字，见清代张潮《下酒物》及清代杨世沅《增补绘芳园酒令》。

一字藏六字令

行令方法：每人举出一个字，要求能将该字分成包括本字在内共六个字。合席轮说，不成则罚。如：

章：剖为"六""立""日""十""早"及"章"。
查：剖为"十""木""曰""旦""一"及"查"。
王：剖为"一""十""二""土""干"及"王"。
歪：剖为"一""不""丕""正""二"及"歪"。

此令实则藏了五个字，本字不应计算于内，然原书如此，故文中未作改动，见清代张潮《下酒物》。

一字中有反义词令

又名"一体反对令"。行令方法：每人举出一个字，要求这个字是由两个反义词或对义词构成的。合席轮说，不成则罚酒一杯。如："俄：'人'与'我'义相对""捉：'手'与'足'义相对""斌：'文'与'武'义相对""傀：'人'与'鬼'义相反""明：'日'与'月'义相对"，见清代张潮《下酒物》及清代杨世沅《绘芳园酒令》"少妇章台挥拳"。

二、字令典型酒令行令方法介绍

一字象形令

又名"象形令""改一字令"。行令方法：不拘几人，每人先说一字，再根据该字的形状，说出一句话，要求与先说的那个字同韵，又要贴切，紧扣该字，不能者罚酒。唐代四川节度使高骈与酒佐薛涛曾行此令。高骈说："口，有似没梁斗。"薛涛道："川，有似三条椽。"高骈问"为何一条曲？"薛涛答：相公为四川节度，尚使一个没梁斗，至于一个酒佐，有三条椽，其中有一条弯曲，又有什么奇怪的呢？"见唐代丁用晦《芝田录》。清代李汝珍《镜花缘·第九十三回》，众才子们在行"双声叠韵令"中穿插此令："兰芝道：'天时尚早，好姐姐，你的把象形酒令宣宣罢。'春辉道：'我说一个甘字，好像木匠用的刨子。'闺臣道：'果然神像，此令倒还有趣'。……艳春道：'我说一个且字，像个神主牌。'褚月芳道：'我说非字，好像箧子。'……"清代郎廷极《胜饮编·卷八》："《三余杂记》：高骈命酒佐薛涛改一字令，骈曰：'口，有似无梁斗。'……"

一音无二字令

行令方法：每人读出一个字，要求没有第二个字与该字读音相同。合席轮说，不成则罚酒一杯。如：水、打、脞、命、抹、酿、妞、拧、拗（niù）、牛、弄、暖、捧，见清代张潮《下酒物》。

二字两半同音令

行令方法：每人举出两个字，这两个字如果是左右结构，则左面两个字的读音相同，右面两个字的读音也相同；如若是上下结构，则上面的两个字读音相同，下面两个字读音也相同。合席轮说，不成则罚酒一杯。如："幢、铜音 tóng，巾、金音 jīn，童、同音 tóng"；"瞋、桢音 zhēn；目、木音 mù，真、贞音 Zhēn"；"翌、雳音 lì：羽、雨音 yǔ，立、历音 lì"，见清代张潮《下酒物》。

二字音同字异令

又名"似是而非令"。行令方法：每人举两个字的词要求两个字音同而字不同。合席依次轮说，不成则罚酒一杯；本无此词，纯由说者杜撰的，也罚酒一杯。如"授受""蝇营""狗苟""仁人""鄯善""成城"等，见清代张潮《下酒物》及清代杨世沅《绘芳园酒令》"少妇章台酣眠"。

二字俱非本音令

行令方法：每人举两个字，要求这两个字的读音都不是该字的本音。合席依次轮说，说不出者罚酒一杯。如："於戏：即呜呼，读 wu hu"；"方良：即魍魉，读 wang liang"；"可汗：读 ke han"；"阏氏：读 yan zhi"，见清代张潮《下酒物》。

三奇令

行令方法：每人举一个字，要求此字可分为两个字，而且分开的两个字与本字均在同一韵部，合为三奇。合席轮说，不成则罚酒一杯。如：

虹：分为"虫""工"二字，三个字均在上平声"一东"韵。

璜：分为"王""黄"二字，三个字均在下平声"七阳"韵。

琅；分为"王""良"二字，三个字均在下平声"七阳"韵。

以上各例均依"平水韵"，此法对今人来说太难，行此令者若按今天的声韵举字，就容易多了，见清代杨世沅《绘芳园酒令》"少妇古庙刺绣"。

三合五行令

行令方法：每人举出一个字，这个字必须是由三个字组合而成，同时，这三个字又都是"五行"中的字，即金、木、水、火、土。合席轮说，不成则罚酒一杯。如："鑫：音 xīn，由三个'金'字组成"；"淋：音 lín，由一'水'、二'木'组成"；"垚：音 yáo，由三个'土'字组成"；"焚：音 fén，由一'火'、二'木'组成"，见清代张潮《下酒物》。

三、写字令典型酒令行令方法介绍

叠并字令

行令方法：每人说四字，前者要两字相叠成另外一个字；后者要两字相并列而成另外一个字。合席轮说，不成则罚酒一杯。如"两山相投便是出，两木相挨便是林；若无山山出，哪有木木林""麻石相投便是磨，米分相挨便是粉；若无麻石磨，哪有米分粉"，见清代佚名《新刻时尚华筵趣乐谈笑酒令·卷二》。

反切令

宋代窦苹（一作"革"）《酒谱·酒令十二》："拆字为反切者：矢、引、矧；欠、金、钦。"即每人各举三字，前二字反切之后而成第三字。凡举不出者，罚酒一杯。又载："名字相反切者：干谨字巨引；尹珍字道真。"意为每人各举一人名，此人各须由二字组成，这两个字反切之后而成此人字中的一个字。古人有名、有字、有号，其中"巨引""道真"是字。反切是古代一种注音法，用两个字急读而成所要注音的字。此令从此而发想，编制而成。

拆字令

拆字本来是古代一种占卜法，术士令求占卜者任择一字，加以分合增减，随机附会，解释吉凶。宋代以后，人们把拆字引入作诗，遂有"拆字诗"；引入酒令，而成此令。该令与"属对令"俱属拆字性质。"属对令"先合后拆，此令先拆后合。行令方法：先说三字，继说一句；后句中的某个字，须是前三个字合成的。与席者依次说，说不出者饮酒。宋代赵彦伟《云麓漫钞·卷三》："林摅奉使契丹，国中新为碧室，云如中国之明堂。伴使举令曰：'白玉石，天子建碧室。'林对曰：'口耳王，圣（聖）人作明堂。'伴使云：'奉使不识字，只有口耳壬，却无口耳王。'林词屈。"

动不动字令

行令方法：每人说两个字，第一个字所表示的物是不能动的；第二个字所表示的物是可动的；这两个字还能组成一个字。如"路不能动，鸟可飞。"（鹭）"山不可动，卒可战。"（拳）"山不可动，风可吹。"（岚）合席依次轮说，不成则罚酒一杯，见清代佚名《新刻时尚华筵趣乐谈笑酒令·卷三》。

拆字对令

行令方法：令官将古诗一句暗书在纸上，不拘次序从中拈出一字，令每人作对。各人将对好的字写在纸上，注明姓名，交给令官收存。逐个将句中各字对完之后，令官按所举古诗的顺序将每人对的字排成一诗句。能与古诗成联的，合席共贺；虽不成联但能自通的免饮；根本不通的罚酒一杯，见清代俞敦培《酒令丛钞·卷二》。

推字换形令

行令方法：每人举出两个字，变动二者的位置，组成不同的两个新字，并以一句话表示出来。如"'木'在'口'内为'困'，推'木'在上成'杏'。""'禾'在'口'内为'困'，推'禾'往左成'和'。"皆可。不成者罚一杯，见清代俞敦培《酒令丛钞·卷二》。

增损重叠字令

口头文字类酒令。宋代窦苹（一作"革"）《酒谱·酒令十二》："'臺'字去'吉'，加点成'室'；'居'字去'古'，加点成'户'。"每人说两个字，经过偷梁之后，变成另外两个字。合席轮说，不成则罚酒一杯。

写字令

行令方法：合席诸人轮写下面一句话："大人孔乙己化三千七十士尔小生八九子佳作仁可知礼也"。每人每次写一至二笔，不得写至三笔。凡遇笔画向左的，如"丿""了"等，皆由左邻接下去写；凡遇笔画向右的，如"、""乙"等，均由写者之右邻接着写。凡违背令约的，皆罚酒一杯，见清代莲海居士《红楼梦觥史》。

离合字俗语令

口头文字类酒令。行令方法：先说一句俗语，不拘几字，其中两个字合成句子中另外一个字；后续一句，又将上句中一个字分拆后嵌入句子中。如"门口问信，人言不久便来"，"起造唤杜匠，不知是土工是木工"等。自令官起，合席轮说，不能者罚一杯，见清代俞敦培《酒令丛钞·卷二》。

离合同音令

行令方法：每人说四句话，用离合字、同音字巧妙地勾联起来，如"两火为炎，此非盐酱之盐，既非盐酱之盐，如何添水便淡？"这里，"炎"是由两个火字合成，"淡"字是由"炎"字加"水"字偏旁，则又是合。中间两句则同"炎""盐"一对同音字连缀起来。接下去一人可以说："两土为圭，此非龟鳖之龟，为何来卜成卦？"余者仿此。说不成者，酌情罚酒，见清代俞敦培《酒令丛钞·卷二》。

同色离合令

行令方法：举颜色相同的两物，再举一字，将该字拆开后，与上举二物分别搭配，使全句前后贯通。如："同色梅与雪，'朋'字两个月，赏梅邀月，赏雪邀月。"不成者罚以酒，见清代俞敦培《酒令丛钞·卷二》。

并头离合字令

口头文字类酒令。行令方法：说上下两个短句，要求合两短句的第一字可成另一个字。如"如保赤子，心诚求之"。合"如"、"心"而成"恕"。又如"一日暴之，十日寒之"。合"一""十"字而成"干"字。与席众人，每人一句，不成者罚酒一杯，见清代俞敦培《酒令丛钞·卷二》。

前后离合字令

行令方法：说一句话，要求第一个字与最末一个字能合成另外一个字。如"人莫不饮食也"，合"人""也"而成"他"字。又如"月移花影上阑干"，合"月""干"而成"肝"字。"山色空濛雨亦奇"，合"山""奇"二字而成"崎"字。与席诸位依次轮说，不成者则罚酒一杯，见清代俞敦培《酒令丛钞·卷二》。

葩经离合字令

"葩经"即《诗经》，唐人韩愈《进学解》云："《诗》正而葩。"是说《诗经》理正而文字华美，后人就称《诗经》为"葩经"。行令方法：从《诗经》中摘句，句中有两字可构成另外一个字，如"乃生男子"，合"乃""子"而成"孕"字，"雨我公田"，合"雨""田"而成"雷"字。合席诸位每人一句，依次轮说，不成则罚酒一杯，见清代俞敦培《酒令丛钞·卷二》。

第四节　骰子类

一、骰（tóu）子类酒令简述

以骰子（俗称色子）为行令工具，故名。唐代皇甫松《醉乡日月》："（骰子令）聚十只骰子齐掷，自由手六人，依采饮焉。"规定得"堂印"（三枚"四"），劝合席各饮一杯；三枚"六"，名为"碧油"；三人所掷骰子各有一枚聚于一处，名叫"酒星"。依所得采，各有饮法，然具体行令方法不详。此令为唐代酒令中比较普遍的一种，常见于唐人诗句中。张祐、杜牧《骰子赌酒》联句："骰子逡巡里手拈，无因得见玉纤红。"元稹《赠崔元儒》诗："今日头盘三两掷，翠娥潜笑白髭须。"此令在明清两代得到极大的发展，人们依据骰子六面采点的象征，编制了大量的酒令。小型酒令层出不穷，大型酒令接踵而至。有些酒令，用多枚骰子排列组合为二百余采，如"绘芳园酒令"，甚至终席不能行毕一令。还有一些酒令，将骰子与其他游具结合，形成一种综合性骰子令，如"月夜钟声令""揽胜图令""日怡怡斋觞政"等。现介绍几种比较典型的骰子类酒令，以供大家欣赏。

二、典型酒令行令方法介绍

（一）飞禽、果名贯骨牌、官名令

明代"兰陵笑笑生"《金瓶梅》第六十回："韩道国道：'头一句要天上飞禽，第二句要果名，第三句要骨牌名，第四句要一官名，俱要贯串，遇点照席饮酒。'"行令方法：每人用一枚骰子连掷六次，每掷一次，宣说令辞四句。要求在第一句中嵌入一句飞禽名，如"天上飞来一仙鹤"，"仙鹤"为鸟名；第二句嵌入一果名，如"落在园中吃鲜桃"，"桃"为果名；第三句嵌入一骨牌名，如"却被孤红拿住了"，"孤红"为骨牌名；第四句嵌入一官名，如"将去献与一提学"，"提学"为官名。以上四句的文意须首尾贯通。令辞及饮酒法如下：

天上飞来一仙鹤，落在园中吃鲜桃，
却被孤红拿住了，将去献与一提学。
掷得"幺"饮一杯。
天上飞来一鹁鸽，落在园中吃朱樱，
却被二姑拿住了，将去献与一公卿。
掷得"二"饮一杯。
天上飞来一老鹳，落在园中吃菱芡，
却被三纲拿住了，将去献与一通判。
掷得"三"饮一杯。
天上飞来一斑鸠，落在园中吃石榴，
却被四红拿住了，将来献与一户候。

掷得"四"饮一杯。

天上飞来一锦鸡，落在园中吃苦株，

却被五岳拿住了，将来献与一尚书。

掷得"五"饮一杯。

天上飞来一淘鹅，落在园中吃苹菠，

却被绿暗拿住了，将来献与一照磨。

掷得"六"饮一杯。

（二）花名贯《四书》顶针令

明代"兰陵笑笑生"《金瓶梅》第六十回："一掷一点红，红梅花对白梅花；二掷并头莲，莲漪戏彩鸳；三掷三春柳，柳下不整冠；四掷状元红，红紫不以为亵服；五掷腊梅花，花迎剑珮星初落；六掷满天星，星辰之远也。"行令方法：一个人用一枚骰子掷点，每掷一次，依次宣说上面的一句令辞。令辞要求每句的前半句中嵌入一花名，后半句用《四书》中一句，并要求上、下句顶针。所掷之点子若与宣说的令辞中的数目字相合，则饮酒一杯，否则免饮。

（三）"雪"字掷骰令

明代"兰陵笑笑生"《金瓶梅》第六十七回："温秀才道：'掷出几点，不拘诗词歌赋，要个雪字，就照依点数儿上。说过来，饮一小杯；说不过来，吃一大盏。'"意思是说，每人用一枚骰子掷点，然后吟一句诗词或歌赋，辞中须嵌入一个"雪"字，掷了几点，"雪"字嵌在第几个字上。比如：《金瓶梅》中，温秀才掷了个"幺"，吟道："雪残鹡鹏亦多时。"应伯爵掷了个"五"，吟道："雪里梅花雪里开。"诗中有两个"雪"字，首字之"雪"是多余的，犯了令，罚饮一大杯盏酒。西门庆用二枚骰子掷了个七点，吟道："东君去意切，梨花似雪。""雪"字在第九个字，也为犯令，照罚一大杯。

（四）戒本色令

又叫"燕雁齐飞令"。行令方法：合席每人一枚骰子，同时起掷。规定："幺"为月，"二"为兔，"三"为雁，"四"为红，"五"为梅，"六"为绿。在合席掷骰子的同时，令官口宣："梅靠东墙"，此时，凡掷得"五"点的人，皆靠东墙而立，其余的人继续掷骰。令官继续宣曰："月照西。"凡掷得"幺"的人，均面西而立。余皆接着掷。令官又宣："兔儿北走。"掷得"二"的人，皆向北慢行。余者接着掷。令官再宣："雁南飞。"掷得"三"的人向南走。余者继续掷。令官又宣："绿敬主人。"掷得"六"的人每人敬主人一杯。余者接着再掷。令官接着口宣："红敬客。"得"四"的人敬初来之客一杯。令官最后宣："从今三酉不须题。"至此令毕合席各归原位，见清代莲海居士《红楼梦觖史》。

（五）立夏掷骰令

行令方法：合席用六枚骰子轮摇，每摇，摇者口宣一句令辞；凡得对"四"，合席同饮，无则摇者自饮一杯。令辞如下："立夏喜相逢，乡村尽务农。不必叨叨令，掷对满堂红。"见清代佚名《新刻时尚华筵趣乐谈笑酒令·卷三》。

（六）五月掷骰令

行令方法：合席用一枚骰子轮摇，每摇，摇者口宣一句令辞。合席轮摇，依法行酒。令辞及饮酒法如下：

宣："一树榴花满席红。"

得"幺"免饮，无"幺"按点数饮。

宣："四大平分上下翁。"

得"四"，上家、下家各饮二杯；无"四"自饮。

宣："二点左边三点右。"

得"二"左邻饮一杯；得"三"点右邻饮一杯；无"二"、"三"自饮一杯。

宣："五月时当谢主东。"

得"五"点，敬东道主一杯；无则掷者自饮一杯。

又如：

宣："五月端阳竞渡。"

得"五"免饮，无则自饮。

宣："两边画桨时光。"

得"二"，左、右邻各饮一杯；无则自饮一杯。

宣："三四夺得锦标还。"

得"三"，掷者左邻第三人饮；得"四"，掷者右邻第四人饮；无"三""四"，掷者自饮。

宣："一任华船归晚。"

得"幺"免饮，无则自饮一杯。

见清代佚名《新刻时尚华筵趣乐谈笑酒令·卷三》。

（七）六月掷骰令

行令方法：合席用六枚骰子轮摇，每摇均口宣一句令辞。合席轮摇，依法行酒。令辞及饮酒法如下：

宣："荷花沼上一凉亭。"

得"幺"免饮，无则罚酒一杯。

宣："画栋峥嵘两兽梃。"

得"二"免饮，无则罚酒一杯。

宣："三足金炉香扑鼻。"

得"三"免饮，无则罚酒一杯。

宣："四边图画趣情清。"

得"四"免饮，无则罚酒一杯。

宣："午风帘动清虚府。"

得"五"免饮，无则罚酒一杯。

宣："何羡皇朝爵禄名。"

得"六"免饮，无则罚酒一杯。

这里五、六两句利用谐音字，以"午"谐"五"，以"禄"谐"六"，仍暗寓骰点，见清代佚名《新刻时尚华筵趣乐谈笑酒令·卷三》。

（八）七月掷骰令

行令方法：合席用四枚骰子轮摇，边摇边口宣令辞，一摇一宣。合席轮摇，依法行酒。其令辞及饮酒法如下：

宣："一带银河清耿。"

得"幺"免饮，无"幺"罚酒一杯。

宣："两个牛渡河。"

得"二"，掷者的左右邻对饮；无"二"，掷者自饮。

宣："三四之夜幸相过。"

得"三"或"四"免饮，无则罚酒一杯。

宣："五六桥边乌鹊。"

得"五"或"六"免饮，无则罚酒一杯。

见清代佚名《新刻时尚华筵趣乐谈笑酒令·卷三》。

（九）七夕掷骰令

行令方法：合席用六枚骰子轮摇。以对"六"为相逢，得对"六"，除了宣原来的令辞外，要加呼"喜相逢"，合席高擎酒杯，各饮一杯。得一"六"自饮，无"六"免饮。令辞如下："织女牛郎曾系红，咫尺银河通不通？神官召鹊填桥过，一年一度喜相逢。"以上令辞，每一位摇骰者均说一句，边摇边说。四句令辞未完，而遇"喜相逢"（即双"六"），下家须从第一句重起，方法同上，见清代佚名《新刻时尚华筵趣乐谈笑酒令·卷三》。

（十）中秋掷骰令

行令方法：合席用六枚骰子轮掷，以"幺"为"月"，以"四"为"人"。凡遇"幺""四"，叫作"人月双清"，合席高擎酒杯，众目望月，再合席举杯而饮。无"幺""四"，掷者自饮。每人摇骰时，均要口宣令辞，人各一句，边摇边宣。令辞如下："不比寻常三五，今宵愈觉光明。此时此夜不胜情，唯愿人月双清。"见清代佚名《新刻时尚华筵趣乐谈笑酒令·卷三》。

（十一）九月掷骰令

行令方法：合席用六枚骰子轮摇，以对"三"为"雁"，凡得雁，均高宣"双雁来宾"，掷者饮酒一杯。无则免饮。每人摇骰时，同时口宣一句令辞。令辞如下："黄叶无风自舞，秋云不雨长阴。无边双雁正来宾，月下声声厌听。"见清代佚名《新刻时尚华筵趣乐谈笑酒令·卷三》。

（十二）重阳掷骰令

行令方法：合席用六枚骰子轮摇，以"四"为"菊"，以"六"为"篱"，得"四""六"，摇者高宣"菊满东篱"，并饮酒一杯，无则免饮。摇骰时，摇者边摇边口宣一句令辞。令辞如下："喜值重阳佳节，秋光处处清奇，笑看黄菊满东篱，正是游人乐地。"见清代佚名《新刻时尚华筵趣乐谈笑酒令·卷三》。

（十三）十月掷骰令

行令方法：合席用六枚骰子轮摇，以对"五"为"十月"，以对"幺"为"小春"。凡遇"十月""小春"，摇者皆饮酒一杯；二者并得，饮双杯。每次摇骰时，边摇边口宣一句令辞。令辞共四句："九十秋光已满，又逢十月小春。橙黄桔绿景逾新，且饮杯中酒尽。"见清代佚名《新刻时尚华筵趣乐谈笑酒令·卷三》。

（十四）十一月掷骰令

行令方法：合席用六枚骰子轮摇，摇时，每人口宣一句令辞。令辞及饮酒方法如下：

宣："一所书斋可避寒。"

得"幺"饮一杯，无则免饮。

宣："二扇门儿索自闲。"

得"二"饮一杯，无则免饮。

宣："三脚围炉添兽炭。"

得"三"饮一杯，无则免饮。

宣："四边图画水云山。"

得"四"饮一杯，无则免饮。

宣："五香老酒频频酌。"

得"五"饮一杯，无则免饮。

宣："六花飞不到炉边。"

得"六"饮一杯，无则免饮。

见清代佚名《新刻时尚华筵趣乐谈笑酒令·卷三》。

（十五）十二月掷骰令

行令方法：合席用六枚骰子轮摇，每人边摇边宣一句令辞，按法饮酒。令辞及饮酒法如下：

宣："一点寒灯夜读书。"

得"幺"饮一杯，无"幺"免饮。

宣："二更三点对红炉。"

得"二"点，与左邻第二人对饮；得"三"点，与右邻第三人对饮；"二""三"并见，三人举杯，饮杯告干。

无"二""三"免饮。

宣："六窗四壁无人语。"

得"六""四"自饮一杯，无则免饮。

宣："唯有梅花月正孤。"

得"五"点自饮一杯，无则免饮。

见清代佚名《新刻时尚华筵趣乐谈笑酒令·卷三》。

（十六）杂诗掷骰令

行令方法：合席用六枚骰子轮摇，摇骰时每人吟诗一句，诗句中要有表示骰点的字。摇毕，照点数饮酒。举数例如下：

宣："绿荫树下等红娘。"

得"四""六"自饮，无则免饮。

宣："捎寄情书三两行。"

得"三"点，左邻第三人饮；得"二"点，右邻第二人饮，无则免。

宣："五夜不来红帐冷。"

得"五"点自饮，无则免饮。

宣："一轮明月照西厢。"

得"幺"自饮，无则免饮。

宣："一年二次走江湖。"

得"幺""二"自饮一杯，无则免饮。

宣："三五分钱岂可无?"

得"三""五"自饮一杯，无则免饮。

宣："若得纯红归故里。"

得："四"自饮一杯，无则免饮。

宣："六亲庆贺尽提壶。"

得"六"或对"六"，合席共贺一杯。

宣："一子攻书夜不眠。"

得"幺"字自饮一杯，无则免饮。

宣"二更熟读霜满天。"

得"二"自饮一杯，无则免饮。

宣："三场文字真鏖战。"

得"三"自饮一杯，无则免饮。

宣："四海名扬天下传。"

得"四"，合席共贺一杯。

宣："五花官诰朝天子。"

得"五"自饮一杯，无则免饮。

宣："六部尚书贺状元。"

得"六"合席共贺一杯，无则免饮。

宣："一轮明月家家照。"

得"幺"，合席每人各饮一杯。

宣："唯有梅花独占春。"

得"五"自饮一杯，无则免饮。

宣："绿柳垂丝分两岸。"

得"六"则掷者上、下家各饮一杯。

宣："二上三下四东君。"

得"二"，掷者上家第二人饮一杯；得"三"，下家第三人饮一杯；得"四"，东道主饮一杯。

见清代佚名《新刻时尚华筵趣乐谈笑酒令·卷三》。

第五节　其他类

一、牌类

"酒牌"是牌类酒令的总称，又叫"叶子酒牌""叶子"。唐代出现并逐渐丰富起来的叶子戏，形成之初便用于酒令。刘禹锡等的《春池泛舟联句》载："杯停新令举，诗动彩笺忙。""彩笺"即叶子，在叶子上书以令辞，于宴中行令。宋代，叶子酒牌得到发展，日渐完备。元代曹继善《安雅堂觥律》尚存于世，这套"觥律"比较复杂。至明清时代，则化繁为简，著名的如明人陈洪绶"水浒叶子""博古叶子"、清代任熊"列仙酒牌"等，是酒牌中难得的佳品。游戏时，将牌扣置桌上，众人逐次揭牌，按牌中所写令辞、饮法行令或饮酒。清代李绿园《歧路灯》第十五回："宝剑取过酒牌……（盛希侨）揭过一看，只见上面画着一架孔雀屏，背后站着几个女子，一人持弓搭箭，射那孔雀，旁注两句诗，又一行云：'新婚者一巨觥。'"

有一种用铜铸成的叶子酒牌，形似铜钱而非钱。近代丁福保《古钱大辞典》"厌胜支钱马钱类"收录几枚，今人金维坚曾在杭州、金华、绍兴等地搜集到若干枚这类"铜钱"，并撰《酒令诗牌》一文专门介绍。从目前所看到的图谱，有"王母""曼倩""双成""琴仙""诗仙""棋仙""醉仙""散仙""拔宅仙""壶中仙"等。这些牌一律以正面镌铸人物形象，如"王母"则为仙人坐像，有祥云缭绕，横书"王母"二字；背面刻铸五言律一首。金维坚文认为这是一套行令用的"酒令诗牌"。但从牌后所铸刻的诗句来看，行令及饮酒之法不明，另有数种则看不出与行酒令的关系。现将几枚与酒令有明显关系的铜牌列于下：

王母

即西王母。牌的正面铸有祥云及王母像，背面诗："我有蟠桃树，千年一度生。是谁来窃去，须问董双成。"

双成

即董双成。传其为西王母的侍女，其职责是看守蟠桃。牌的正面铸一仙人，宽衣博袖，戴冠，两手双举，横书"双成"二字。背面刻诗："王母叫双成，丁宁意甚频。蟠桃谁窃去，须捉座中人。"

曼倩

即东方朔。相传曾三次去偷西王母的仙桃。正面镌铸一个作弓步式的人，左手持一桃，回首而窥望，横书"曼倩"二字。背面刻铸诗云："青琐窗中客，才称世所高。如何向仙苑，三度窃蟠桃。"

醉仙

即李白。铜板正面镌铸一人席地而饮，人的两侧各镌竖行二字为"醉仙""伴饮"。背面诗云："笑傲诗千首，沉酣酒百杯。若无诗酒敌，除是谪仙才。"

这套酒令铜牌的行令方法大约与明清时代的"捉曹操令""访莺莺令""拿妖令"等相似，即摸得"王母"牌者令得"双成"牌者在席间捉拿偷桃者"曼倩"，并按一定规矩行酒。见清代李佐贤《古泉汇》及金维坚《酒令诗牌》（载于《文物》1982 年 11 期）。

二、筹子类

此令是 1982 年在江苏丹徒县丁卯桥出土的，属于一个大型唐代银器窖藏的一部分，是迄今发现的唯一的唐代筹子酒令，十分完备，堪称珍品。与这一酒令有关的出土文物包括：五十支酒筹，皆为银器涂金，长方形，切角边，下端收拢为细柄状。每枚正面刻行体文字，文字内涂金。文字先刻《论语》中一句，接着刻酒约一则。酒约规定得十分简单，总共有"自饮（酌）""劝饮""处（罚）""放"四种；一件银器涂金色负"论语玉烛"。龟的神态栩栩如生，龟背负一圆筒，筒顶有盖，宛如在龟背上竖一支金色蜡烛。筒底为二层四面展开的莲瓣堆饰，筒座一周饰尖状条纹，筒身刻龙凤各一，间以卷草和鱼子纹。筒正面长方框内刻双线"论语玉烛"四字，下面四个并立的腰形匹间内各有一对相啄的飞鸟。筒盖与筒身子口相接，盖面卷边荷叶形，葫芦形钮，刻仰莲纹，盖身一周刻两对鸿雁及卷草、流云、鱼子纹，整个器物有刻纹处皆涂金。

"论语玉烛"的容量，正好可置全部五十筹。显然，是为行令时置放酒筹的，行令者在玉烛中掣筹行酒。

酒筹中，有"玉烛录事五分""觥录事五分""律录事五分"等字样，与唐代皇甫松《醉乡日月》所载正相吻合，唐人行酒令，"觥录事""律录事"乃必设的掌令者。"玉烛录事"虽不见记载，但显然是执掌"论语玉烛"的人。

三、杂类

（一）流觞曲水

古代的饮酒习俗，也是一种独特的行酒令方式。南宋刘义庆《世说新语》卷下《企羡》："王右军得人以《兰亭集序》方《金谷诗序》注引王羲之《临河叙》曰：'永和九年，岁在癸丑，莫春之初，会于会稽山阴之兰亭，修禊事也。……此地有崇山峻岭，茂林修竹，又有清流激湍，映带左右，引以为流觞曲水。'"宋代苏轼《和王胜之》："流觞曲水无多日，更作新诗继永和。"又叫"流杯曲水""浮波流泉"。南朝梁宗懔《荆楚岁时记》："三月三日，士民并出江渚池沼间，为流杯曲水之饮。"清代俞敦培《酒令丛钞·卷一》："窦子野《酒谱·逸诗》云：'羽觞随波流'，后世浮波流泉之始也。"简称"流觞""流杯""浮杯"。宋代欧阳修《三日赴宴口占》："共喜流觞修故事，自怜霜鬓惜年华。"唐代孟浩然《上巳日涧南园期王山人陈七诸公不至》："上巳期三月，浮杯兴十旬。"其法：于水滨设宴，将酒杯注酒后放在水中，任其顺流而下，人们取杯饮酒。后世人们仿古法而人工修造流杯之池，西安及北京的中南海、西苑等地，至今有流杯池。

后来，人们根据流杯古法而创造了"拈字流觞"诸令，如"'花'

字流觞"" '月'字流觞"" '密'字流觞"等,甚至将在席间传杯饮酒也称作"流觞"。

（二）卷白波令

唐代酒令。清代俞敦培《酒令丛钞·卷一》引《冷斋夜话》道："卷白波,酒令名。"此令的来源有两种说法:其一,据云与白波起义有关。白波是一个山谷名,在今山西省曲沃县候马镇北。东汉中平五年,黄巾军余部郭泰等在谷内起义,史称"白波贼",后被镇压,旧史描绘说:"戮之如卷席。"后代好事者据以编成此令(唐代刘存《事始》)。其二,宋代黄朝英《缃素杂记·卷三》:"盖白者,罚爵之名,饮有不尽者,则以此爵罚之,……所谓卷白波者,盖卷白上之酒波耳,言其饮酒之快也。"唐代白居易《东南行》:"鞍马呼教住,骰盘喝遣输,长驱波卷白,连掷采成卢。"注:"骰盘、卷白波、莫走鞍马,皆当时酒令名。行令之法不尽详,略为:举杯快饮,如卷白波入口之状,所谓白波催卷醉时杯。"

（三）钓鳌竿令

唐宋时代酒令,简称"钓鳌"。宋代章渊《稿简赘笔·酒令》:"钓鳌竿:堂上五尺,庭前七尺,红丝线系之,石盘盛诸鱼四十品,逐一作牌子,刻鱼名,各有诗于牌上。或一钓连二事物,录事释其一以行劝瀛洲,当时龙伯如何钓,虹作长竿月作钩。"注饮法"请人流霞杯劝登科人十分"。将"鱼"沉在盛水的盘底,行令者以长竿"钓鱼",钓得何"鱼",便依牌中所示饮酒。后人模仿此令而制"采珠局""捉卧瓮入格"等。(见宋代赵与时《宾退录》卷四)

（四）骰盘令

唐代酒令。宋代洪迈《容斋随笔·续笔》卷十六:"白乐天(《东南行》)诗:'鞍马呼教住,骰盘喝遣输。长驱波卷白,连掷采成卢。'注云:'骰盘、卷白波、莫走鞍马,皆当时酒令。'"行令之法久已失传。

（五）鞍马令

唐代酒令。宋代洪迈《容斋随笔·续笔·卷十六》中《唐人酒令》:"骰子令中,改易不过三章,次改鞍马令,不过一章。又有旗幡令、魔令、抛打令,今人不复晓其法矣,唯优伶家犹用手打令以为戏云。"以上各令到了宋代已基本失传,仅知其名字而已。

四、几种常见酒令

（一）小蜜蜂

两人一起念口令：两只小蜜蜂呀，飞在花丛中呀，飞呀飞呀……两臂要同时上下伸展做呼扇状，然后石头、剪刀、布，猜赢的一方就做打人耳光状，左一下，右一下，同时口中发出"啪、啪"两声，输方则要顺手势摇头，做挨打状，口喊"啊、啊"；如果猜和了，就要做出亲嘴状还要发出两声配音。动作及声音出错则饮！

（二）"007"

由开始一人发音"零"，随声任指一人，那人随即亦发音"零"，再任指另外一人，第三个人则发音"七"，随声用手指作开枪状任指一人，"中枪"者不发音不做任何动作，但"中枪"者旁边左右两人则要发"啊"的声音，同时扬手作投降状。出错者饮。由于游戏没有轮流的次序，而是突发的任指其中的一个人，所以整个过程都必须处于紧张状态，因为可能下个就是自己了！

（三）"杀人"

众人围坐，挑出一个人做"法官"，余人按发到或抽取的纸牌标记分别为："杀手""警察"和"群众"。然后"法官"宣布让大家闭上眼睛，做"杀手者"用眼神示意将某人"杀死"；之后扮警察者缉定谁是杀手，最后众人和"被杀者"一起讨论谁是"杀手"。此游戏在酒吧中颇盛行，据说从大洋彼岸的硅谷舶来，带有浓厚的智力精英味道。

（四）大话骰

骰子俗称色子，是一种用途极为广泛的游戏工具，从唐代已有，一直流传至今，在很多酒肆中大行其道。玩骰子的特点就是比较简单易行，无须费力，不必动脑，很适合一般人的口味。两个以上人玩，每人五个骰子。每人各摇一次，然后自己看自己盒内的点数，由庄家开始，吆喝自己骰盒里有多少的点数（一般都叫成"2个3""2个6""3个2"等等），然后对方猜信不信，对方信的话就下家重来，不信的话就开盒验证，以合计其他骰盒的数目为准。要是属实的话就庄家赢，猜者输，要罚酒，不属实的话就猜者赢，庄家输，须罚酒。叫数只能越叫越大。（注：工点可以作为任何数）

（五）明七暗七（拍七）

按自然数按顺序数下来，1、2、3、4、5、6、7……遇到 7、17、27、37 等以 7 结尾的数字称作"明七"，7 的倍数如 14、21、28 等称作"暗七"，轮到"明七""暗七"的人都不能发声，只能敲一下桌子，然后逆顺序再继续数下去。从左到右 1、2、3、4、5、6、7（不发音）然后逆顺序，喊"6"者要紧接喊"8"，9、10、11、12、13、14（不发音），喊"13"者又要紧跟着喊"15"，一直下去，到"27""28"时最容易出错。

关于各类的酒令还有很多，如杂类酒令中的劝酒胡令、哑乐令、独行令、九射令等等，这里就不再一一说明了。我们的目的在于通过这些五花八门的酒令让大家对中国酒令和酒文化有更深的认识，并深深体会到酒令——

它是两千年来无数人共同培育的花朵，古老而常新；

它是中华民族文化百花园一枝奇葩，瑰丽而璀璨；

它是独树于世界文化之林的一束异卉，独特而新奇。

第 六 章
酒 情 物 语

第一节　历代酒书

　　早在远古时代，中华先民们就已掌握了以谷物为原料，以"蘖"为糖化剂酿造甜酒"醴"以及用曲作糖化剂造酒"鬯"的技术，使我国成为世界上最早用曲酿酒的国家。

　　周代已设置了专门的机构负责酿酒，且设有酒正、酒人、大酋等官职和专职酒匠，从管理到酿造技术均已相当发达。

　　到了秦汉时期，国家的统一、经济的发展，促进了酿酒业的发展。东汉许慎的《说文》记有曲的名称众多。北魏贾思勰的《齐民要术》有专卷记述造曲酿酒，其中介绍造曲方法达 12 种。这时我国的酒曲无论是品种还是技术，均已达到了较为成熟的境地。

　　秦汉以后，我国酿酒技术不断进步，酿酒工艺理论得到迅速发展，产生了许多酒专著。如汉代崔浩的《食经》、曹操的《上九酿法奏》、北魏贾思勰的《齐民要术》、南朝宋佚名的《酒录》，以及《酒令》《酒诫》等。这时，新丰酒、兰陵美酒等名优酒开始出现；黄酒、果酒、药酒、葡萄酒等酒品种也都有了发展。从东汉末年到魏晋南北朝时期，酒业大兴，酒文化得到了进一步发展，酒逐渐成为文学艺术的主题，产生了以酒为题的诗词歌赋。人们借酒抒发对人生的感悟、对社会的忧思、对历史的慨叹，从而大大拓展了酒文化的内涵。

　　唐代时，新丰酒、剑南春酒、荔枝酒、金陵春酒的酒味醇浓、品质优异已名扬华夏。在《古今图书集成》的《酒乘·酒篇名》中收录的酿酒专著有：李斑的《甘露经》、《酒谱》，宋志的《酒录》《白酒方》《四时酒要方》《秘修藏酿方》，王绩的《酒经》《酒谱》，胡节还的《醉乡小略》《白酒方》，刘炫的《酒孝经》《贞元饮略》，侯台的《酒肆》等。唐代李白、杜甫、白居易、杜牧等酒文化名人辈出，使中国酒文化进入了灿烂的黄金时期。

到了宋代，名酒品类增多。现今的江苏省境内当时就有金陵瓶酒、秦淮春酒、苏州小瓶酒、木兰堂酒、白云泉酒、百桃酒、清心堂酒、徐州寿泉酒、常州金斗泉酒、高邮五加皮酒、泗州酥酒等。

张能臣的《名酒记》就很好地记载了这些名酒的特点，有的以酿法精致得名，有的以水质优美盛名于世。宋代酿酒技术文献不仅数量多，而且内容丰富，具有较高的理论水平。其中，朱肱的《北山酒经》一书介绍酒的制法有 13 种之多，是我国古代酿酒历史上学术水平最高、最具权威性、最具指导价值的酿酒专著。

在宋代处于萌芽时期的蒸馏烧酒从元代开始迅速发展，占领了北方大部分市场，成为人们的主要饮用酒。这时名酒品类更多。宫廷用酒有马乳酒、太禧白酒、石冻春等；还出现了许多以产地命名的名酒，宋柏仁的《酒小史》中列有高邮五加皮、处州金盘露、山西太原酒、成都剑南烧春、关中桑落酒等。忽思慧的《饮膳正要》、韩奕的《易牙遗意》、朱德润的《轧赖机酒赋》、周权的《葡萄酒》等就出自这一时代。

明清时期的酒文献主要有：元怀山人的《酒史》、佚名的《墨俄小录》《调鼎集》、袁宏道的《觞政》、沈沈的《酒概》、周履靖的《青莲觞咏》《狂夫酒语》、顾炎武的《日知录·酒禁》、田艺蘅的《醉乡律令》、黄周星的《酒部汇考》、俞敦培的《酒令丛抄》、周亮工的《闽小记》、梁章钜的《浪迹丛谈、续谈、三谈》、徐炬的《酒谱》、冯时化的《酒史》、高濂的《遵生八笺》、方以智的《物理小知》、谢肇淛的《五杂俎》、夏树芳的《酒颠》、陈继儒的《酒颠补》、屠本峻的《文字饮》、宋应星的《天工开物》等。尤以李时珍的《本草纲目》最为著名。该书于万历六年（1578 年）写成，书中对各种动植物食品，即食物本草和各种加工食品的来源、性味、疗效，以及烹饪和加工的方法都做了介绍。特别是对酒，可以说已把前人的成功经验集中在了一起。

第二节 酒与文艺

一、散文与酒

散文是文学的一大体裁。自六朝以后，为区别韵文和骈文，将凡是不押韵、不重排偶的散体文章，包括经传史书，全部归为"散文"；后又泛指除诗歌以外的所有文学体裁。"五四"运动以后，将现代散文、小说、诗歌、戏剧并称为四大文体。现代散文又有广义狭义之分：广义者包括杂文、随笔、报告文学、游记、传记、小品文等；狭义者则专指表现作者情思的叙事、抒情散文。散文以表现性情见长，其形式自由、结构灵活、手法多样，可叙事、抒情、议论各主其事，也可兼而有之。

历代关于酒方面的散文是很多很多的，在此仅能列举若干。如东晋庾阐的《断酒戒》、戴逵的《酒赞》及刘伶的《酒德颂》；南朝梁刘潜的《谢晋安王赐宜城酒启》；北魏高允的《酒训》；唐代王绩的《醉乡记》、皮日休的《酒箴》；宋代苏轼的《书东皋子传后》；明代周履靖的《酒德颂和刘伶韵》；清代黄九烟的《论饮酒》等。在司马迁的《信陵君列传》及《荆轲传》中，以及其他不是专论酒散文中，均对饮酒有深刻的描写。现列出几篇美文以供大家欣赏。

（一）《论语》中有关酒的描写

酒质方面："沽酒不食"。因为当时喝的是古代黄酒，而且是从市场上零沽的酒，往往容易酸败，故孔子喝的是"家酿酒"。

饮酒有度："不为酒困"，"唯酒无量。不及乱"。

"不为酒困"可理解为"不是有人请你喝酒你必去"及"从来不因喝醉"而误事伤身。孔子还说："损者三乐。乐骄乐，乐佚游，乐宴乐，损矣。"他将骄傲、闲游、醉酒并列为有损德行的三种喜好，这与《酒诰》中的"不崇（酗）饮""不湎于酒"的观点是一致的。"唯量无量"这四个字，有人理解为不能给所有的人规定统一的饮量；也有人解释为孔子酒量很大或很小。这都无所谓，关键是不要喝多了。这也与《酒诰》中的"德将无醉"的意思是相同的。

讲究礼节："有酒食，先生馔"，"乡人饮酒，杖者出，斯出矣"，

"君子不争"。

这里说若有酒和菜，要先让父母享受；孔子和本乡人一起饮酒后，一定要等拄着拐杖的老者先出门后，自己才出去；按周礼在举行射箭比赛后，要"下而饮"，互相敬酒祝贺，要注意谦虚。另外，古代国君在厅堂内建有放置空酒器的土台，称为"反坫"，为招待别国国君举办国宴时专用。故孔子认为管仲不是国君而家设"反坫"是失礼之举。他说："邦君为两君之好，有坫。管氏亦有反坫。管氏而知礼，孰不知礼?"古代，将天子祭祀祖先的形式称为棉，而鲁国经天子特准则可举行禘祭，但第一次献酒是祭太祖亡灵的，叫"灌"，然后再祭列祖列宗，而且在祭祀前，要注意斋戒，即不能喝酒等。可是有人违背这一规定，所以孔子就生气。他说"禘自既灌而往者，吾不欲观之矣。"据《论语》记载："子之所慎，齐（斋）、战、疾"。即孔子将斋戒、战争、流行病同等看待。

此外，孔子还主张饮酒时须使用相宜的酒杯等。

《论语》中的上述"饮酒观"有些至今仍然是可取的。《论语》是孔子弟子及其再传弟子关于孔子言行的记录，它与《大学》《中庸》《孟子》并称为"四书"，长期成为封建社会科举取士的初级标准本。《大学》由孔子的学生荀子所作；《中庸》的作者是孔子的孙子于思，他是孔子的学生曾子的学生；《孟子》由孟子及其弟子万章等所著，而孟子则受业于子思的门人。

（二）欧阳修的《醉翁亭记》

作为"唐宋八大家"之一的欧阳修的传世之作《醉翁亭记》，是他被贬于滁州任太守时所写的一篇山水游记。滁州地僻事简，而作者为政以宽，又正值年岁丰稔，因此能放情于山水之间。文章绘声绘色地描述了幽深秀丽、变化多姿的自然风光；既畅达地表现了他与游客在亭中饮酒赏景的欢乐情景，也委婉含蓄地流露出作者对构陷者的不满和爱国忧民的思绪；并反映了人民和平宁静的生活状态，可谓情景交融、蕴意深广。

在写作手法上，语言骈散兼行、音调和谐振作、文气舒缓；写景由远及近、由面到点；通篇采用判断句和自问句的句式，连用了 21 个"也"字，是文赋的新形式，开了连用"也"字之端；全文写到与饮酒有关的饮、杯、酿、酒、酤、醉字有 16 处，名副其实为酒文化的一朵奇葩，真具有"耐读"的价值，故将全文录释如下。

醉翁亭记

环滁皆山也。其西南诸峰，林壑尤美，望之蔚然而深秀者，琅琊也。山行六七里，渐闻水声潺潺而泻出于两峰之间者，酿泉也。峰回路转，有亭翼然临于泉上者，醉翁亭也。作亭者谁？山之僧智仙也。名之者谁？太守自谓也。太守与客来饮于此，饮少辄醉，而年又最高，故自号曰醉翁也。醉翁之意不在酒，在乎山水之间也。山水之乐，得之心而寓之酒也。

若夫日出而林霏开，云归而岩穴暝，晦明变化者，山间之朝暮也。野芳发而幽香，佳木秀而繁阴，风霜高洁，水落而石出者，山间之四时也。朝而往，暮而归，四时之景不同，而乐亦无穷也。

至于负者歌于途，行者休于树，前者呼，后者应，伛偻提携，往来而不绝者，滁人游也。临溪而渔，溪深而鱼肥；酿泉为酒，泉香而酒洌；山肴野蔌，杂然而前陈者，太守宴也。宴酣之乐，非丝非竹射中者，弈者胜，觥筹交错，起坐而喧哗者，众宾欢也。苍颜白发，颓然乎其间者，太守醉也。

已而夕阳在山，人影散乱，太守归而宾客从也。树林阴翳，鸣声上下，游人去而禽鸟乐也。然而禽鸟知山林之乐，而不知人之乐；人知从太守游而乐，而不知太守之乐其乐也。醉能同其乐，醒能述以文者，太守也。太守谓谁？庐陵欧阳修也。

注：智仙：和尚之名；太守：为一郡的最高行政长官；得之心而寓之酒：领会在心里，寄托在喝酒上；若夫：像那；霏：雾；云归：古人以为云是来自山中的，故又回去了；暝：昏暗；伛偻提携：弯腰曲背的老人牵扯着小孩；蔌：菜蔬。射者中：古代饮宴时有一种"投壶"的娱乐，以矢投壶中，投中者胜，酌酒给负者饮；弈者胜：下棋的赢了；翳：遮盖；鸣声上下：鸟叫声忽高忽低；庐陵：今江西吉安市。

（三）司马光的《训俭示康》

这是司马光训诫儿子司马康的一篇散文，要他崇高节俭，不要追求奢靡。文中以实例作对比，并采用现身说法，使晚辈读来觉得亲切，容易接受，今天看来，仍可从中受到一些启发。兹将其中开头的几句及述及饮酒的两段辑录如下，供参阅。

> 吾本寒家，世以清白相承。吾性不喜华靡，自为乳儿，长者加以金银华美之服，辄羞赧弃去之……
>
> ……
>
> 近岁风俗尤为侈靡，走卒类士服，农夫蹑丝履。吾记天圣中先公为群牧判官，客至来尝不置酒，或三行、五行；多不过七行，酒酤于市，果止于梨、栗、枣、柿之类，肴止于脯醢、菜羹，器用瓷漆：当时士大夫家皆然，人不相非也。会数而礼勤，物薄而情厚。近日士大夫家，酒非内法，果、肴非远方珍异，食非多品，器皿非满案，不敢会宾友，常数月营聚，然后敢发书。苟或不然，人争非之，以为鄙吝。故不随俗靡者，盖鲜矣。嗟乎，风俗颓弊如是，居位者虽不能禁，忍助之乎！

注：近岁：近年；类：大都；天圣中：天圣年间，"天圣"为宋仁宗年号；先公：司马光称已故的父亲；三行五行：给客人斟酒的次数；酤：通"沽"，买酒；止：只不过是；脯：干肉；醢：肉酱；羹：汤；相非：相互讥评或认为不对；会数而礼勤：聚会次数多而礼意殷勤；"数"作"屡"解；数月营聚：先用几个月时间为请客做准备；苟：如果；鄙吝：没见过世面，舍不得花钱；盖鲜：

几乎没有了；居位者：居高位有权势的人；虽：即使；忍助之乎：忍心助长这种坏风气吗？

又闻昔李文靖公为相，治居第于封丘门内，厅事前仅容旋马。或言其太隘。公笑曰："居第当传子孙，此为宰相听事诚隘，为太祝、奉礼听事已宽矣。参政鲁公为谏官，真宗遣使急召之，得于酒家。既入，问其所来，以实对。上曰：'卿为清望官，奈何饮于酒肆？'对曰：'臣家贫，客至无器皿、肴、果，故就酒家觞之。'上以无隐，益重之……"

注：治居第：修住宅；厅事：听取、处理公事、接待宾客的厅堂；仅容旋马：仅能让一匹马转过身；隘：狭窄；太祝、奉礼：太祝和奉礼郎，是太常寺的两种官，主管祭祀，通常让功臣的子孙担任；得于酒市：在酒馆里找到他；上：皇上；清望官：清高有名望的官；觞：酒杯，这里指喝酒；上以无隐，益重之：宋真宗因为宰相不隐瞒实情而越发尊重他。

（四）警示酗酒者和嗜酒者的文章——《酒祸》

《酒祸》将酗酒者和嗜酒者造成的后果，以一言以蔽之，完全归咎于酒；并对当事者酒后的不良形象作了描述。笔者认为，应对酒的作用有个较全面、客观的评价；文中的一些现象，也应从饮酒者本身找其原因。因为若能做到科学饮酒，则"何祸之有"？现将全文辑录如下，供参阅。

酒　祸

诫曰："酒是伤人之物，平地能生荆棘。惺惺好汉错迷，醉倒东西南北。看看手软脚酸，蓦地头红面赤。弱者谈笑多言，强者逞凶半力。官人断事乖方，史典文书堆积。狱座不觉办逃，皂隶横遭马踢。僧道更是猖狂，寺观登时狼藉。三清认作三官，观音唤用弥勒。医卜失志张慌，会饮交争坐席。当归认作人参，丙丁唤作甲乙。乐人唤笛当箫，染匠以红为碧。推车哪管高低，把舵不知横直。打男骂女伤妻，鸡犬不得安宁。扬声叫讨茶汤，将来却又不吃。妻奴通夜不眠，搅得人家苦极。病魔无计支持，悔恨捶胸何益。"

注：皂隶：古代贱役；三清：道教所尊的三位最高尊神；三官：道教所信奉的天官、地官、水官三种；弥勒：佛教大乘菩萨。

从上文可见，所谓"酒祸"的提法是古已有之，对酒的功用的评价，以及对如何饮酒问题的讨论，估计还将继续很长时间。

二、小说与酒

《三国演义》《水浒传》《西游记》《红楼梦》这四大名著中，均多次写到酒。《聊斋志异》《三言二拍》等很多作品，也都与酒有关。例如在《老残游记》中，作者借酒虚构故事；《金瓶梅》中的"李瓶儿私语翡翠轩、潘金莲醉闹葡萄架"；在《镜花缘》中，描写了武则天如何醉酒逞淫威；《儒林外史》中的"周学道校士拔真才，胡屠户行凶闹捷报"；《官场现形记》中的"摆花酒大闹喜春堂，撞木钟初访文殊院"……在现代著名作家鲁迅、巴金等的小说中，也离不了酒。而且，通常是在小说中写到酒的相关情节，都较为生动、可读性较强。

（一）《水浒传》中有关酒的描写

作为四大名著之一的《水浒传》，其作者为元人施耐庵，也有人说是明初人罗贯中。明高儒《百川书志》著录其所见本，署"钱塘施耐庵的本，罗贯中编次。"在流传过程中，它的版本有一百二十回、一百一十五回、七十回的，其中七十回本有清初人金圣叹的批语，较为流行。

该书中写到：吴用智取生辰纲；武松景阳冈醉酒打死猛虎、醉打孔亮、醉打蒋门神；宋江浔阳楼酒醉题反诗；林冲风雪山神庙酒后杀仇人；鲁智深醉杀镇关西、醉闹五台山；连宋江、李逵等人之死，也均因饮鸩酒所致。

其中七十回本中的第十六和十七回所载的"智取生辰纲"的故事，很值得人们永远记取，因为这就是利用了有些人平时贪饮而思想上麻痹的心理。故事的背景是这样的：北宋末年，蔡太师蔡京做寿，京内外官吏都向他孝敬礼物；他的女婿北京大名府留守梁中书也收买了十万贯钱的金珠宝贝，派提辖杨志押送给老丈人。当时吴用、晁盖等七人预先得此消息，便扮作贩枣人，另找闲汉白胜扮作卖酒的，共同布置圈套，让押送礼物的15人就范。现摘录其中几小段如下：

……没半碗时，只见远远地一个汉子，挑着一副担桶，唱上冈子来；唱道：

赤日炎炎似火烧，野田禾稻半枯焦。农夫心内如汤煮，公子王孙把扇摇！

那汉子口里唱着，走上冈子来松林里歇下担桶，坐地乘凉。众军看见了，便问那汉子道："你桶里是什么东西？"那汉子应道："是白酒"。……杨志道："你这村鸟理会得什么！到来只顾吃嘴！全不晓得路途上的勾当艰难！多少好汉被蒙汗药麻翻了！"

那挑酒的汉子看着杨志冷笑道："你这客官好不晓事！早是（本来）我不卖与你吃，却说出这般没气力的话来！"

正在松树边闹动争说，只见对面松林里那一伙贩枣子的客人，都提着朴刀走出来问道："你们做什么闹？"那挑酒的汉子道："我自挑这酒过冈子衬里卖，热了在此歇凉。他众人要问我买些吃，我又不曾卖与他，这个客官道我酒里有什么蒙汗药，你道好笑么，说出这般话来？"那七个客人说道："呸！我只道有歹人出来，原来如此。说一声也不打紧。我们正想酒来解渴，既是他们疑心，且卖一桶与我们吃。"那挑酒的道："不卖！不卖！"这七个客人道："你这鸟汉子也不晓事！我们须不会说你。你左右将到村里去卖，一般还你钱，便卖些与我们，打什么不紧？看你不道得（不能算是）舍施了茶汤，便又救了我们热渴。"那挑酒的汉子便道："卖一桶与你不争，只是被他们说的不好，又没碗瓢舀吃。"那七人道："你这汉子忒认真！便说了一声，打什么不紧？我们自有椰瓢在这里。"只见两个客人去车子前取出两个椰瓢来，一个捧出一大捧枣子来。七个人立在桶边，开了桶盖，轮替换着舀那酒吃，把枣子过口（下酒）。无一时，一桶酒都吃尽了……

那对过众军汉见了，心里痒起来，都待要吃……

那七个贩枣子的客人立在松树旁边，指着那一十五人，说道："倒也，倒也！"只见这十五个人：头重脚轻，一个个面面相觑，都软倒了。那七个客人从松树林里推出这七辆江州车儿，把车子上枣子都丢在地上，将这十一担金珠宝贝都装在车子内，遮盖好了，叫声"聒噪"（打扰了，对不起），一直望黄泥岗下推去了。杨志口里叫苦，软了身体，挣扎不起。十五人眼睁睁地看着那七个人都把这金宝装了去，只是起不来，挣不动，说不得。

　　我且问你（作者问读者）：这七个人端的是谁？不是别人，原来正是吴用、晁盖、公孙胜、刘唐、三阮（指阮小二、阮小五、阮小七兄弟三人）这七个。却才那个挑酒的汉子便是白日鼠白胜。却怎地用药？原来挑上冈子时，两桶都是好酒，七个人先吃了一桶，刘唐揭起另一桶的盖，又兜了半瓢吃，故意要他们看着，只是叫人死心塌地。次后吴用去松林里取出药来，抖在瓢里，只做走过来饶他酒吃，把瓢去兜时，药已搅在酒里，又假意兜半瓢想吃，那白胜劈手夺来倾在桶里：这个便是计策。那计较（计策）都是吴用主张。这个唤做"智取生辰纲"……

（二）《西游记》中有关酒的描写

《西游记》由明代吴承恩所作。其中"孙悟空大闹蟠桃会"的情节较为生动，现节录如下。

　　那里铺得齐齐整整，却还未有仙来。这大圣点看不尽，忽闻得一阵酒香扑鼻；忽转头，见右壁厢长廊之下，有几个造酒的仙官、盘糟的力士，领几个运水的道人，烧火的童子，在那里洗缸刷瓮，已造成了玉液琼浆；香醪佳酿。大圣止不住口角流涎，就要去吃，奈何那些人都在这里。他就弄个神通，把毫毛拔下几根，丢入口中嚼碎，喷将出去念声咒语，叫"变！"即变做几个瞌睡虫，喷在众人脸上。你看这伙人，手软头低，闭眉合眼，丢了执事都去盹睡。大圣却拿了些百味八珍，佳肴异品，走入长廊里面，就着缸，挨着瓮，放开量痛饮一番。吃了多时，醉了。自揣自摸道："不好！不好！再过会，请的客来，却不怪我？一时拿来，怎生是好？不如早回府睡去也。"

　　（孙悟空回到花果山水帘洞后）众怪闻言大喜，即安排酒果接风，将椰酒满斟一石碗奉上。大圣喝了一口，即龇牙咧嘴道："不好吃，不好吃！"崩、芭二将道："大圣在天宫吃了仙酒仙肴，是以椰酒不甚关口。常言道：'美不美，乡中水'。"大圣道："你们就是'亲不亲，故乡人'。我今早在瑶池中受用时，见那长廊之下，有许多瓶罐，都是那玉液琼浆。你们都不曾尝着。待我再去偷他几瓶回来，你们各饮半杯，一个个也长生不老。"众猴欢喜不胜。大圣即出洞门，又翻一筋斗，使个隐身法，径至蟠桃会上。进瑶池宫阙，只见那几个造酒、盘糟、运水、烧火的，还鼾睡未醒。他将大的从左右胁下挟了两个，两手提了两个，即拨转云头回来，会众猴在于洞中，就做个"仙酒会"，各饮几杯，快乐不提。

(三)《三国演义》中有关酒的描写

《三国演义》由元末明初的罗贯中所作；清初毛宗岗又作了一些，成为现在通行的一百二十回本。该书中对酒作生动描述的情节有：桃园三结义；周瑜装醉使蒋干中计；关云长单刀赴会、温酒斩华雄；曹操大宴铜雀台，曹操与刘备"青梅煮酒论英雄"等。这里仅将"桃园三结义"节录如下。

飞曰："吾庄后有一桃园，花开正盛；明日当于园中祭告天地，我三人结为兄弟，协力同心，镇然后图人事。"玄德、云长齐声应曰："如此甚好。"次日，于桃园中，备下乌牛白马祭礼等项，三人焚香再拜而说誓曰："念刘备、关羽、张飞，虽然异性，既结为兄弟，则同心协力，救困扶危；上报国家，下安黎庶；不求同年同月生，只愿同年山月同日死。皇天后土，实鉴此心。背义忘恩，天人共戮！"誓毕，拜玄德为兄，关羽次之，张飞为弟。祭罢天地，复宰牛设酒，聚乡中勇士，行三百余人，就桃园中痛饮一醉。

注：刘备：字玄德，三国时蜀汉的建立者。在"吴蜀夷陵之战中大败"，不久即病故；关羽：字云长，蜀国大将，被孙权袭取荆州，他败走麦城（今湖北当阳东），兵败被擒杀；张飞：字益德，与关羽同称"万人敌"，从刘备攻吴，临行，被部将刺死；黎庶：平民。

（四）《红楼梦》中有关酒的描写

《红楼梦》前八十回由清曹雪芹所作，后四十回由高鹗所续。在这部小说中描写酒的内容有以下几个特点：一是几乎全书都贯穿着酒，从第一回至第一百一十七回，直接描写喝酒的场面有60多处，全书共出现"酒"字580多处；二是发酵酒、蒸馏酒、配制酒三大类酒品都写到了；三是提到各种饮酒的名目有二三十种，如年节酒、祭奠酒、贺喜酒、祝寿酒、生日酒、待客酒、接风酒、饯行酒、赏花酒、中秋赏月酒、赏雪酒、赏灯酒、常舞酒、赏戏酒等，不一而足；四是不但描写饮宴、饮酒、醉态等情景，还述及酒的知识及酒德等方面；五是将饮酒与文学艺术联系在一起，在饮宴中采用了行雅令、俗令、击鼓传花等形式，并体现了各种酒礼和酒俗。第四十回的"史太君两宴大观园，金鸳鸯三宣牙牌令"，可谓将饮酒场景推向到极致。还应注意的是，在第五回和第十一回中，曹雪芹特意两次引出了秦可卿房中那幅"海棠春睡图"两边秦太虚写的这副对联：

嫩寒锁梦因春冷，
芳香袭人是酒香。

这里仅摘录第四十回中有关饮酒的一小段内容如下，就可足见贾府"饮酒成风"的盛况：

贾母道："就铺排（条桌和红毡子）在藕香榭的水亭子上，借着水音更好听。回来咱们就在缀锦阁底下吃酒，又宽阔，又听的近。"众人都说："好。"贾母向薛妈笑道："咱们走罢，他们姐妹们都不大喜欢人来，生怕腌赞了屋子。咱们别没眼色儿，正经坐会子船，喝酒去罢。"说着，大家起身便走。探春笑道："这是那里的话？求着老太太、姨妈、太太来坐坐还不能呢！"贾母笑道："我的这三丫头倒好，只有两个玉儿可恶；——回来喝醉了，咱们偏往他们屋里闹去！"

看了作者如上绘声绘色地描绘的"宴饮图画"，不免使人有"未饮先醉"之感，自然不必再举别的"酒例"了。

（五）《宋人平语·碾玉观音》中有关酒的描写

这是《京本通俗小说》中的一篇，明末冯梦龙将其收入《警世通言》，题目改为《崔待诏生死冤家》。全文在诗词或散叙中多次写到酒，笔调自然流畅。现只将其下篇开头的一段摘录如下，就可以明了作者的笔法及酒与这篇小说的关系。

宋人平语

碾玉观音

（下）

竹引牵牛花满街，

疏篱茅舍月光筛。

琉璃盏内茅柴酒，

白玉盘中簇豆梅。

休懊恼，

且开怀，

平生赢得笑颜开。

三千里地无知己，

十万军中挂印来。

注：茅柴酒：一种味苦的酒；挂印：当元帅；鹧鸪天：词调名；秦州：今甘肃省天水县；刘两府：指南宋抗金将刘锜；顺昌：今安徽省阜阳县；哕唕：语多声杂；番人：指金兵；诬罔：这里是轻蔑之意。

这首"鹧鸪天"词是关西秦州雄武军刘两府所作。从顺昌大战之后，闲在家中，寄居湖南潭州湘潭县。他是个不爱财的名将，家道贫寒，时常到酒店中吃酒。店中人不识刘两府，欢口乎哕唕。刘两府道："百万番人只等闲，如今却被他们诬罔！"做了这首"鹧鸪天"，流传直到当下。

三、书法、篆刻与酒

（一）书法与酒

书法是我国的传统艺术瑰宝之一。其仅凭抽象性的点线运转就可达到至美的境界，且力求美化，尤其讲究笔法、笔势、笔意，并在微妙迭见的变化中达到圆满。这种无声的灿烂与和谐，如果没有扎实的功夫，是难以表达出来的，更不能相信主要归功于什么"酒力"之说。据说书法大师王羲之等，每见金文刻石刻字，即坐卧其旁，探索笔势，体会其五光十色的神采，领略其音乐般轻重缓急的节奏。欧阳询年轻时，见到军事家李靖所书的碑文，端详之后，离去又返回，疲劳了就坐下来揣摩，并在碑旁住下，体会了 3 天才走。

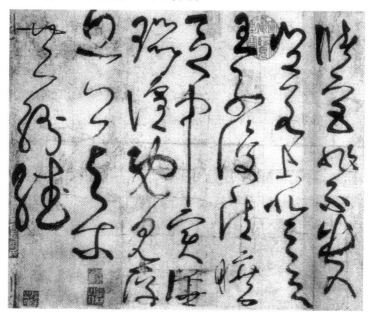

　　唐代的张旭可谓中国的"草圣"，唐文宗李昂将他的狂草与李白的诗歌、裴景的剑舞看成世间的"三绝"，而他的"草书"，往往是在酒后完成的。在杜甫的《饮酒八仙歌》中，就有"张旭三杯草圣传，脱帽露顶王公前，挥毫落纸如云烟"的诗句。时人称他为"张颠"，称他的狂草为"醉墨"。其实他也不是真醉，他的酒后呼叫狂走不过是乘兴运气使平时练就的功夫更好地发挥而已。苏轼也对"醉墨"颇为欣赏，将其作为新建屋堂之名："近者作堂名'醉墨'，如饮美酒消百忧。"唐代大臣、书法家颜真卿 20 多岁时在长安就学于张旭，35 岁时又在洛阳向他讨教。张旭向颜真卿讲授过魏朝书法家钟鹞提出的笔法十二意。颜真卿从张旭得笔法，正楷端庄雄伟、气势开张；行书遒劲郁勃，使古法为之一变，开创了新风格，对后来影响很大，人称"颜体"，与柳公权并称"颜柳"。

据《明皇杂录》载：唐玄宗自己不善于书法，却也对其爱好。有一天，他问苏璟："草书难得其人，谁可？"苏璟答道："臣不知道他，臣男颋为文甚速，可备使令。然性嗜酒，幸免沉醉，足以了事。"苏璟希望不要将儿子灌得大醉，就能写好。但苏颋被召进宫后，酒犹未解，还吐在殿上了。玄宗命中贵人扶他躺在御幄前，还亲自拿被子给他盖好。苏颋醒后，"援笔立就"。玄宗看了他的草书，非常高兴，抚摸着他的背道："知子莫若父！"这个例子也说明真正喝多了是无法写，更不可能写好的，只有睡醒后尚可，同时还需执笔者的功力。

苏轼可谓我国文化史上少有的全才，诗、文、书、画无不精妙，在诗文造诣上为"唐宋八大家"之一，在书法上与黄庭坚、米芾、蔡襄并称为"宋四大家"，但他酒量很小，却是酿酒专家。

（二）篆刻与酒

篆刻的起源晚于酒的出现和文字的诞生，它是随着陶器刻画符号而产生，随着文字的运用而发展的。

在新石器时代后期，工匠们在制作盛酒陶器时，在器皿上刻制表明制作者或拥有者等内容的符号，这就是《礼记·月令篇》所记的"物勒工名"；后来，工匠们为了方便，就用硬质材料刻制成印范，直接印制到陶器泥坯上，加以烧制。

酒字首次出现于篆刻，是在新莽时期的官印中，当时文化教育界最高长官的"祭酒"官印刻有"新成左祭酒"字样；明清篆刻家中的一大批嗜酒者在自己的印章中，也表现了对酒的喜爱和对酒的寄托之情，如何震的"沽酒听渔歌"、林皋的"案有黄庭尊有酒"、苏宣的"深得酒仙三昧"、黄士陵的"酒国功名淡书城岁月闲"等，成为我国自秦汉以来篆刻艺术中最具特点的精品。

四、绘画与酒

在我国，历代文人墨客都离不开酒，不但诗坛书苑如此，绘画界的名家们更是"雅好山泽嗜杯酒"。绘画必须有娴熟而深厚的技巧和功底，这样才能达到得心应手的程度，并心有所感而寄于笔墨。也许喝酒能唤起身心的记忆和所谓的灵感吧，所以有人认为古代的画家都是好饮者。其实不然，在中华五千多年的历史长河中，也有不少画家是滴酒不沾的，至于那些好饮者，也是因时、因地、因量而异的，常常是"喝到一定份上"，即恰到好处。

因此，中国历代名画有很多都与酒文化的题材有关。可以说，绘画和酒有着千丝万缕的联系、有着不解之缘。唐代"画圣"吴道子是中国绘画史上的泰山北斗。他名道玄，画道释人物有"吴带当风"之妙，被称之为"吴家样"。据说：他曾经一天画出嘉陵江三百里山水的风景。在《历代名画记》中就有关吴道子的记载，表述"每欲挥毫，必须酣饮"。

而五代时期被称为"异人"的励归真则是平时身穿一袭布裹，出入酒肆就如同出入家门。据载，励归经常说："我衣裳单薄，所以爱酒，以酒御寒，用我的画偿还酒钱……"其实，励归真最善画牛虎鹰雀，而且画得非常生动、传神。传说：南昌果信观的塑像，因常有鸟雀栖止，鸟粪污秽塑像而使人犯愁。励归真知道了以后，在墙壁上画了一只鹞子，从此鸟雀绝迹，塑像得到了妥善的保护，可见其画技之高深。

元代喜欢饮酒的画家也很多，最著名的元四家：黄公望、吴镇、王蒙、倪瓒。其中，吴镇字仲圭，号梅花道人，善画山水、竹石，一般作画多在酒后挥洒；王蒙字叔明，号黄鹤山樵，传说向他索画往往许他以美酒佳酿，而《海吏诗集》中的"王郎王郎莫爱情，我买私酒润君笔"的诗句中的王郎就是王蒙。

明代画家唐寅，字伯虎，筑室于桃花坞，也是饮酒作画，以卖画为生；求画者往往携酒而来，以得一画。

"扬州八怪"是清代画坛上的重要流派，而"八怪"中有好几位画家都好饮酒。罗聘，字两峰，以画《鬼趣图》而出名。他死后，吴毅人写诗悼念他，还提到了他生前的嗜好——"酒杯抛昨日"，其饮酒的知名度由此就可见一斑了。

郑燮，名攫，字克柔，号板桥，以画竹兰而著称，曾写过流传千古的"难得糊涂"，可见其与酒结缘的程度了。据说：当时扬州有个盐商向郑板桥求画不得，因见郑板桥往往给送狗肉的人"作一小幅报之"，于是就乘郑板桥出游之际，预先在一个竹林里的大院落中烹好了狗肉等候。郑板桥在饮酒吃肉过后，便主动问主人家墙壁上为何不挂字画。主人称："这一带无好的字画，听说郑板桥颇有名望，然老夫未曾见其书画，不知其果佳否？"郑板桥听了，按捺不住了，便将盐商早已准备好的纸张"一一挥毫竟尽"。就这样，一般"富商大贾虽饵以千金"而不可获取郑板桥的字画，这个盐商竟以些许肉和酒就轻易地得到了，这里当然不能否认酒肉对郑板桥所起的作用了。"八怪"中最喜欢酒的莫过于黄慎。他字恭慰，号瘦瓢，善画人物、山水、花卉，草书亦精。《昕雨轩笔记》中说他"性嗜酒，求画者具良酝款之，举爵无算，纵谈古今，旁若无人。酒酣捉笔，挥洒迅疾如风"。《瘦瓢山人小传》中说他"一团轺醉，醉则兴发，濡发献墨，顷刻飘飘可数十幅"。黄慎能以草书的笔意对人物的形象进行高度的提炼和概括，笔不到而意到。在《醉眠图》里，他把铁拐李无拘无束、四海为家的生活习性和粗犷豪爽的性格淋漓尽致地刻画了出来。正如郑板桥所说的那样："画到神情飘没处，更无真相有真魂。"

古代与饮酒有关的名画也比比皆是：东汉壁画《夫妇宴饮图》；"砖印壁画"《竹林七贤与荣启期图之——阮籍》；晚唐孙位的《高逸图》，此图原应是画"竹林七贤"的，因图只存山涛、王戎、刘伶、阮籍四人，故残卷得"高逸"之名；五代顾闳中的《韩熙载夜宴图》；南宋刘松年的《醉僧图》；明代刘俊的《雪夜访普图》，是宋代赵匡胤雪夜走访大臣赵普的历史故事图；明代仇英的《春夜宴桃李图》，这是一幅文人士大夫宴饮的图画；明代丁云鹏的《漉酒图》，此图描绘了陶渊明过滤酒的场面；清康熙的《五彩钟馗醉酒像》等。上述作品充分地说明酒与绘画的确历来就有着不解之缘。

五、酒与影视

通常，凡是影视屏幕呈现与酒有关的内容，大多是真实生活的写照，即生活中就有的，而不是主观臆造的。

在国际外交活动中，例如电视报道的重要签约仪式，在双方代表签字后，人们往往手持大半杯红葡萄酒，较广泛地相互碰杯后再饮一口酒或一饮而尽。而有关的宴会上，也少不了红、白葡萄酒；在较隆重的仪式上，则使用香槟酒。

在外国的一些影视中，往往有这样的场面：一个人为了发泄某种不良情绪，就像喝软饮料似的喝白兰地等烈性酒而致醉；而有好友造访时，主人则会根据双方的饮酒习惯，斟上大半杯红酒之类的酒，通常无下酒食品，喝不喝、喝多少均随意，如果客人兴致浓，也可自己再动手倒酒，想喝多少倒多少；但在饭店、酒吧或举行冷餐会、鸡尾酒会等聚会时，就使用相应的酒，这些具体场面都可从影视上看到。有时也有酒鬼出现在街头等处的镜头。

在国内影视上看到的饮酒场面，往往喝的是白酒和啤酒，频频劝酒、敬酒、碰杯、举杯、干杯，而且菜肴满桌，大多还较文明，但有的最终杯盘狼藉，甚至大打出手。在电影《一江春水向东流》中，张忠良大宴宾客，有其妻（已沦为佣人）素芬痛楚难忍而打烂酒杯的场面。当然也有如《地道站》中，日本鬼子因贪杯而被炸的镜头。在《牧马人》中，即使是最为简单的婚礼，也有人在喊"大家男的喝酒、女的喝糖"。但有的影片当中的"新花样"不知从何而来，例如在《红高粱》中提到"我爷爷"因往发酵容器中撒尿，酿出了百年不遇的好酒，结果竟害得有的人也想仿而效之，酿成当今天下第一好酒。

六、音乐、曲艺与酒

（一）音乐与酒

在国外，早在公元前 7 世纪，古希腊就定有"酒神节"。人们视"酒神"为丰收和欢乐的象征，对待酒神如同对待庄重的太阳神那样虔诚地礼赞、纵情地歌颂。这种"酒神赞歌"以其抒情合唱诗的特点一经出现，便受到人们的热烈欢迎。到公元前 6 世纪末，已发展成由 50 多名成年男子和男孩组成专门合唱队，进行表演竞赛的综合艺术形式。也正是在此基础上，诞生了古希腊后来的戏剧和音乐艺术。拉索斯、阿里翁、品达罗斯、西摩尼得斯、巴克基利得斯等，都是在那个时代创作酒神赞歌的著名诗人。其中有些作品至今仍有保存，如巴克基利得斯有两首这类诗歌仍被完整无缺地流传着。

众所周知，我国古代的许多诗歌、词、曲等都是可以入乐歌唱的，如魏晋"竹林七贤"之一的阮籍弹吟的古琴曲《酒狂》，就一直流传至今；唐代诗人的《阳关三叠》："渭城朝雨邑轻尘，客舍青青柳色新；劝君更尽一杯酒，西出阳关无故人。"情景交融、情深意切，当时即被谱曲传唱，至今仍深受人们喜爱。目前，音乐界不断出现演奏或演唱古诗词等的节目，但表演者多为一般乐手和歌手。

长期以来，我国各民族民间还流传着各种内容和风格的"酒歌"，即在婚礼、节日、亲友团聚等场合饮酒时所唱的风俗性歌曲。歌词也有即兴编写的，内容多为祝福、赞美、劝酒等方面。各地曲调不一，但大多比较明快。苗族同胞婚礼时所唱的酒歌尤为精彩，有成套的歌词和固定的曲调，全套共360行、1500多字，分有9个部分，通常要唱一天一夜。侗族同胞的酒歌有两种歌唱形式，即男女对唱，二人领唱、众人和之的合唱，通常开头和结尾时为对唱，饮宴高潮时为合唱。汉族的"酒曲"和"酒席歌"、瑶族的"酒歌"、藏族的"昌鲁"、壮族的"铜葫芦歌"、裕固族的"阿克克楞耶尔"等，均为这类民歌。

在当代音乐领域，"酒歌"也层出不穷，《祝酒歌》《酒干倘卖无》等可谓其中的名曲。

音乐对饮酒者的情绪会产生影响，这是古人早已掌握的常识，今人在这方面更是大做"文章"。例如：美国明尼苏达州有家音乐酒吧的老板，在对顾客听不同音乐后的心理状况进行长期观察和研究后发现：在音乐节奏缓慢时，顾客的饮酒速度会加快，一杯接一杯地喝；而在听到急旋风式快节奏的乐曲时，反而会慢啜细尝。于是，为了提高收益，老板在掌握了这一规律后加以运用，经常向顾客播放一些调子低沉、哀怨悲伤的音乐。而香港某个厂家则生产一种能奏出5种优美旅行音乐的酒杯，只要触摸到酒杯或向杯中斟酒、端杯饮酒，酒杯就会产生动听的乐曲声。如前所述，就时空而言，音乐是三大艺术形式之一，因此最好不要喝闷酒，应将饮酒和听音乐结合起来。例如：在一对老人共饮时，某些悲伤的乐曲能抚平他们的暮气，把对时光流逝、某些往事的悲伤转移成对乐曲理解的悲伤，产生共鸣，这时酒味似乎也会更醇美。当然，一对恋人在共饮时，可以听些纯情、欢快的乐曲。

国外还有人在音乐与酿酒的关系方面进行了一些研究。例如：日本某清酒厂曾做过这样的试验：在生产区安装 12 个扩音器，分别对制米曲、发酵过程中的微生物播放音乐，从而酿造出了品质优良的"纯米酒""辛口酒"。因为音乐的旋律促进了微生物的新陈代谢，故提高了"米曲"和经发酵所得酒液的品质，使成品酒的香味更美。各种音乐均会对一切生物有作用，但如上所述的例子，深入研究的空间还很大。

（二）曲艺与酒

相声大师侯宝林的著名段子《醉酒》可谓众所周知，他将两类"醉酒者"刻画得栩栩如生，使人听了忍俊不禁。这段相声分两部分：前面模拟一个没有真醉而借酒装醉的人物，后面表现两个基本上喝醉了但又不承认喝醉者的形象。

单口相声《连升三级》以一个纨绔子弟的巧遇为线索，将众多人物和事件组合起来，描绘了一幅封建社会的群丑图，强烈地讽刺了那些封建官僚的丑行，揭露了封建统治阶级的昏聩、腐败，但在当时的社会中又合乎情理，虽长达 3000 余字，却运用了生动活泼、富于表现力的口头语言，故妙趣横生。整段相声分以下四个情节：张好古目不识丁，却进京赶考；张好古拿了明熹宗最宠信的太监魏宗贤的一张名片进考场，一个字也没有写，竟得了个第二名；张好古给魏忠贤送厚礼，魏宗贤设酒宴款待张好古，并亲自送张好古出府门，如同送长辈那样，使张好古进了翰林院混了好几年；魏忠贤倒台后，张好古却因祸得福被称作功臣而连升三级。

长篇评弹《双按院》，说公差杨传和李乙急公好义，为百姓伸冤而假扮按院。但不久真按院陈魁上任后，提出于次日当堂炼印，以辨真假。当夜，杨传和李乙都焦急地考虑对策。杨传为了安慰李乙，就故作轻松地与李乙饮酒浇愁，但脑子在积极地思考。他倒了两杯酒，自己先喝了一杯，可是李乙无心思饮酒，便把另一杯酒也推给杨传喝，并把那空杯拉到自己身前。这一举动，使杨传突然联想到明天炼印时可利用调包之计。他不禁拍案叫好，差点把桌上的烛火震得熄灭。但这烛火又引发了他的思路，终于形成了一条完整的计谋：即在炼印时，由李乙虚报火警，趁众人慌乱之际，杨传便将自己的假印与陈魁的金印调换。次日，这一招果真奏效，便使真按院成了"假冒者"，而杨传、李乙则得以双双脱险。这里，一个饮酒的情节，成了剧情的重要转折点，引人入胜且耐人寻味。有人认为：在艰难的艺术创作中，酒可能对振奋头脑和激发灵感起到一定的作用。

七、戏剧与酒

古人云：世上有，戏中有。中外皆然。酒与戏剧的关系也极为密切。公元前 5 世纪希腊的悲剧和喜剧，均起源于农村祭礼酒神的仪式：悲剧由春播时颂酒神的歌曲演变而成，歌词中述说酒神、葡萄神教人民种植葡萄时遭遇千难万险的经历；喜剧由秋季采收葡萄时谢酒神的狂欢歌舞发展而成。到了公元前 6 世纪，这种原来在乡间表演的祭祀酒神的仪式，逐渐转移到雅典城里举行，称为城市酒神节，并随之涌现了埃斯库罗斯、阿里斯托芬等悲剧家、喜剧家，使戏剧成为希腊文学王冠上一颗灿烂的明珠。

我国戏曲起源于原始的歌舞，戏曲演出又与有酒供奉的祭祀活动结合在一起，而且人们在看戏时也需要饮酒助兴。

我国戏曲的许多剧目就与饮酒有关。例如：元代马致远的杂剧《岳阳楼》，描写了唐末"道教八仙"之一的吕洞宾三上岳阳楼饮酒、点化郭马儿的故事；元戏曲作家朱凯的杂剧《黄鹤楼》，则是说周瑜为了索讨荆州，假意邀请刘备赴宴，而欲在席间将其扣押，经诸葛亮派遣关平、姜维前往，才得以解围。

京剧戏文中写到和演到饮酒的例子则更多。例如：《鸿门宴》《青梅煮酒》等，均离不开"酒"，其内容在前面的讲故事专题中已具体叙述。梅兰芳先生表演的《贵妃醉酒》是一出著名的京剧，是说唐玄宗约杨玉环于百花亭共饮，但届时玄宗并未如约而至，杨玉环因久候烦恼而问高力士，方知玄宗已夜宿于西宫江妃之处，故怨艾有加、引酒独酌而致醉。梅兰芳所扮演的杨贵妃，雍容大方，通过其优美的唱腔、细腻的表情、卧鱼嗅花等生动的舞姿，将杨贵妃的心理活动表现得惟妙惟肖，使醉与美达到了和谐的统一，因而具有较高的艺术价值和较好的欣赏效果。《醉打山门》是京剧武戏中写到饮酒的代表性一出，说的是：嗜酒的鲁智深在五台山削发为僧，一日，他下山时见一人担酒上山，便上前买酒。此人说，长老有令，不准寺僧饮酒。但鲁智深不听，仍狂饮而大醉，回寺见山门已关，便大打山门。长老觉得不便再留鲁智深，便将其荐往东京大相国寺。在新编京剧历史剧《曹操与杨修》中，曹操招贤纳士，与杨修有相见恨晚之感。杨修自荐任仓曹主薄，辞行集军粮战马。该戏的第二场，曹操因军粮未到而愁急致病，在倩娘等捧药侍奉之际，谋士公孙涵带来有30年酒龄的杜康酒，欲与曹操（丞相）共饮。于是，曹操便感慨地吟诵"慨当以慷，忧思难忘。何以解忧，唯有杜康"的诗句，泼掉碗中的汤药，斟酒豪饮。这时，公孙涵就乘机向曹操进谗言，说杨修与孙文岱通敌。片刻，孙文岱到来，曹操便假意赐酒，在孙文岱接杯饮酒时拔剑将他刺死。在这一场戏中，以饮酒巧妙地串连了情节，深刻地反映丁曹操的诗人气质，以及他偏听偏信和性格多疑的致命弱点。在京剧现代戏《红灯记》和《智取威虎山》中，也有与酒有关的著名唱段：《红灯记》里李玉和赴所谓的"酒宴"前，高唱"临行喝妈一碗酒，浑身是胆雄赳赳。鸠山设宴和我交'朋友'干杯万盏会应酬……"；《智取威虎山》中杨子荣在"会师百鸡宴'，前，也高唱"今日痛饮庆功酒，壮志未酬誓不休。来日方长显身手，甘洒热血写春秋"。

昆剧中的名作《太白醉写》是昆剧大师俞振飞的拿手好戏，其内容在前面故事专题中已述。昆剧中有一出喜剧性很强的折子戏《醉皂》，说有一嗜酒成癖的皂隶（衙门里的差役），一天，当他独自小酌，酒兴正浓时，县官下令要他立即去送信。他只得一路行来，但醉意朦胧、自怨自艾，其手、眼、身、法、步均带有"醉意"，且醉中有醒，充分表现了这个小人物内心深处的无奈和失意感。

越剧中也不乏饮酒的情节。如《梁山伯与祝英台》的梁祝楼台相会，梁山伯满怀喜悦的心情专程来求婚，不料祝英台的父亲已强行把她许配给马家。这里就有几句有关饮酒的唱词。祝英台唱："梁兄你特地到寒舍，小妹无言可安慰，略备水酒敬梁兄。"；梁山伯唱："想不到我特来叨扰这酒一杯。"人们不难想象，这杯酒会是何等的酸涩啊！

在沪剧中，不仅有表现饮酒的情节，且还有"酒赋"，即将各种酒的名称嵌在唱词中。例如：《巧凤求凰》中就有一段几乎包括各种名酒的"酒赋"，而且其内容也切合剧情而有趣，这对于既爱听戏又好酒的观众而言，无疑可同时过了一次戏瘾和精神上的酒瘾。

八、武术、杂技与酒

(一) 武术与酒

武术又称"武艺""功夫",旧称"国术"。早在原始社会,人类在与兽类搏斗及部落战斗中,已积累了攻防格斗技术。经长期的继承、整理和提高,目前,它已成为我国传统的体育项目,也是锻炼身体和自卫的一种手段,由踢、打、摔、拿、跌、击、劈、刺等动作按一定运动规律组成。武术的运动形式有套路和对抗等,套路有拳术、器械的单人套路练习,两人或两人以上的对打套路练习之分;对抗有散手、推手、长兵、短兵等项。武术讲究"内练一口气,外练筋骨皮"。任何一个拳派均兼有功法训练、套路演练、格斗方式,即功法、套路、技击技术三位一体。功法又称内功,是套路演练和技击技术的基础,有"练拳不练功、到老一场空"之说。武术还与杂技、舞蹈等紧密相连。与酒有关的武术,主要表现于以下三方面,即醉拳、醉剑和醉棍。

"醉拳"又称"醉酒拳"或"醉八仙拳",其拳术招式和步态犹如醉者形姿,故名。若将醉拳按不同风格论类,则有重形、重技及形、技并重之分,但又均具有形醉意不醉的特点。有人用如下的歌诀对醉拳作了生动的概括:"颠倾吞吐浮不倒,跟跄跌撞翻滚巧。滚进为高滚出妙,随势跌仆人难逃。"醉拳的技法吸收了各种拳法的攻打精要,以声东击西、柔中见刚、顿挫多变为特色;手法有刁、拿、采、劈、点、扣、搂、插等,以刁、点、扣、搂为主;腿法有蹬、踹、踢、撩、弹、挂、勾、缠等,以踢、勾、挂、缠为主;步法有提、落、进、撤、击、碾、碎、盖等,以跟跄步(醉步)为主;眼法有视、瞧、瞟、藐等;身法有浑成有力地挨、靠、挤、撞等;跌法有硬跌、佯跌、化险跌之分。练法时要求神传意发,心动形随,身活步碎,形神合一,练到周身"无一处惧打,亦无一处不打人",出手就制敌,挨上就着力;用法必须眼捷手快、形醉神清、随机就势、避实就虚、闪摆进身、跌撞发招。醉拳的套路成熟于明清时代,有很多种:如《醉八仙》的套路以模拟"八仙道家"——吕洞宾、铁拐李、张果老、曹国舅、何仙姑、蓝采和、韩湘子、汉钟离所神化的形姿和武艺为特色,动作名称多以这些人物的动作特点进行创编,如"吕洞宾剑斩黄龙""张果老倒骑驴"等;《太白醉酒》的套路则以模拟李白的形姿为主;《武松醉酒》《鲁智深醉打山门》《燕青醉酒》等的套路,以《水浒传》中的英雄命名。《武松醉酒》包括以下两部分:一是"景阳冈武松打虎",武松似乎是真醉了,在这场人与兽的搏斗中,充分显示了他"内外五关"的功夫。所谓内外五关相合,即身心一元化,是东方人体文化的核心,其外五关指"手、眼、身、步、劲";内五关为"精、气、神、力、功";二是"武松醉打快活林",武松似醉而实醒,充分显示了醉拳腿法的威力。

醉剑很适于表演,其运动特点为:乍徐还疾、忽纵忽收、往复奇变、奔放如醉、形如醉酒而无规律可循,但招势却在东倒西歪中,潜藏杀机,于扑跌滚翻中透露狠手,故醉剑在舞剑中占有重要地位。例如电影《少林寺》中的醉剑表演众所周知。在 1980 年第一届全国舞蹈比赛中荣获创作二等奖及表演一等奖的独舞《剑》,就是根据醉剑的动作为素材创作表演的。该独舞《剑》的表演者张玉照,通过借酒浇愁醉后舞剑的情节,充分流露出剧中人物空怀绝技、报国无门的悲愤心绪;运用醉剑的"摆浪",最后在空中转体时一剑砍掉台灯的表演技巧,以及扬剑直指云霄的静止造型等艺术内涵,充分显示了创作者构思之巧妙、表演者的技艺之高超,以及醉剑独特的艺术感染力。

醉棍是棍术之一,是将醉拳的佯攻巧跌与棍术的弓、马、歇、旋、仆、虚的步法和抡、戳、扫、绕、撩、点、拨、劈、崩、挑、提、云、醉舞花、醉踢、醉蹭连棍法相结合而形成的套路。传统的醉棍,如流传于江苏、河南的《少林醉棍》,每套有 36 式。

中国武术的象形取意有四个方面:一是模拟在传统文化背景下深入民心的一种精神,如对龙的模拟、"单凤展翅"、"仙人指路"等;二是对禽兽的象形取意,如"虎跳""鹞子翻身"之类;三是按武术攻防规律,模仿攻防的动作和形态编制成套路或招法,如"蛇拳""螳螂拳"等;四是醉态。醉态当然是一种不正常的反常体态,但东方人体文化却能化丑为美,使之具有一定的防身和观赏价值。

(二) 杂技与酒

杂技是运用各种道具,以高难度和惊险的技巧为主要手段进行表演的人体技艺,包括手技、踩技、蹬技、走索、车技、爬竿、顶技等;广义而言,还包括口技、魔术、驯兽、滑稽表演等。按表演环境和条件的不同,则有舞台杂技、高空杂技、水上杂技、冰上杂技之分。许多国家都有杂技，如欧美的杂技，有古罗马和古希腊两种起源说法。中国的杂技则诞生于春秋战国时期，其后不断丰富而形成了鲜明的民族风格。与酒有关的杂技也很多：例如"耍酒坛"的节目，一直流传至今；"蹬技"可蹬酒坛、酒缸等；"抖空竹"中的"抖酒葫芦"，也是令人叫绝的传统杂技节目。民国初年，天津出现了一位以酒葫芦为道具的民间艺人田双亮。他在杂耍园中因一时失误而被老板辞退后，整日在酒馆里喝闷酒，偶然发现装五加皮酒的陶制酒葫芦颈细肚大，很像个单头空竹。他想，要是能以此为道具练出个名堂来，则可为自己争口气，并能丰富《抖空竹》的表演内容。于是他就向酒馆要了几个空酒葫芦，每天清晨跑到郊外的河滩沙地上练抖酒葫芦。"功夫不负有心人"，他终于练出了"手串""腰串""抛高"等高难度技巧，尤其是最后一个绝招更令人叫绝——将酒葫芦高高抛起之后，再以手中的空竹竿准确地射入酒葫芦口内。

九、成语、俗语与酒

（一）成语与酒

中国酒一经问世，就深入社会的各个阶层、领域，成为一种载体，托载着丰富的社会内容。中国古代的酒文化现象，在成语里也得到了相当全面的反映。如：

画蛇添足

这是一句人们常用的成语，故事见于《战国·齐策》。说楚国有人祭祀，祭毕有一卮酒，叫门客享用。主人道："这点酒分享太少了，不如由一个独饮，请大家在地上画一条蛇，谁先画成，谁就独饮这卮酒。"其中一人首先画成，便取酒在手，说："我还给蛇添上足。"于是他在蛇身上画起脚来。这时，另一个人已画成了蛇，立即夺取了那人手里的酒，说道："蛇本来就没有足，安上了足就不是蛇了，酒该我享用。"于是喝完了那杯酒。从此，"画蛇添足"就成了无中生有、费力不讨好的比喻。

日饮亡何

出自《汉书爰盎晁错列传》。爰盎欲为吴相时，其侄子爰种对他说，吴王骄横已久，国中必多奸人，劝爰盎到那里后要天天饮酒，不要过问他事，否则对自己很不利。盎用种之计，吴王厚遇盎。后人遂用"日饮亡何，亡何日饮"指每天饮酒而不问事。如辛弃疾在《玉蝴蝶·叔高书来戒酒用韵》词中，有"算从来，人生行乐，更休说，日饮亡何"之句。载复古的《癖习》中，有"逢人共作亡何饮，拨冗时观未见书"的诗句。

陈遵投辖

出自《汉书·陈遵传》，说陈遵好饮酒，并经常在宾客满堂时关上门，将客人车上的辖（车厢两端的键）投入井水，使车不能行而客不得去。后人遂用"陈遵投辖、孟公投辖"等比喻主人好客留宾、情真意笃。如在苏轼的《送赵寺丞寄陈海州》一诗中，即有"若见孟公投辖饮，莫忘冲雪送君时"之句。

杯弓蛇影

这是形容人疑心生暗鬼的成语，出处有两个：一是《晋书·乐广传》，此传载，乐广有一熟客，忽长久不来，来时面带病容。乐广问他得什么病，客道："前在坐，蒙赐酒，方欲饮，见杯中有蛇，意甚恶之，既饮而疾。"原来乐广衙门大厅壁上挂有一柄牛角弓，上刻蛇形，乐广心想杯中蛇一定是弓影，于是仍在老地方置酒，问此人道："你现在杯中见到的是什么?"客人一看，杯中仍有蛇。乐广便告诉他蛇影是壁上的弓。客人恍然大悟、其疾若失。第二个出处比《晋书》早，东汉应劭的《风俗通》一书中说是应郴请杜宣饮酒，杯中有蛇，杜宣因而惊疑成病，其实"蛇"是映入杯中的弩影。

糟糠之妻

出自《后汉书·宋弘传》，"糟糠"是指旧时代穷人用以充饥的酒渣糠皮等粗劣的食物。"糟糠之妻"比喻曾经共患难的妻子。

东汉初年，太司空宋弘为人正直、做官清廉，对皇上也直言敢谏，曾先后推荐、选拔能人30多位，其中有官至相位之士。光武帝刘秀很信任和器重宋弘，封其为宣平侯。

刘秀的姐姐湖阳公主新寡后，刘秀有意将她嫁给宋弘，但不知姐姐是否同意。一天，刘秀与她共论朝臣，以探知其心思。湖阳公主说："宋公（指弘）威容德器，群臣莫及。"刘秀听了很高兴，就立即召见宋弘，并让姐姐坐在屏风后听音。刘秀对宋弘说："谚言贵易交，富易妻，人情乎?"（俗话说人高贵了就忘掉交情，富有了就想另娶妻子，这是人之常情吗?）宋弘一听，就知道了刘秀的试探之意，于是立即答道：
"臣闻贫贱之知不可忘，糟糠之妻不下堂。"（我听说，对贫困卑贱的知
心朋友不可以忘记，对共患难的妻子不能抛弃。）以此表现了他的高风
亮节。刘秀听了，只得说"事不谐矣"。这实际上是说给里边的姐姐听
的，意为此事不成了。

还有很多不同类的酒，如饮鸩止渴，鸩是中国古代的一种毒酒；醴
酒不设：醴是中国古代的甜酒的名称；琼浆玉液：描绘了酒香；觥筹交
错：写出美丽的酒光；灯红酒绿：写出酒的颜色；痛饮黄龙：写出了出
征前的心怀，是祝捷酒；酒池肉林：写出昏君酒色无度的淫乐；鸡犬桑
麻：写的是文人田园小酌的淡泊；只鸡当歌：是悼亡之酒；青梅煮酒：
是助谈之酒。

（二）俗语与酒

与酒有关的俗语很多，因其有正、反等多方面的含义，现选录若干
如下，请广大读者自行鉴别。

富人一席酒，穷汉半年粮：劝人要注意节俭。

好酒不怕陈：指经得起时间的考验，不会彻底变质。

好酒出背巷：即好酒不怕巷子深。喻人才往往出自条件较差的
地方。

好酒说不酸，酸酒说不甜：指不能轻信有关酒的广告，比喻不怕瞎
议论、相信事实胜于雄辩。

白酒红人面，黄金黑人心：谓喝烈性酒易醉甚至引起吵架斗殴，钱
财有时易使有的人坏了良心。用白、红、黄、黑四字，作鲜明对比和
相映。

办酒容易请客难：有时指"硬件"好准备，人才难招聘。

淡酒多杯会醉人：指对低度酒也须注意饮量。

敬酒不吃吃罚酒：比喻不识抬举，只得强制执行。

酒不醉人人自醉：谓环境令人陶醉。

无钱方断酒：指并非出于自觉而被逼改变。

无钱吃酒，妒人面赤：借指嫉妒他人。

旧瓶装新酒：多指新内容利用旧形式。

饮酒不谈公事：指酒后易失言。谓娱乐与办公事分清，以免丧失
原则。

这杯苦酒，早晚都得喝下去：比喻难以避免和解脱的苦难，终将由自己承受。

正月初一想八月十五酒吃：比喻想得太早了点。

自己酿的酸酒自己喝：指做错了事应自己负责。

酒后吐真言：这是一种生理和心理现象，表明说出了自己的心里话。

酒肯吃，面不肯红：借指不愿与人争吵而伤了和气。

酒肉朋友，柴米夫妻：谓柴米比酒肉平常，但在日常生活中则更为重要。

酒醉心明，骂的仇人：谓说话含糊，但心里明白而有所指。

口酒不尝，捞菜大王：谓不喝酒，只吃菜。比喻有心眼，舍小取大。

能忌烟和酒，能活九十九：指节饮的重要性。

散酒当不了正筵席：比喻零敲碎打不顶事。

还有如酒逢知己饮，诗向会人吟；不想送人情，只想吃喜酒；酒逢知己干杯少，话不投机半句多；药治真病，酒解真愁；开怀畅饮，一醉方休；无酒不成席；酒后吐真言，醉里骂皇帝；醉里乾坤大，壶中日月长；今朝有酒今朝醉，不管明日是和非；今日酒灌肠，天塌又何妨；酒杯一端，无法五天；三杯下肚，后果不顾。可见有些谚语是颇有讽刺意味的。

与酒文化有关的内容还有很多，例如酒与舞蹈、魔术、火花等等。即使上面已提到各个方面，也只能说是"蜻蜓点水"而已。但纵观全书，已不难看出，在悠悠五千年中华民族的文明中，"酒"一直是占有一席之地的。诚然，"酒文化"也是一个全世界范围内永远说不完的话题。让我们以科学的精神、态度和方法，对"酒文化"这个课题不断地进行探讨和研究吧！

第 七 章
名 人 与 酒

第一节 古代伟人与酒

一、仪狄与酒

仪狄，夏朝人，相传是我国最早的酿酒人。《战国策·魏策》记载："昔者，帝女令仪狄作酒而美，进于禹。禹饮而甘之。曰：'后世必有以酒亡其国者。'遂疏仪狄而绝旨酒。"汉许慎在《说文解字·酒字条》中，也有同样的说法。意思是：过去，夏禹的女人叫仪狄去酿酒。仪狄经过一番努力后酿出味道很好的美酒，进献给夏禹，夏禹喝了，觉得确实好。可是他说："后世君王如喝了这种美酒，一定要亡国的。"从此就疏远了仪狄，而自己也和酒断绝了关系。仪狄奉旨造酒不仅没受到奖励，反而遭到了惩罚，岂不冤枉！

关于仪狄造酒的说法在《太平御览》中也说："仪狄始作酒醪，变五味。"醪，是一种浊酒，是用米经过发酵加工而成，和现在不带糟的酒醪差不多。"变五味"，是指酒具有多种滋味。

二、杜康与酒

杜康，字仲宁，康家卫人，善造酒。在《中州杂俎》《直隶汝州全志》里，都生动而具体地讲述了杜康造酒的过程。

据说：河南汝阳杜康村的酒泉沟有一棵老桑树，这便是杜康发明酒的地方。他小时候牧羊，每天日出就把羊赶往母羊坡放牧，晌午就到酒泉沟吃饭看书。酒泉沟古时称空桑涧，桑树丛生，有一股清泉穿林而过。泉边有棵老桑树，因年代久远，树身已空。杜康就在树下吃饭。他常缅怀祖先，饭难以下咽，就把剩饭扔进桑树洞里。乡亲们见杜康不思饮食，日渐消瘦，就给他送来曲粉充饥。无意中，他又将曲粉扔进了树洞。就这样，饭曲发酵变成了酒。杜康饮了此酒，才知酒能解忧助兴。于是他总结经验，从此以酿酒为业。

以后人们命名的除"杜康沟""杜康泉""杜康河"之外，还有"杜康墓"和"杜康庙"。魏武帝曹操在《短歌行》中有"何以解忧、惟有杜康"的诗句，这些都充分说明了杜康是古代酿酒的专家。

三、白居易

白居易是位大酒徒。他一生不仅以狂饮著称，而且以善酿出名。他为官时，拿出相当一部分精力去研究酒的酿造。酒的好坏，重要的因素之一是看水质如何，但配方不同，亦可使"浊水"产生优质酒，白居易就是这样。在酿的过程中，他不是发号施令，而是亲自参加实践。

四、大禹绝旨酒疏仪狄

大禹是公元两千多年前传说中的尧、舜、禹时代的最后一个部落联盟领袖，受舜禅位，也是我国有史以来第一位公认的明君圣主。

据《战国策·魏策》载："昔者，帝女令仪狄作酒而美，进于禹。禹饮而甘之，曰'后世必有以酒而亡国者'。遂疏仪狄而绝旨酒乙。"

旨酒是指极为珍贵的酒品，大禹认为如此好的东西，意志薄弱的人必会沉湎于它的，所以向后世发出了警告。在古代典籍中记述的亡国之君多沉湎于酒色而不能自拔，这就是大禹预言的应验，也证明了古代酒对政治、军事的影响之大。

大禹曾下过戒酒之令，但他也曾在涂山（今安徽怀远境内）以酒宴会诸侯，共议朝政。

五、夏桀是第一位纵酒亡国的"酒天子"

大禹之子"启"建立了我国历史上第一个奴隶制国家。不幸得很，夏启大概可算是最早嗜酒无度的君主了。尽管他在贪饮时，表面上呈现出一派欢乐的景象，实际上却埋下了祸根。影响所及，夏代后来的君主太康、后羿、寒浞、桀等都竞相攀比。史书上说，桀用池子盛酒，酒槽堆积如山，并令人奏起"靡靡之乐"，自己则坐在用宝玉装修的楼台上，观看 3000 人俯身就酒池如牛饮水般地饮酒、取乐。如此昏聩之君，国家岂有不亡之理！夏桀被商汤打败，逃到南方，不久就死去。但桀只是因纵酒丧国的始作俑者，后世可不乏跟风者。当然，纵酒荒政只是他（她）们的主要罪状之一。

六、殷纣王赴火自焚

纣王是商朝的最后一个统治者，也是后世史不绝书的荒淫暴虐之君。他拒谏言，一味听信妃子妲己的谗言，采用惨无人道的酷刑，将人捆在烧红的铜柱上活活烤死（炮烙），或将活人投入藏有毒蛇的坑内喂蛇（虿盆）。

他在摘星楼下挖了两个大池：右池装满醇酒，名曰"酒池"；左池以糟丘为山，插满树枝，并在其上面挂满肉片，名曰"肉林"。这就是史书上常提到的"酒池肉林"。他与裸体男女整日整夜地追逐嬉戏其间、喝酒吃肉，名曰"醉乐"。据说：他的酒池大到足以行舟的程度，还在商都朝歌（今河南淇县）以北至邯郸以南的路上修建了不少行宫，专供其作"长夜之饮"。有一次，他竟连喝了七天七夜。荒唐到如此程度，真是连夏桀也"甘拜下风"了。当纣问他的儿子今天是何日时，所得到回答也只能是"国君而失日，其国危矣"。庶民对纣的积愤，可想而知了。

这时，处于西部的周部落却日益强盛起来。其国君周武王看到讨伐纣的时机已经成熟，就命令姜太公率 5 万兵马渡过黄河，在盟津与八百诸侯会师，共同与纣亲自率领的 70 万商军在牧野大战。由于商军大多为奴隶和俘虏，他们平时对纣都有着刻骨的仇恨，故在周军的进攻下，反戈一击，使周军直捣朝歌。

纣王知道大势已去，就对太监朱升说："朕悔不听忠臣之言，误被谗奸所惑。今兵连祸结，莫可解救……朕思身为天子之尊，万一城破，为群小所获，辱莫甚焉。欲寻自尽，此身尚遗人间……不若自焚，反为干净……你可取柴薪堆积楼下，朕当与此楼同焚……"

纣王身穿衮服，佩满身珠玉，手执碧圭，端坐楼中，眼见烈焰骤起，遂叹曰："悔不听忠谏之言，今日自焚，死故不足惜，有何面目见先王于泉壤也！"

姜太公在声讨纣的十大罪状中，有三条为：沉湎酒色、自用酒池、酗酒肆乐。足见商之亡与纣"重酒色"关系之大。

七、周公与《酒诰》

周公是周武王的弟弟，他协助周武王灭商，建立了西周王朝。武王死后，因成王年幼，故由叔父周公摄政。周公是历史上有名的政治家，他鉴于夏、商灭亡的深刻教训，制定了《酒诰》等一些法律，并严格执行。

周公在《酒诰》中，有史以来第一次提出了饮酒要有所节制的主张。这也是一篇有名的政治宣言，规定各级官员只有在祭祀时才能饮酒，且不能喝醉；又告诫殷民，只有等到父母高兴时，才可以置备丰盛的膳食并饮酒；若有人平时聚众饮酒，则决不放纵，要全部抓起来送到周京，加以处死。总之，不能让人们耽乐于酒中。

应该说，《酒诰》不仅对于巩固西周的统治、刹住当时酗酒成风的现象具有重要的作用，而且有些内容对后世也具有可资借鉴的价值和意义。

八、周幽王设酒宴点烽火戏诸侯

自周公发布《酒诰》后，经成王、康王、昭王，只有60多年时间饮酒有度。到穆王时又酗酒无度起来，及至周幽王，已成了"朝亦醉，暮亦醉，日日恒常醉，政事日五次"嗜酒如命的昏君了。

有个名叫褒响的大夫向幽王进谏，幽王不但不采纳，反将其下狱。褒响之子洪德，为救父出狱，就在乡下用重金买了一个名叫褒姒的美女，进献于幽王。幽王龙颜大悦，将褒姒纳入后宫，并立即降旨释放褒响，复其官位。

后来，幽王借故废了王后、太子，立褒姒为后、褒姒之子伯服为太子。对此，文武百官虽怀不平，但只得缄口不言，而太史伯叔父叹曰：

"周亡可立而待矣!"

褒姒虽居正宫,但从未开颜一笑,一副"冷美人"的样子。幽王令乐工鸣钟击鼓、品竹弹丝、饮酒歌舞以博褒姒一笑,但毫不生效。幽王问曰:"爱卿所好何事?"褒姒曰:"妾无好也,曾记昔日手裂彩缯,其声爽然可听。"于是,幽王就令司库日进百匹彩缯,一面饮酒,一面叫宫女撕裂,但仍不见褒姒笑容。幽王还不死心,乃曰:"朕必欲卿一开笑口。"并下令,不拘宫之内外,凡有能致褒姒一笑者,则赏赐千金。

虢石父乃献计:"先王昔年因西戎强盛,恐彼入寇,乃于骊山之下,置烟墩二十余所,又置大鼓数十架,但有贼寇,放起狼烟,直冲霄汉,附近诸侯,发兵相救,又鸣起大鼓,催赶而来,今数年以来,天下太平,烽火皆息。吾君若要王后启齿,必须同游骊山,夜举烽烟,诸侯摇兵必至,至而无寇,王后必笑无疑矣。"对于如此"歪招",昏君幽王听了却认为妙极了,大可一试。

于是,幽王同褒姒往骊山游玩,至晚设酒宴于骊宫,并吩咐人到城上点火。顿时火光冲天、鼓声如雷,各路诸侯领兵望烽直奔王城救难,等兵临城下,却听见楼阁有管乐之音,又听来使告知"幸无外寇,不劳跋涉"。诸侯面面相觑,只得悻悻而归。

褒姒一面饮美酒、吃美食,又凭栏眺望各路诸侯兵马匆匆而来、匆匆离去,并无一事,可能觉得这样太好玩了,终于忍不住嫣然露出了难得一见笑容。幽王见这套把戏果然有效,便高兴地说:"爱卿一笑,百媚俱生,此虢石父之功也!"遂以千金赏之。这就是"千金买笑""一笑倾城"的故事。

幽王的这顿酒也可说是喝得尽兴了,但他如此拿社稷大业当儿戏的代价实在太重了,宝座再也坐不安稳了。这时西周已朝政混乱、人心涣散,加之连年灾荒,不到三年,申侯就联合犬戎等部,乘机兴兵进逼镐京。幽王急忙再次命人举烽为号。但诸侯们也学乖了,不但没有响应救援,反而纷纷举兵攻打王城,将幽王斩杀于骊山之下,结束了西周的统治。幽王真是自作自受,终于饮下了这杯自酿的苦酒,一切均在情理之中。

九、管仲饮酒弃半觞之说

春秋时代的齐景公"纵酒,七日七夜不止";战国时代的齐威王

"好为淫乐长夜之饮"，但那时也有几位名臣是不饮酒或反对酗酒的。例如：在春秋初期，由鲍叔牙推荐、被春秋五霸之一的齐桓公任命为丞相、帮助齐桓公成为春秋时第一霸主的政治改革家管仲，就是主张节酒的其中一位。

据《韩诗外传》载："齐桓公置酒，令诸大夫曰：后者饮一经程。管仲后，当饮一经程。饮其一半，而弃其半。桓公曰：仲父当饮一经程，而弃之何也？管仲曰：臣闻之，酒入口者舌出，舌出者言失，言失者弃身。与其弃身，不宁弃酒乎？桓公曰：善。"好在齐桓公是个开明的君主，能善解人意，否则管仲不是自找麻烦吗？

上述文言文的大意是齐桓公宴请君臣，唯独管仲迟到。按规矩管仲理应喝一杯罚酒，但他只饮了小半杯，而将大半杯泼在地上。桓公自然不悦，觉得有失面子，但还是敬问管仲为何如此。管仲镇定自如，讲了迟到的原因是为处理一件紧急而重要的公事，并表明自己酒量极为有限，泼掉一些酒是量力而行。若饮醉而失言，招惹杀身祸，岂不是比泼酒更糟吗？

桓公是明理之人，觉得于公不该罚酒，于私其量可恕，故释怀。如此酒德，遂成为古今佳话。

管仲还劝谏桓公节饮。有一次，桓公喝酒醉得连冠帽都不知丢在哪里了，自感羞愧难当，就一连三天不敢上朝露面。管仲则及时劝道：大王做的这件事虽有失面子，但也不至于要避朝弃政啊！为什么不以善举来挽回不良影响呢？桓公豁然开窍，就下令开仓济贫、释放犯轻罪的人。三天后，人们用歌谣唱道：我们的国君为什么不再丢一次冠帽？桓公就此因过得誉。

还有一次，桓公在管仲家里喝私酒，到了日暮时分仍觉未尽兴，命人点烛继续喝下去。管仲就很严肃地提醒道："大王，我本以为您只是白天喝酒的，没料到您晚上还喝，恕我招待不周，您还是到此为止吧！"桓公听了，自然有点挂不住脸，心想：我堂堂一国之君到你家里喝酒是因为看得起你，你也应该给我留点面子啊！于是就对管仲说："仲父（桓公对管仲的尊称）啊！你我都这么大年纪了，掰着手指头算算，还有几年活头，何不在这宜人的夜色里尽情而饮呢！"但管仲不为所动，并正色道："大王所言差矣，常言道，过于贪图口味的人，难免会疏于德养，沉湎于酒宴的人，是会有忧患袭身的，但愿您切勿放纵自己，而应尽力做一个有所作为的君王。"桓公觉得管仲说得诚恳而在理，就心悦诚服地回宫，从此再也不搞夜饮活动了。

桓公执政一匡天下、九盟诸侯，开创了春秋时期的一代辉煌霸业，是与管仲的辅佐分不开的。上面只是列举了在饮酒之事上的几个例子而已。

实际上，对昏君的劝谏是无效的。例如：少师比干对醉生梦死的纣王屡屡上谏，却被纣王残忍地剖开了心脏。

十、吕不韦父子与酒

吕不韦是战国末期卫国阳翟（今河南禹县）人，而他以一个珠宝商的投机心理进行谋政成事所奏的四步曲，均与酒有关。

第一步，借助于酒，吕不韦掌握了异人。吕不韦到赵国邯郸经商时，偶然遇到了秦王孙异人，即在那里充当人质的秦国公子子楚。子楚虽被拘于异国，穷困潦倒，但仍隐存贵族之气。吕不免暗自称奇，便询问旁人此人是谁。旁人就告诉他：这是秦王太子安国君之子，现因禁于丛台，潦倒如穷人，因秦王屡犯赵境，赵王几乎要将他杀掉了。不韦听后不禁叹息道：这真是奇货可居啊！

不韦回到家中问老父：耕田可得利几倍？回答是 10 倍；又问贩卖珠宝可获利几倍？回答是 100 倍；再问，若扶立一人为王，则可得利几倍？父亲笑着说：这怎么可能呢？若能如此，那得利的倍数是无法计算的。

于是，不韦就此开始了他一生中最大的一次冒险投机行动。他用酒作敲门砖，在酒桌上结识了监视子楚的公孙乾。一天，公孙乾也设酒宴招待不韦，他就乘机建议请子楚一起喝酒。其间，在公孙乾如厕时，不韦低声问子楚："如今秦王已老了。太子所爱的是华阳夫人，但夫人无子，殿下何不请求回秦，做华阳夫人之子，这样你将来不是还有继承王位的希望吗？"子楚含泪道："说到故国，我心如刀割，奈何现无脱身之计。"不韦就把自己的下一步计划告诉了子楚。子楚自然感激涕零，并发誓将来若真有荣享富贵的一天，一定要分一半给不韦。公孙乾回席后，又加菜添酒，三人喝到尽兴而散。

第二步，不韦通过奇珍玩好和饮酒交往，买通华阳夫人，并使她认子楚为子。不韦带着价值五百金的奇珍异宝，来到咸阳。当时是秦昭王在位，太子安国君膝下有20多个儿子，唯独将子楚派到赵国作人质，而且全然不顾子楚的安危，竟多次公然与赵国发生军事冲突。因此，在一般人看来，子楚的前途是绝对无望的。但不韦自有主意，认为华阳夫人就是他全盘计划的关键突破口。因华阳夫人正深受安国君宠爱，可惜一直没有为安国君传嗣生子，所以多年来她一直为这块心病寝食不安。不韦采用迂回战术，先拜见与华阳夫人来往密切的其姐，说子楚在赵国日夜思念夫人，并说他自幼丧母，夫人就是他的嫡母，他决心回来奉养双亲，尽其孝道。这是他托我献给华阳夫人的礼物。说着，不韦就把那些珠宝拿了出来。后来，华阳夫人的姐姐设宴招待不韦。席间，不韦不失时机地如此劝说道："用女色侍奉他人，可得一时之宠；若年老色衰，那可就会失宠了。子楚孝贤，如果华阳夫人把他作为亲生儿，则子楚将来可立为王位，这样夫人终身也就有了依靠，始终不会失势了。"华阳夫人对不韦夸子楚的一番谎言信以为真，就此一拍即合，认子楚为自己的儿子。这一笔幕后交易就此谈成了。

第三步，酒助不韦，实现其献美之谋。不韦在赵国经商时，娶邯郸美女赵姬为妾。这时她已怀孕两个月。不韦心想，若将赵姬嫁于子楚，并生得一子，便是我的骨肉。如果他继承王位，那嬴氏的天下岂不是可由吕氏接代了吗！于是他又设宴款待子楚。待饮酒至半醉之际，不韦说：我新纳一小妾，能歌善舞，何不令她出来助兴呢！于是唤早在门外待命的赵姬而至。子楚看到赵姬轻盈的体态和妖艳的舞姿，顿时心神迷乱，就假装喝醉地说："我孤身一人，甚感寂寞，若能得赵姬为妻，则足慰平生之愿。"当即请求不韦将赵姬让给他，并对天发誓：如能继任王位，必立她为后，决不反悔。不韦就此顺水推舟，成全了子楚，其实这正是不韦为子楚设下的陷阱，要的就是他主动上钩。

第四步，酒助吕不韦完成带子楚逃离赵国的计划。随着秦、赵两国战争的日益升级，在战争中吃了大亏的赵国想杀死子楚以报复秦国。不韦感到，若子楚再不及早回秦，则夜长梦多，万一有所闪失，岂不是前功尽弃了吗？这时，赵国已加强了对子楚的监管，但不韦仍保持足够的自信心，用三百金贿赂南门守将，又送一百金给公孙乾，用重金打通了各种关节为子楚逃离赵境作了充分准备。最后，不韦认为最终要"摆平"公孙乾，还得用酒。就设夜宴请公孙乾喝酒，将其一杯接一杯地灌得烂醉如泥；又给左右将士吃肉喝酒，使他们个个醉饱安眠。不韦这才趁着夜幕，带着子楚和赵姬直奔秦国，见到了秦昭襄王，后又至咸阳见到太子安国君和华阳夫人。至此，不韦的全盘计划才算基本完成。

华阳夫人的"枕头风"也果然有效。安国君一登上王位，就封子楚为太子。安国君在位不到一年就驾崩了，子楚就此登上了王位。他果然没有食言，让吕不韦出任丞相，封文信侯，食洛阳十万户，并立赵姬为王后。吕不韦就此名利俱获、显赫一时。

而赵姬在到秦国的次年真的生了一个男孩，取名嬴政，后来嗣为秦王，他就是那个兼并六国而一统天下的秦始皇。

在这个故事中，酒确实在吕不韦的整个计划中起到了穿针引线的作用。

十一、荆轲酒后刺秦王

荆轲是战国时期的卫国人，他虽然常与燕国的酒徒在一起喝酒，但其性格深沉，且较好学。

燕太子丹欣赏荆轲的人品，曾待他为上宾，后又封其为上卿。

有一天，丹对荆轲说："现秦国南征楚国，北伐赵国，若赵国被攻破，则必危及燕国。而弱小的燕国，到时即使倾举所有的兵力，也是难以抵挡秦军的。我想，若有一位勇士，带着丰厚的礼品去见秦王，因他生性贪婪，一定会被打动而答应我们的条件的；若他不答应，则将其当即刺死，可使秦国大乱而保燕国的安全。我认为舍你无他人也。"荆轲听了，没有立即同意，在丹的再三恳求下才答应下来。并说："樊将军是从秦国逃到燕国的，秦王正以黄金千斤、封邑万家之赏欲得其人头；另外，燕国的督亢，是块富饶之地。我若携樊将军的头和督亢的地图去谒见秦王，则大事可成。"丹听了后，因不忍对樊将军下手而表示沉默。于是，荆轲就亲自至樊家，向樊陈述利害得失。樊为报秦灭族之仇并感燕知遇之恩，当即自刎献出了自己的头颅。

燕国又以百金向赵人徐夫人购取一把极为锋利的匕首，并用毒药淬之，由荆轲带着副手秦舞阳及礼品等准备赴秦。

临行前，丹在易水之边大摆酒席，为荆轲饯行。君臣等均庄重地身穿白衣、头戴白帽到场。酒过三巡后，荆轲的挚友高渐离击筑，荆轲和而歌曰："风萧萧兮易水寒，壮士一去兮不复还。"众人听了那哀怨而雄壮的歌声，个个眼睛瞪圆、怒发冲冠。歌罢，荆轲等立即登车而去，始终没有回头一次。

荆轲等到了咸阳，先向秦王奉上樊於期的头颅，秦王看了深信不疑。但当荆轲再献上督亢的地图时，却不料露出了匕首。"图穷匕首现"的典故，本就出于此。于是荆轲临危不惧，机智地迅速一手抓起匕首，一手抓住秦王的衣袖，并威胁他答应将侵占燕国的领土归还燕国。秦王见状大惊，奋力扯断衣袖狼狈而逃。这时，秦王的御医举起药罐掷向荆轲，就在荆轲挥手挡开药罐之际，秦王乘机拔剑砍伤了荆轲的腿。荆轲仍举起匕首，奋力投向秦王，却碰在铜柱上，没有击中秦王。于是，秦王又用剑刺伤了荆轲。至此，荆轲自知事告失败，就蹲坐地上大骂秦王："事情没有成功，是因为我要活捉你，逼你归还燕国的领土来回报太子。"于是，秦王的卫士就一起上来将荆轲杀了。

十二、刘邦归故里酒酣而歌

刘邦年轻时在泗水（今江苏沛县东）当亭长期间就爱喝酒，经常到酒店赊酒，喝醉了就在地上睡觉。

有一次，他为县里押送一批农夫去骊山服刑，途中不断有人逃走。他想：如此下去，到了目的地怎么好交代呢！到了丰邑西边的湖沼地带，他停下来喝酒，晚上对农夫们说："诸位都走吧，我也打算逃走。"但还是有十几个农夫不愿意走而跟着他。刘邦喝得酒气冲天，当晚抄小路通过了湖沼地带后，派在前面引路的人回来报告说："有条大蛇挡住了去路，我们还是回去吧！"刘邦醉意浓重地说："好汉行路，有什么可害怕的！"于是赶上前去拔剑将大蛇斩为两段。又走了几里路，他最终因酒性发作倒地而睡。这就是刘邦酒醉斩白蛇的故事。

秦二世元年，陈胜起义时，刘邦就在沛县起兵响应，称为沛公。当时辅佐他的有萧何、曹参、樊哙、张良、韩信等文官武将。秦朝很快被推翻后，项羽自立为西楚霸王，大封诸候王，刘邦被封为汉王，占有巴蜀、汉中之地。不久，刘邦与项羽展开了长达5年之久的争夺战，于公元前202年战胜项羽，建立西汉王朝，登上皇帝之位。

7年后，刘邦平息英布叛乱，荣归故里，大摆酒席，宴请父老乡亲，并挑选120名儿童，教他们唱歌。酒酣之际，刘邦击着筑，唱起自编的《大风歌》："大风起兮云飞扬，威如海内兮归故乡，安得猛士兮守四方！"

他让儿童们也跟着学唱。席间，刘邦又跳了舞蹈，并感慨伤怀地流了几行热泪后对在场的人说：远游的人，总是思念着故乡的。我虽建都于关中，但我日夜思乡，即使千秋万岁后，我的魂魄还是要回来的。所以我把沛县作为汤沐邑，免除全县百姓的徭役，让他们世世代代不受此苦。乡亲们听了，非常高兴，就天天陪刘邦痛饮美酒。就这样连续了十多天，在刘邦要回去时，乡亲们还执意挽留。临别前，全城的人都给刘邦送酒，刘邦就叫人搭起帐篷，又与大家痛饮了三天后，众人才为刘邦送行。这就是"高祖还乡"和高祖酒酣高唱气势磅礴的"大风歌"的故事。这与项羽饮酒悲歌"霸王别姬"的故事相比，形成了强烈的反差。这就是历史的一页，从一个侧面反映了在不同境况下饮酒时的心情和状况。

十三、汉代"酒令大如军令"

汉初，吕后为人阴毒，以邀韩信赴宴为名诱杀韩信。后其子孝惠帝即位，她掌握政权，惠帝死后，临朝称制，分封吕氏亲属为王侯。有一次，吕后与吕氏诸王侯宴饮，让刘章做"觞录事"，即"酒监"。刘章宣称要以军法行酒令，吕后应允。饮不多久，有一王微醉而拔脚离席，刘章急迫上去，拔剑将其杀了，回来报告吕后："有亡酒一人，臣谨行军法斩之。"吕后大惊失色，但答应过以军法行酒令，故眼见娘家人被杀也不便发作。这就是后来酒宴上常说的"酒令大如军令"的由来。

刘章是齐悼惠王刘肥的次子，即刘邦的孙子。他不满吕后专政、诸吕擅权，就利用饮宴中作"酒监"之机，以军法行酒令，当场诛杀逃席的吕党。其机智和胆略超于常人，也从一个侧面说明古时的酒令并非是一纸空文和一句空话，但上述的特例也反映了封建统治集团之间争权夺利斗争的残酷。吕后一死，刘章就与周勃、陈平等诛灭诸吕叛乱，首先斩杀吕产，立下头功。文帝二年，刘章被立为城阳王。

十四、"圣人"与酒的来历

曹操爱饮酒，年轻时曾将家乡的酿酒技术整理成《九酝法》呈汉家皇帝，后来写下的《杜康酒诗》更为千古名篇。但他当丞相后，为节粮和防"酒害"曾下过"禁酒令"。然而，有人说他的酒法不严。有一次，尚书侍朗徐邈违令在家喝得大醉，他知道后也并不治罪。其实事情是这样的：那天徐氏正在家中狂饮时，正好曹操派人传唤徐氏去议政，他因躲闪不及，就仗着酒劲向来人说："请回禀丞相，臣正与圣人议事，不得工夫。"来人一听"圣人"在此，也没敢再问究竟是哪位圣人，便糊里糊涂地回报去了。曹操听后，也没追问此圣人为何许人也。只是事后，徐氏与友人谈起这事经过时说道："想不到'圣人'二字竟救了我的命。"这样，人们才知道原来"圣人"就是指酒。此后"圣人"也就成了酒的戏称。

十五、"青梅煮酒论英雄"

所谓"青梅煮酒"，并不是把青梅与酒煮着喝。"煮酒"是以酿造方法命名的一类酒，即将原料与曲混合后置于钵中加盖，放进水锅，以微火、水浴加温，使之恒温发酵成低度的酿造酒。青梅则为佐饮之果。也有人解释为饮酒之处在许昌九曲河畔青梅亭，"煮酒"是指将酒用热水烫温了再喝。

东汉末年（196 年），吕布打败了刘备，攻占了他的地盘，刘备只得带着关羽、张飞投靠曹操。曹操的谋士程煜劝告曹操赶快杀了刘备，以免后患无穷。曹操当然也知道刘备绝非等闲之辈，但一则怕杀一人而有失天下人心，二则还想争取刘备，考察一下刘备究竟有何野心。刘备也为防不测而采取韬光养晦之计，装着忙于在后园种菜、浇灌。

一日，曹操看到枝头梅子青青，又正值"煮酒"发酵成熟之时，就叫人把刘备请来，"盘置青梅，一樽煮酒，二人对坐，开怀畅饮"。处境维艰的刘备，因生怕自己酒后失言而招来横祸，所以表现得十分谨慎，与曹操的心态形成了强烈的反差。席间，曹操以"共论天下英雄"为题，以探测刘备之"心"。曹操问刘备：谁应称为当代之英雄？刘备佯装糊涂，先后列举出袁术、袁绍、刘表、孙策、刘璋等风云人物，但均被曹操一一否定。曹操认为那些人虽有权势，但均不堪称英雄。他说："夫英雄者，胸怀大志，腹有良谋，有包藏宇宙之机，吞吐天地之志者也。"曹操并据此而断言："今天之英雄，惟使君与操耳！本初（袁绍）之徒不足数也。"刘备万万没有料到，曹操居然一语道破了自己的志向和计策，以为自己酒后失言，致使曹操识破了天机，一时吓得竟然把手里的筷子失落在地。好在当时正"天雨将至，雷声大作"，刘备就以"闻雷而惊"为借口，掩饰刚才的失态，骗过了一代枭雄曹操。后来，刘备终于借机逃离曹操，以后又依附于袁绍、刘表。后采用诸葛亮"联孙拒曹"之策，大败曹操于赤壁。旋又夺取益州和汉中，于公元221年，在成都称帝，国号汉，建元章武。但次年即在吴蜀夷陵大战中大败，不久就病死，只当了两年皇帝。

曹操与刘备之间以酒试才、惧酒匿才的故事，一直为后人所传诵。例如在《三国演义》中就有这样一首诗："绿满园林春已终，二人对坐论英雄。玉盘堆积青梅满，金罍飘香煮酒浓。"

十六、孙权"以酒试才"

孙权也很注意以酒试才，而且"以酒求教"。举两个例子如下：

《三国志·费棉传》讲，有位名叫费棉的臣子，平时很少说话，孙权就"别酌好酒"给他喝，等到他将醉而未醉时，才乘机"问以国事，并论当世之务"。

孙权见名将鲁肃在饮宴中欲言又抑，就等到宴罢众人辞去之后，独留鲁肃"合榻对饮，密请教"。数杯之后，鲁肃就详陈时务了。他说汉室不可复兴，曹操不能卒除，只有鼎足江东以观天下之变，竟长江所极，据而有之，然后建号帝王以图天下。后来，鲁肃代替周瑜统领全军，也以饮酒考察吕蒙的才略。在将醉而未醉时，与吕蒙畅论时事。鲁肃听罢，消除了原来对吕蒙的轻视态度，并拍着他的肩背赞叹道：吕子明啊，我原来不知道你的才略竟如此宏大！

其实，以酒试才的做法早在战国时期就已有人采用了。

十七、以酒拜师、求教的故事

尊师重道是中华民族的传统美德，而尊字的最早意思是设"酉"，即"酒"以祭（《金文诂林》）。可见尊师、拜师、求教在古代往往是与酒密切相连的。

例如在西汉时，王式为昌邑王刘髆的老师，但刘髆不大听从老师的教导，所以即位后游戏无度、荒淫有加，仅 27 天就被废掉了，王式也因而受到了处分。可是后来在唐生和褚生应博士弟子选时，却"颂礼甚严""诵说""有法"，颇得朝臣赏识。人们问其老师是谁，他们说是王式。于是大家便向汉宣帝刘询上奏，刘询也就下诏封王式为"博士"。王式得到诏令后来到京城，住在"舍"（类似于现在的招待所）里，诸大夫、博士闻讯，纷纷"共持酒、肉劳士，皆注意高仰之"（《汉书·卷八十八》）。"高仰"是非常尊敬之意，而礼敬老师则离不开酒和肉。

西汉还有个刘棻，曾跟从杨雄"作奇字"。但他家境贫寒而又嗜酒，所以有人就携酒肴跟着他学习。到了唐代，人们对老师的礼敬更有了明确的说法，那就是归崇敬建议实行的"教授法"，酒则成了不可少的礼品之一。这种风气一直延续到清末民初。

十八、昏聩残暴、醉生梦死的符生

两晋南北朝时期，中国北方先后出现了 16 个由不同民族建立的割据政权，与东晋对峙。权力更迭频繁中的几十个皇帝，大多为昏聩无能的酒色之徒，而前秦的符生可算得上是最为突出的一个。

据《晋书》载，符生"残虐滋甚，耽湎于酒，无复昼夜。群臣朔望朝谒，罕有见者"。长期的酗酒使他的性格十分怪异暴虐。有一次，他心血来潮，对大臣们说："众家爱卿，寡人已临朝有日，虽谈不上呕心沥血，但也算是费心尽力了，不知诸位是何等看法，且说给孤家听听。"众臣以为他这阵子可能清醒了点，就有人乘机进言试探："皇上圣明宰世，天下太平，举国都在讴歌贤政呢。"不料符生听后怒喝道："你这一派胡言，是故意谄媚寡人，一定另有所图。"并当即下令将那人杖杀于廷。

接着，有个胆大者认为皇上真有些回心转意的迹象，就站出来说："皇上英明善断，吾朝兴旺有期，至于说吾朝政制嘛，下臣只认为陛下刑罚有些过分，唯望略为宽松才是。"这些话既顾及了符生的面子，又讲出了该提的意见，但符生听后却更为生气地吼道："大胆逆贼，你竟当众诽谤寡人，丢我的丑。"并令武士将那人推出斩首。

符生如此胡来，使君臣人人自危、噤若寒蝉，谁还敢"议政"。符生却认为威风惬意，更加肆无忌惮，常在腰上别弓挂刃出入于朝廷，谁见了都不免胆战心惊。有一次，符生在太极殿大设酒宴。监酒官向君臣传令，凡与宴者均要一醉方休。符生却在乐工陪奏下，引吭高歌。开始时监酒官连连劝酒，唯恐有人"偷懒"而遭符生惩罚。但几巡过后，监酒官担心有人一不留意会喝醉闹事，就没再勉强众人，场面也就不那么热烈了。没想到因此惹怒了符生，他对监酒官喊道："何不强酒，犹有坐者！"他要把群臣个个都灌醉倒地，边说边举起雕弓，一箭将监酒官射死。众人见状，无不毛骨悚然，争相夺壶斟喝，很快都丢冠散发、醉吐趴地、洋相百出。符生却以此为乐，频频举杯狂饮，大醉而去。

符生不仅喝酒失德，而且疑心病也很重，时常怕别人篡位夺权，尤其是对自家的兄弟放心不下，他喝多了就难免说出这桩心事。庶弟符法、符坚与群臣商议，预备"解决"符生。有一天，符生又大醉回到寝宫，见到庶弟们就破口大骂，并声称要立即将他们全部杀掉。被符坚安插在符生身边的人立刻跑去报告符坚。符坚等人乘机先发制人，先下手为强，率兵发动政变，将符生抓住。符生酒醒后已成笼中困兽，失了昔日威风，后悔不迭，但一切都为时已晚。符坚登基后，传令符生自尽。可是这个"天子"临死前却仍提出要酒数斗，饮醉后让武士杀死自己，在醉酒的麻木中告别了人世。

十九、陶渊明酒事多多

陶渊明又名陶潜，出身于破落地主家庭，是东晋时代的大诗人。据粗略统计：在他现存的百余篇诗中，有"酒"者约近半数，其中有一组《饮酒》诗共20首，集中地表达了他以酒解忧排愤的思想感情，成为在中国诗史上咏酒的第一人。有关他的酒事很多，现列举若干如下：

自喻"五柳"

陶潜少年时代曾写过一篇《五柳先生传》，说这位先生不知是何许人也，因其住宅旁边种有五棵柳树，故称为五柳先生。他不图名利，只喜欢饮酒，但由于家贫，故不能常常买酒喝，亲戚朋友们知道了，就时常请他去喝酒。他总是酩酊大醉而归，在家读书写文，过着安乐自在的生活。这实际上成了他后来自己生活的写照。

秫稻各半

秫即高粱，但这里是指糯米；稻则是指糯米之外的普通粳米。陶潜为了生存，曾几任介微小官，最后一次是做江西彭泽县令。他一到任，就令部下将百亩公田全部种植可用以酿酒的糯稻；但他妻子则认为吃粮重于饮酒，坚持应多种植普通稻。最终，两人互相让步而各种了一半。

挺腰辞官

几个月后，郡官派督邮来彭泽县，县吏请陶潜衣冠整齐、毕恭毕敬地去见督邮。陶潜叹息道："我岂能为五斗米向乡里小儿折腰！"于是愤然挂冠而去，并写了一篇《归去来兮辞》，从此隐居躬耕，以诗酒自娱。他在《饮酒》的序言中说：我闲居在家，缺少欢乐，再加上近来日短夜长，遇到好酒，每晚必饮。一个人饮酒，很快就醉了。酒醒之后就题诗自娱，这不过是单纯为了欢笑罢了。

葛巾漉酒

每当酒发酵成熟时，陶潜就取下头上的葛巾过滤酒液后，再戴到头上。在苏轼的《谢陈秀常惠一揞巾》中，有"夫子胸中万斛宽，此巾何事小团团，半升仅漉渊明酒，二寸才容子夏宽"的诗句。子夏是孔子的学生，他在孔子死后的讲学中，宣扬"生死有命，富贵在天"、"学而优则仕，仕而优则学"等儒家思想，想必是个酒量较小的人。

僧院酒客

当时名气很大的庐山东林寺僧慧远曾邀请陶潜去作客，但陶氏说，若允许我到了那里可以喝酒，那我就去。按规矩寺里是不能饮酒的，但慧远却破例答应了。

我醉欲眠

无论是"贵"或"贱"的朋友来访时，陶潜经常邀邻居同饮。若他觉得已有醉意，就会对客人说："我醉欲眠，卿可去。"其率真如此。在李白的《山中与幽人对酌中》，即有"我醉欲眠卿且去，明朝有意抱琴来"之句。

白衣送酒

陶潜好饮但常无酒。有一年的重阳节，他苦于无酒，于屋旁的东篱下采了一大把菊花久坐时，看到迎面而来的一个白衣人，原来是江州刺史王弘派人送酒来了。二人当即就酌，那人尽醉而归。后人就用"白衣送酒"来表达雪中送炭、遂心所愿之意。

钱留酒家

陶潜有位把杯倾心的知己，叫颜延之。有一天，颜氏特地来看望陶氏，临走时还留下两万钱，以接济他的生活。陶氏收受后，待来客一走，就将这笔钱悉数放到酒家那里，以便日后随时可去喝酒，足见他的酒瘾之大、酒兴之浓。

酒中真意

陶潜经常与乡亲父老对饮，既是为了情分，也可从中取得某些安慰和乐趣。但更多的是独饮，然而不是一味的滥饮，而大多表现出理性的自觉，如其所言"中觞纵遥情，忘彼千载忧"；"悠悠迷所留，酒中有真味"；"此中有真意，欲辩已忘言"；"外在樊笼里，复得返自然"，"虽无挥金事，浊酒聊可待"；"泛此忘忧物，远我遗世情。一觞虽独进，杯尽壶自倾"。这也正如梁朝昭明太子萧统评价陶渊明时所说的那样——"吾观其不在酒，亦寄酒为迹焉"。这里所谓的"迹"，无疑是指心迹，是在人生理想遭受现实重创后用酒来平复伤痛、慰藉自己的心路历程，在饮酒中抒发他不愿与腐败的统治集团同流合污的志向。

陶潜埋酒

九江境内有陶潜埋藏的酒。有个农夫凿石到底，发现一只石盒内有一个有盖的铜制酒壶，上面刻有 16 个字："语出花，切莫开，待予春酒熟，烦更抱琴来"。人们怀疑这酒不能喝，就全部倒在地上，结果其香数月不绝。

二十、苏轼

苏轼，字东坡，四川眉山人，宋代著名的文学家，也是著名的酒徒。写有"明月几时有，把酒问青天"。我们从他嗜酒如命和潇洒的神态，可以寻到李白和白居易的影子。他的诗、他的词、他的散文都有浓浓的酒味。正如李白的作品一样，假如抽去酒的成分，色、香、味都会随之锐减。

二十一、欧阳修

欧阳修是妇孺皆知的醉翁。他那篇著名的《醉翁亭记》，从头到尾一直"也"下去，贯穿一股酒气。无酒不成文，无酒不成乐。天乐地乐、山乐水乐，皆因有酒。"树林阴翳，鸣声上下，游人去而禽鸟乐也。然而禽鸟知山林之乐，而不知人之乐……"（《醉翁亭记》）

二十二、阮籍以酒避祸、解忧

阮籍是三国魏文学家、思想家。他蔑视礼教，以"白眼"冷对"礼俗之士"。后来他变为"口不臧否人物"，常用饮酒的方法在当时复杂的政治斗争中保全自己、以求生存。

例如：曹爽要他任"参军"时，他看准曹氏已面临覆灭的危机，就称病谢绝，归田闲居，饮酒写作。在司马懿掌握曹魏政权后，阮籍慑于其权势，只得应邀任从事中郎，但每次在宴会上有时真的喝醉，有时则佯装酒醉，以掩饰自己。因为他认为"魏晋之际，天下多故，名士少有全者"。

司马昭的谋士钟会，官大至司徒，但阮籍认准他是个投机钻营的卑鄙小人，故对他深恶痛绝。每当钟会以做客的幌子来打探阮籍的虚实时，阮籍就将计就计，置酒相待，但对政事却一言不发，使钟会只得快快而归。因为阮籍已对曹氏皇室失去信心，又不愿与野心勃勃的司马氏集团合作，故"不与世事"、洁身自好。

阮籍有一个容貌秀丽的女儿，司马昭想纳其为儿媳，以此拉拢阮籍。司马昭几次托媒人到阮籍家求婚，阮籍不便直接拒绝，就日日醉酒，一连60天，使司马昭只得作罢。这就是阮籍借醉拒求婚的故事。

阮籍如此饮酒，其意也不是真在于酒，而是正如鲁迅先生在评述阮籍时所说的那样："他的饮酒不独于他的思想，大半倒在环境。当时司马氏已想篡位，而阮籍名声很大，所以他讲话就极难，只好多饮酒、少讲话，而且即使讲话讲错了，也可以借酒醉得人的原谅。只要看有一次司马昭求和阮籍结亲，而阮籍一醉就是两个月，没有提出的机会，就可以知道了。"

《世说新语·任诞》指出：阮籍与司马相如基本相同，唯阮籍心怀不平而经常酒浇胸中"垒块"。后人就用"酒浇垒块""酒浇块垒"等指有才而不得施展，无可奈何、借酒消愁。

二十三、李白

李白，字太白，号青莲居士，出身于地主家庭，祖籍甘肃静宁西南，幼时随父迁居四川江油青莲乡。史称李白"少有逸才""飘然有超世之心"。25 岁起漫游各地，对社会生活多有体验。其间，于 27 岁时招赘于湖北安陆退休的宰相许家，他曾说"酒稳安陆，蹉跎十年"。42 岁时受人力荐，入朝做供奉翰林，为皇帝草拟文诰诏令之类的文件，但因遭权贵谗毁，仅一年余即被"解职"而离开长安。安史之乱中，曾为永王李璘的幕僚，因李璘失败而受牵连，被流放于夜郎，中途遇赦而东还，晚年飘泊困苦，在醉后到采石矶的江中捞月亮而溺死，享年61 岁。

李白是自屈原以来最具个性特色和浪漫精神的唐代大诗人。其诗表现出蔑视权贵的傲骨气魄，对当时政治的腐败进行了无情的批判，同时又对人民的痛苦深表同情。

李白一生以酒为伴，暮年时甚至将悬在腰间多年心爱的宝剑也摘下来换酒喝，正如郭沫若先生所说，"李白真可以说是生于酒而死于酒。"有关他的酒事甚多，现列举数则：

醉酒误事

有一次，唐玄宗游赏白莲池，一时心血来潮，欲召李白撰写序文。但那时李白正醉卧于街市的酒家，只得在他人搀扶下勉强登舟受命。

又有一次，唐玄宗携杨贵妃夜游禁苑。正值牡丹盛开之际，玄宗嫌艺人演奏的乐曲太陈旧，又欠雅意，就叫人找李白写些乐府新词。但醉酒的李白根本不在意什么圣旨，对来人说："我欲醉卿且去。"来人只得将李白捆起来送进宫去。玄宗见状也哭笑不得，立即令人用冷水将李白喷醒。李白醒后就笔走龙蛇似的一连写下了十余篇，其中就有"云想衣裳花想容，春风指槛露华浓"，"一枝红艳露凝香，云雨巫山枉断肠"等名句。

让宰相研墨

当时，凡是铢国进表，都使用满朝无人可识的"蛮文"。于是，李白由贺知章保荐入朝。李白持表宣读如流、一字不误。玄宗甚喜，立即命李白也用"蛮文"草诏，以示国威。李白乘机请旨让宰相杨国忠替他研墨，宠臣大太监高力士为他脱靴。李白如此戏弄这些小人，自然使他们恨之入骨，所以玄宗曾三次想给李白授职，但都让包括李林甫这些人给搅"黄"了，最终被赶出宫去。但李白却不以为然，仍高唱"仰天大笑出门去，我辈岂是蓬蒿人"；"人生得意须尽欢，莫使金樽空对月"，表现了其自由狂放的气质。

"智者失言"

有一天，唐玄宗召集翰林院学士们在偏殿饮酒。在李白酒酣之际，玄宗突然问他："我朝与天后之朝如何？"李白答道："天后朝政出多门，国由奸佞，任人之道，如小儿市瓜，不择香味，而惟拣肥大者；而我朝任人，如淘沙取金，剖石采玉，故皆得其精粹者。"这里的"天后"即武则天，"市瓜"指买瓜。玄宗听后心喜地笑曰："学士过有所饰。"李白酒后如此粉饰朝政，被时人讥为"智者失言"。

其实，李白利用与唐玄宗接触的机会，曾陈述对国事的看法，并对不合理的用人等现象也劝谏过，但玄宗沉溺于声色，只是把李白作为满足自己享乐欲望的御用文人。玄宗又听信谗言，例如高力士用李白写的诗去挑拨杨贵妃，杨贵妃向玄宗谗言，玄宗就疏远了李白。因而李白的不受重用，乃至赐金放还，就在所难免了。

饮酒泄愤解忧

李白被逐出长安后，其怀才不遇、郁郁而不得志的满腔激愤只能借酒来宣泄。他在《行路难·其一》中写道："金樽清酒斗十千，玉盘珍馐值万钱。停杯投箸不能食，拔剑四顾心茫然。欲渡黄河冰塞川，将登太行雪满山……行路难，行路难，多歧路，今安在？……"他面对朋友们为他安排的珍贵的酒和菜也吃不下去，茫然若失，连用了两个"行路难"，哀叹世路是何等的艰难险阻！那么多的岔路，而真正的出路又在哪里呢？有感而发，一吐其愤慨之情。

但饮酒也消解不了他的愁怀。他在《宣州谢朓楼饯别校书叔云》中写道："弃我去者，昨日之日不可留，乱我心者，今日之日多烦忧……抽刀断水水更流，举杯消愁愁更愁。人生在世不称意，明朝散发弄扁舟。"其内心是极度痛苦的。

李白测字

有一天,李白酒后独游金陵,途中见一测字摊,摊主正打着瞌睡。李上前拱手问:"先生怎不见生意?"穷书生模样的摊主笑曰:"无人测字,只得打盹。"李白说:"且让老夫一试。"就手摇测字用的"文王筒",并口中念念有词:"半仙测字,其灵无比。"这时走来一个瘦高个子的人对李白说:"在下本体胖,因上月家父身亡,思念悲切而体瘦。祸不单行,近日又将常佩于手腕的一对玉镯丢失,乃是家父的遗物,好不伤心。烦请先生高测,言明该物失落于何方?"李当即叫那人抽一字卷,打开一看,为一个"酉"字。李白说道:"酉加三点是为酒,酒酒酒,有有有,玉未碎,镯未走,必在缸中。"那人听后将信将疑地回家了,顷刻即手举玉镯跑来连声说:"先生真仙人矣!"高兴地付钱而归。摊主疑惑地问李白:"先生怎知那玉镯必在缸中呢?"李白说:"在那人伸手抽字卷时,我闻到他身上有酒气,仔细一看,是手上还沾有未干的酒迹,想必此人以卖酒为生。又据他说是原胖后瘦,则手臂当变细,而镯当相对为大,故料定他近来因丧父而神志恍惚,在忙乱之中把镯脱落在酒缸里了,而自己也未能觉察,果不其然。"穷书生听后,为之折服。

二十四、杜甫

杜甫的一生与诗和酒紧密相连,现将其酒事列举若干。

十四五岁即为酒豪

他在《壮游》一诗中写道:"往昔十四五,出游翰墨场……性毫业嗜酒,嫉恶怀刚肠……饮酒视八极,俗物多茫茫。"诗中"八极"意为四面八方,"俗物"乃指平庸之辈。到晚年时,喝酒更加厉害,经常酒债高筑,不得不质当衣服来喝酒。在其诗中有"莫思身外无穷事,且尽生前有限杯","朝回日日典春衣,每向江头尽醉归。酒债寻常处处有,人生七十古来稀"之句。喝得连身体健康等都全然不顾了,认为反正人活到70岁是很少有的。就如此,他活到58岁而死。这样的喝法,实在是不足取。

日与田翁饮

诗云:"田翁逼社日,邀我尝春酒。叫妇开大瓶,盆中为我取。"每田父索饮,必使之毕其欢而后去。

以酒会友

壮年时期，杜甫与李白、高适相遇，同游梁宋齐鲁，打猎访古、饮酒赋诗。他与李白情同手足，在其《与李十二白同寻范十隐居》中写道："余亦东蒙客，怜君如弟兄。醉眠秋共被，携手日同行"。真可谓亲密无间了。

天宝六年（747 年），杜甫 35 岁时赴长安应试，因李林甫从中作梗而未被录取，他的"致君尧舜上，再使民俗淳"的抱负成了泡影。这时，他认识了一位酒友，即广文馆博士郑虔。此人多才多艺，诗、画、书法、音乐乃至医药、兵法、星历无所不通，但因生活困顿，常向朋友讨钱买酒。杜甫在《醉时歌》中回忆起他俩喝酒的情况："得钱即相觅，沽酒不复疑，忘形到尔汝，痛饮真吾师。""不须闻此意惨怆，生前相遇且衔杯。"意为若一人得钱，即毫不迟疑地买酒找对方共饮，彼此亲密、不拘形迹，凭你的酒量，就堪称我的老师，不要去管古人的遭遇，只要我们还活着，就应一起饮酒。也真是"酒友"得可以了。

杜甫之死

据唐人郑处诲的《明皇杂录》所说，杜甫死于牛肉、白酒。那年夏天，杜甫因避兵乱欲到衡州，但中途在来阳被大水所阻，船只得停于方田驿，因无食物而挨饿数天。县令聂某知道后，送去了牛肉和酒。有酒相佐，杜甫胃口大开，由于胃壁已薄，故一下子吃得过饱而撑死。又据郭沫若先生考证：聂氏送的牛肉较多，杜甫一时吃不完，时值暑天，无"冰箱"可藏，故肉易腐败，杜甫吃了腐肉中毒而死是完全有可能的。但若无美酒，何以食肉，由此可见，表面看来是牛肉引致杜甫之死，可能实为酒之所害也。

二十五、白居易"弱视"

白居易饮酒的情况与杜甫不同。杜氏因家境困顿，故不能经常喝到美酒，与他喝酒的多为捕鱼、打柴、耕田的乡下人，地点为田野树林之间。而白氏虽早年家境贫困、颇历艰辛，但后来则家酿美酒，每饮必有丝竹伴奏、仆人侍奉，同饮者多为裴度、刘禹锡等"社会名流"。

由于白居易几乎无日不饮、无日不醉，故得了"酒精性弱视症"。他在《眼病两首》中写道："散乱空中千片雪，朦胧物上一重纱。纵逢晴景如看雾，不是春天亦见花。"他为此病所苦，求名医、觅灵药、查医书，但无一有效。

白居易享年75岁，葬于河南龙门山，墓侧碑石上记有《醉吟先生传》。传说前往拜墓的洛阳人和四方游客，因知白居易平生嗜酒，故都以杯酒祭奠，墓前的地上常是湿漉漉的。可见，他是受到后人爱戴的。

二十六、魏征与美酒

据《龙城录》载："魏左相能治酒，有名，曰酾醁、翠涛，常以大金罂内贮盛十年，饮不败，饮其味即世所未有，太宗文皇帝尝有诗赐公称'酾醁胜兰生，翠涛过玉薤，千日醉不醒，十年味不败'。兰生即汉武百味旨酒也。玉薤，炀帝酒名，公此酒本学酿于西胡人，岂非得大宛之法，司马迁所谓富人藏万石葡萄酒数十岁不败乎。"

龙城即广西柳州。酾醁又称酾渌，以衡阳酾湖碧绿的水酿就，故名。兰生气味如兰开放，其制法有两说：一说需酿制百日乃成，故芬香若兰；另一说用百草花末杂酿于酒，使花香入酒。

二十七、贾岛别出心裁饮酒

贾岛注重词句锤炼、刻苦求工。"推敲"的典故，即由其斟酌诗句"僧推月下门"还是"僧敲月下门"而来。

他在每年的除夕都将其一年所作的诗稿集放成堆，再摆上酒菜，祭奠一番，言称"劳吾精神，以是补之"，喝个心安理得。《燕山夜话》中认为"这里所谓'祭诗'，实际上等于做了一年的创作总结"。

二十八、贵妃醉酒的故事

唐天宝年间，明皇派人到各地挑选美女。后来，在闽中兴化县选了一个叫江采苹的美女。此女才貌双全，深得明皇的欢心，又因她喜爱梅花，自号梅芬，明皇赐名梅妃，还为她专门修了一座梅园。

一日，明皇在梅园宴请诸王。梅妃轻歌曼舞，惹来了明皇儿子们一双双艳羡的目光。这时，宁王喝得大醉，向梅妃敬酒时，有意无意地踩了梅妃的香鞋。梅妃不悦，拂袖回宫。宁王非常害怕，找来驸马杨回商量对策。杨回给他出了两个主意：一是让他向明皇请罪，说当时因不胜酒力，错踩梅妃，请父皇饶恕；二是告诉明皇，寿王妃杨玉环，姿色盖世，非人间之女。

明皇原谅了宁王后，就差高力士去找杨玉环。杨玉环那"回眸一笑百媚生，六宫粉黛无颜色"的美貌，令明皇神魂颠倒。他先让杨玉环去太真观当女道士，然后将杨玉环接到宫中，册封"太真宫女道士为贵妃"。从此，明皇与杨贵妃日夜厮守，愉悦无比。

梅妃得知消息，打扮得花枝招展去见明皇。明皇将两位美人都搂入怀中，两位美人却明争暗斗。明皇常常顾此失彼。

这天，明皇吩咐太监高力士、裴力士在百花亭中摆宴，特邀杨贵妃陪他饮酒赏月、抚琴赋诗。

杨贵妃十分高兴，打扮得漂漂亮亮地等待明皇的驾到。她等不到圣驾，就在百花丛中焦急地盼望。

但夜幕深了，还未见皇上的人影。杨贵妃就让高力士去打听皇上的下落。高力士回复说，万岁爷到梅妃那儿去了。杨贵妃心头一阵酸楚，又有醋意，颇觉悲哀和孤独。她想回宫去，但高、裴二人说，要是皇上来了，怎么交待？

杨贵妃只得继续留下。她想，干脆，我一面自个儿饮酒，一面等他李三郎（唐明皇排行老三，杨玉环常私下叫他"三郎"）。于是，她让高、裴二人为她斟酒。

杨贵妃喝了几杯，就头晕脑胀，心中混沌一片，觉得人生是梦，难以预测。

不一会儿，杨贵妃酒力发作、浑身发燥。她脱去风衣，又端起大杯来喝。高、裴劝告，她听不进，自斟自饮，决心喝个一醉方休。结果，她真的醉了，头晕目眩、摇摇晃晃，还要让太监们扶她去赏花。由花思人，她更感悲凉和孤寂。

杨贵妃不罢休，还急催太监们进酒。她时而埋怨酒太凉，时而埋怨酒太烫，备的酒都喝完了还要他们上。

高、裴二人劝告她不要再喝，杨贵妃一人给了他们一个耳光，大骂他们是狗奴才。就这样，她一直喝到深更半夜。她趁着酒兴，想当个男人找乐，于是把高力士的帽子戴在自己头上，将裴力士的靴子穿到自己脚上，又学着皇上的模样，昂首挺胸、大摇大摆。

如此这般一直折腾到将近清晨，杨贵妃只觉天冷、身冷、心冷。她满腹哀怨和愁苦，"恼恨李三郎，竟自把奴撇，撇得奴挨长夜，只落得冷清清独自回宫去也"。

二十九、岳飞的饮酒观

岳飞家贫力学、家教良好，是南宋初年的抗金名将，大败敌兵。秦桧恐他阻梗和议，就在一日之内下十二道金牌将其从前线召还，次年以"莫须有"之罪杀害。

岳飞曾"豪于饮"而有酒失，其母及高宗赵构均叫他戒酒。他听从劝告，断然戒酒，但又立下誓言："直捣黄龙府（金国的都城），与诸君痛饮耳！"真可谓孝顺忠心并具有英雄的气魄和豪情。

三十、辛弃疾以酒会友

辛弃疾也有不少以酒会友的故事，被传为美谈，现列举两则：

会见刘过

刘过是南宋有名的诗人、词人，但在辛弃疾任浙东安抚使时，刘过还是个怀才不遇的落魄文人。刘过很崇拜辛弃疾。有一天，刘过衣着褴褛来到辛府，被门吏拒阻，他就故意大声吵闹，惊动了正在酣饮的辛弃疾。辛立即将刘迎接入席。酒过三巡，其中有位宾客对刘过说："听说先生不仅善于词赋，并能作诗是吗？"刘答："诗词之道，略知一二。"辛就请他以桌上的一大碗羊腰肾羹为题，赋诗一首。刘豪爽地说："天气殊冷，当以先酒后诗。"辛就又为他斟满了一碗酒，由于刘过手已冻僵，故接酒后颤抖不止，将碗中的酒流到了衣襟上。辛就请他以"流"字为韵。刘沉思片刻即吟出了既切题又符合当时情景的绝句："拔毫已付管城子，烂首曾封关内侯。死后不知身外物，也随樽酒伴风流"。"拔毫"是指拔羊毛；"管城子"当指毛笔。煮羊必先拔羊毛以羊毛制取毛笔，供文人使用。"烂首"自然是指煮烂的羊头。在东汉时流传的一首歌谣中，有"烂羊头，关内侯"之句，以讽刺小人封侯，专权误国之意。羊死后当然"不知身外物"，但可用作佳肴，与樽酒共伴风流人物。辛弃疾等听了，赞赏不已。宴饮后，辛还送了不少礼物给刘，从此两人成了莫逆之交。

会见陈亮

辛弃疾因不断受到主和派的打击，感到非常失望，故在 42 岁时就闲居于江西上饶，将住所附近的清泉取名为"瓢泉"。

陈亮也是爱国诗人，与辛弃疾是至交。正值辛弃疾小病之际，陈亮特从浙江永康来看望他。见到陈亮，辛弃疾非常高兴，两人或于瓢泉共饮，或游览鹅湖寺，边饮酒边纵论国事。陈亮住了十天后才回去，辛弃疾送了一程又一程。次日一早，辛弃疾又赶马追去，想挽留陈亮多住几天。但当他追到鹭鸶林时，终因雪厚路滑只得停了下来。那天他在那里怅然伤感，写下了《贺新郎·把酒长亭说》一词，表达了自己与陈亮欢饮纵论的喜悦、对陈亮的敬爱以及痛恨当朝权贵偷安误国的复杂心绪，并将此词寄给陈亮。陈亮接到后，即写了一首和词《贺新郎·老去凭谁说》寄回辛弃疾。

三十一、宋太祖借酒处事手法高明

宋太祖即赵匡胤。他以酒为工具，达到自己的政治目的，真可谓表现得淋漓尽致。

导演兵变夺权的闹剧

赵匡胤原为周世宗手下的禁军统帅。世宗因病而过早地去世后，年幼无知的 7 岁幼子登基继位。赵匡胤觊觎着皇位，经再三考虑，想出了"醉酒称帝"的妙计。他带兵征敌行至开封东北的陈桥驿时，已暮色浓重。他下令全军就地安营息宿，自己独自到帐中享用一桌酒席。当假装酣睡之际，他的心腹赵匡义和赵普等领着一伙人涌人，将一件象征皇帝登基的黄袍套在他的身上，并呼啦啦地下跪齐声高呼万岁。赵匡胤假意推辞一下，就"勉强"答应下来。随后，赵匡胤即回师开封，让人将早就伪造好的禅位诏书向满朝文武宣读，强逼那孤儿寡母乖乖地交权，改国号为宋，正式当上了开国皇帝。赵匡胤就如此干净利落地践祚称帝，而并未背上篡逆的恶名，酒在其中可是起到了特有的作用。

以酒施恩，笼络人

五代十国中的南汉后主刘鋹曾被解往开封听候处理。赵匡胤在讲武池接见他，并赐予御酒，以示礼遇。但刘鋹却吓得浑身发抖、一再推辞，生怕赵匡胤也像他那样在酒中下毒。可是，赵匡胤仍连连劝酒。刘鋹不得不端起酒杯，边落泪，边苦苦哀求道："为臣罪该万死，皇上既放了我一条生路，已是恩重如山，愿做一个听话的臣民，实在不敢贪图眼前的这杯酒，万望皇上恕罪！"赵匡胤听完刘鋹这一番话，知道他犯了疑心病，却并不怪罪于他，反而耐心地解释道："你想到哪里去了，朕推赤心于人腹，从来不搞小动作，怎么会有你所担心的那种事呢？"说完，又上前拿过他手中的酒一饮而尽，并令人再备酒款待刘鋹。赵匡胤的上述言行令刘鋹深为感动。赵匡胤的怀柔政策果然生效，刘鋹回去后尽全力做手下人的安抚工作，让他们心悦诚服、死心塌地为大宋王朝卖命。

以酒联络感情

赵匡胤当皇帝之初，常微服私访、了解下情，从不预先通知。因此，就连赵普那样的重臣退朝回家后，也不敢轻易换下官服，以防太祖突然驾临。某个大雪纷飞的傍晚，赵普估计皇上不会出行了，可是他刚换上便装，就听见了太祖的叩门声，并说其胞弟晋王赵匡义一会儿也来，乘这瑞雪之夜三人美美地喝一顿酒。当时，太祖显得无一点皇上的架子，并称呼赵普的妻子为嫂子，还亲切地请她也入席。在这种舒心、和谐的气氛中一起饮酒，自然增进了彼此间的情谊。

杯酒释兵权

人们常说得天下易，守江山难，赵匡胤也深知此理。他担心部下对他"以其人之道还治其人之身"。他即位不到半年，就有两个节度使起兵反对宋朝。虽由他亲自率兵平定了，但耗费大量人力、财力，且国家仍处于动荡之中，因此他难免忧心忡忡。

他与谋士赵普商量如何"保位"。赵普说：现在藩镇势力仍太大，若把军权集中到朝廷，天下自然就太平了。此话对赵匡胤而言无疑是正中下怀，虽然他嘴上不说，但原有的意念更加坚定了。

一天，赵匡胤把心里圈定的石守信、王审琦等重权将领召到宫中之后，又特意把他们留下来设宴款待。席间，他请大家千杯后接着说："朕有今日，多亏诸位爱卿鼎力拥戴，你们劳苦功高，朕终生不会忘怀。但不瞒各位，朕心里越来越不踏实，食不甘味，夜不安寝，真是有苦难言啊！"众将听了，不解其真意，不免问道："如今天命既定，四海升平，皇上还担心什么，不妨讲来，臣等自当效犬马之劳，为皇上分忧才是。"赵匡胤严肃地叹道："朕之所忧，正是此事。天下虽大，但皇帝只有其一，如此尊位，谁不想谋而踞之？"众将一听，不免大惊失色，慌忙顿首不迭："皇上明鉴，臣等忠心耿耿，绝无图谋不轨之意。"赵匡胤说："是啊！我对诸位自然放心，但若你们的部下硬要将黄袍加到你们身上，届时势如骑虎，就算你们不想做皇帝，那也只得做了。"言外之意，昭然若揭。众将这时才算彻底明白了。出于无奈，他们一个个边磕头，边表态："臣等真是喝糊涂了，何以未想到这一层呢！万望皇上宽大为怀，给臣等指条活路。"赵匡胤"安抚"道："众家爱卿莫怕，其实人生一如白驹过隙，所谓荣华富贵无非是积金聚财，安逸享乐……尔等何不交出兵权，多置田产姬妾，歌酒欢度，君臣之间上下相安，岂不快哉！"众将无不为见过大场面者，刚才险些喝了顿断头酒，此时皇上既给了个台阶，何不赶紧溜之乎也。于是，虽个个心里都不是滋味，但口头还连连称是，一副卑躬屈膝之态，匆匆拜谢而退。次日一早，众将不约而同地个个称病，向太祖呈上了辞职书。太祖此时还讲什么客气，大笔一挥，全部"恩准"，让他们都获恩赐而还乡过舒心日子去了。8 年之后，赵匡胤又采用同样的手段罢免了王彦超等人的地方节度使之职。赵匡胤就如此"以酒为媒"，竟不费一兵一卒，轻而易举地解除了地方军阀的兵权，去掉了社会动乱的根源，维护了自己的皇权。

赵匡胤吸取了唐朝以来藩镇跋扈、拥兵自重、尾大难掉的深刻教训，化干戈于美酒，释军权于宫宴，用和平的方式将军权集中到自己的手中，从而避免了一场诸侯割据、生灵涂炭的战乱悲剧的发生，比起那些"飞鸟尽、良弓藏，狡兔死，走狗烹"，不念戎马功勋，却过河拆桥、卸磨杀驴、翻脸不认人的皇帝来，毕竟是多了几许人情味。

但是，赵匡胤那重文轻武、偏于防守的方针，对宋朝"积贫积弱"局面的形成，也无疑有所影响。

三十二、朱元璋借酒"演戏"

朱元璋即明太祖，在位 31 年。他在起兵反抗时，曾发布过禁酒令。几年后又说"军国之费"科征于民，表示"取之过多，心甚怜焉"，下令不准种植糯稻，"以塞造酒之源"。在称帝后的第 6 年，又令太原不要再进葡萄酒，其理由是"国家以养民为务，岂以口腹累人哉"；次年，当西番酋长献葡萄酒时，再次说"何以此以劳民"，于是赢得了躬行节俭的好名声。

但是，在他统治后期，则令工部选造大楼，设酒肆其间，诏赐文武百官宴饮，原先的"养民""劳民"言辞皆抛至九霄云外。

朱元璋还强迫不能饮酒的大臣饮酒，使其醉得行走不成步，他则在旁边欢笑，并命侍臣赋诗《醉学士歌》，好让后人知道，他朱某就是如此"君臣同乐"的。这实在是"其实难符"了。

三十三、蒲松龄酒讽贪官

蒲松龄曾长期为家乡塾师，对劳动人民有所触及，对当时政治、社会多有批判，著有文学和自然科学等多种类型的文学作品。

侍郎毕际有欣赏蒲松龄的才学，聘其为家庭老师。有一天，毕际有宴请卸职还乡的尚书王渔祥，蒲松龄如约作陪。席间，王渔祥自恃肚子里有墨水，就提出每人作一首诗助兴，但诗文须三字同头、三字同旁，输者要喝三杯罚酒。毕际有略加沉思，即以当日酒宴待友为内容，率先吟道："三字同头左右友，三字同旁沽清酒。今日幸会左右友，聊表寸心沽清酒。"王渔祥拍手叫好，并紧接着吟道："三字同头官宦家，三字同旁绸缎纱。若非大清官宦家，谁人配穿绸缎纱。"说罢得意地冲蒲一笑，心想看你怎么出洋相哕。蒲向来对官场的腐败恨之入骨，今日又看到王渔祥挑衅，气更不打一处来，但他理智地沉住气，并正了正衣襟后高声诵道："三字同头哭骂咒，三字同旁狐狼狗。山野声声哭骂咒，只因道多狐狼狗。"真可谓人木三分、痛快淋漓。蒲松龄吟罢，即拂袖而去。

三十四、"四醉"雅号和"醉吟先生"

大家都知道李白与杜甫嗜酒如命，但是，白居易比他两位是有过之而无不及。李白"自称臣是酒中仙"，与酒有关的雅号不过"酒仙"一个，而白居易整整有四个。

白居易几乎每到一处当官，都要取一个与酒相关的号。他当河南尹时，自号"醉尹"；贬为江州司马时，自号"醉司马"；当太子少傅时，自号"醉傅"；直到晚年告老还乡，没有官衔加身，还自号"醉吟先生"。白居易现存诗3000多首，其中咏酒的诗就有900多首，占总数的四分之一以上。如果不是爱好于酒、精通于酒、得趣于酒的话，是写不出如此之多的酒诗的。

白居易自号"醉吟先生"，还写了一篇夫子自道的《醉吟先生传》，成为酒史上不可多得的名篇。这篇奇文是模仿陶渊明《五柳先生传》而作的，当时白居易已经67岁，担任太子少傅分司东都之职，生活在洛阳，这一切都是明明白白的。可是，文章一开始却这样写道："醉吟先生，忘其姓字、乡里、官爵，忽忽不知吾为谁也。宦游三十载，将老，退居洛下。所居有池五六亩，竹数千竿，乔木数十株，台激舟桥，具体而微，先生安焉。……性嗜酒、耽琴、淫诗，凡酒徒、琴侣、诗客多与之游。……洛城内外六七十里间，凡现寺丘墅有泉石花竹者，靡不游；人家有美酒抚琴者，靡不过；有图书歌舞者，靡不观。"

醉吟先生真可爱，沉浸在酒、琴诗的海洋中，连自己的名字、籍贯、职务都忘得一干二净，甚至连自己是谁都记不得了，其中洋溢着浓烈的返璞归真的老庄思想，真所谓"复归于婴儿"，充满着童心、真趣。能使醉吟先生返璞归真的关键就是酒、诗、琴。因此白居易素来把酒、诗、琴视为最知心的三个朋友，宣称："平生所亲唯三友，三友者为谁？琴罢辄饮酒，酒罢辄吟诗，三友递相引，循环无已时。"文章在结束时又说：

> 既而醉复醒，醉复吟，吟复饮，饮复醉。醉吟相仍，若循环然。由是得以梦身世，云富贵，幕席天地，瞬息百年，陶陶然，昏昏然，不知老之将至，古所谓得全至于酒者，故自号为醉吟先生。于时开成三年，先生之齿六十有七，鬓尽白，发半秃，齿双缺，而觞咏叹调之兴犹未衰。顾谓妻子云：今之前吾适矣，今之后吾不自知其兴何知！

最后一句话是说：对今天以前，我很满意；今天以后，不知兴致会怎样？大有"今朝有酒今朝醉"的气慨、"老顽童"的诙谐之气，也大有老当益壮的豪气、醉吟先生的灵气。

白居易的这篇奇文影响很大，据《唐语林》记载："白居易葬（洛阳）龙门山，河南尹卢贞刻《醉吟先生传》于石，立于墓侧。相传洛阳士人及四方游人过瞩墓者，必奠以酒，故冢前方丈之土常成渥。"

更有意思的是，白居易还为自己写了一篇墓志，题目就是"醉吟先生墓志铭"。为自己写墓志本来就是件少见的事，称自己为"醉吟先生"就更为奇怪了。更有趣的是，白居易按墓志写作的惯例，简单介绍自己的出身、履历以后，交代说死后"但于墓前一石，刻吾《醉吟先生传》一本可矣"，接着就自撰墓志铭曰：

乐天，乐天，生天地中，七十有五年，其生也浮云然，其死也委蜕然。来何因，去何缘？吾性不动，吾形屡迁。已焉已焉，吾安往而不可，又何足厌恋乎其间？

白居易这样怀着达观的心态，潇洒西归。《唐语林》河南尹卢贞记得《醉吟先生传》于石，立于墓侧的行为，大概也是执行白居易《醉吟先生墓志铭》的嘱托，而四方游客以酒来祭奠，以至墓前的土经常湿淋淋的，白居易若地下有知，恐怕也要引为知音了。

三十五、苏舜钦《汉书》下酒

真正的酒徒是不在乎下酒菜的，玉盘珍馐固然可以，几粒花生也能将就，只要酒好，甚至只要有酒。但是，很少听说用书当下酒之菜的，北宋的苏舜钦却用《汉书》下酒，居然还喝得津津有味。

苏舜钦是北宋名士，出身名门，祖父苏易简任参知政事（即副宰相），父苏耆曾为工部郎中。苏舜钦性格豪爽，也非常喜欢喝酒，而且酒量很大。结婚后，他住在岳父家。他的泰山大人也是个大人物，名叫杜衍，官居宰相兼枢密使。杜衍对女婿当然很喜欢，否则也不会把女儿嫁给他。但是，他很快发现一个小秘密：苏舜钦每天晚上都要喝一斗酒，却不见他到厨房拿什么菜，究竟是怎么回事？于是杜衍派弟子暗中观察。

这位"私人侦探"很负责，来到书房窥视，只见苏舜钦独自一人，边喝酒边看《汉书》。读到《汉书·留侯列传》描写张良委托杀手在博浪沙用大锥刺秦始皇，仅中副车而失败时，苏舜钦激动地拍案而起，大声感慨："真可惜，居然没有击中！"说完，满斟一大杯，一饮而尽，真可谓替古人担忧。读到张良对汉高祖刘邦说自己能与高祖相遇、相知于留地，都是由于上苍的安排时，苏舜钦又拍案感叹："君臣相遇，竟然如此艰难！"说完，又干了一大杯。

听了弟子的汇报，杜衍哈哈大笑："原来他有如此下酒之物，喝一斗酒也不算多啊！"杜衍如此开通，大概是耳濡目染的缘故。杜衍的女儿也十分通达，对苏舜钦的嗜酒从不加干涉，一切悉听君便。苏舜钦生活在这一样一个宽容、开通的环境中，诗文创作突飞猛进。他的诗歌与梅尧臣齐名，史称"苏梅"，开宋诗一代风气。

可惜，好景难长。庆历四年（1044年），苏舜钦居然被捕入狱，而理由是极其荒唐的。

庆历三年，苏舜钦被范仲淹推荐为集贤校理、监进奏院。范仲淹领导的变法正在步履艰难地展开，庆历四年11月，进奏院举行岁末祀神，苏舜钦按惯例将院里积攒的废纸卖掉，充当酒席费用，钱不够，与宴者各出钱赞助。祀神完毕后，宴会开始，酒酣耳热之际，众人又招来歌妓伴酒，大家纵情欢笑。一位名叫王益柔的官员已经喝得酩酊大醉，凭着一股酒劲，热血沸腾，当场创作了《傲歌》一首。这首《傲歌》口气十分张狂，其中有句云："醉卧北极遗帝佛，周公孔子驱为奴"，不仅冒犯圣人，而且挥斥天帝、佛祖，真可谓酒后出狂言，不知天高地厚。

其实，这不过是游戏文字，况且是酒后戏作，不可当真。可是，有个小人偏偏把事情搞大了。太子舍人李定当初很想出席这次雅集，托梅尧臣出面，表示要求参加宴会。苏舜钦讨厌这个小人，严词拒绝。李定听说了宴会情况，跑到御史中丞王拱辰那里告状，说是苏舜钦盗卖进奏院财物，公费挥霍，还请来了歌妓。最严重的是：他们要骑在天帝、大佛、周公、孔子的头上，真是胆大包天，是可忍，孰不可忍！

王拱辰是宰相吕夷简的同党，而吕夷简是范仲淹的政治对头，一向反对范仲淹的革新。吕夷简听到了这个诬告，高兴得手舞足蹈，与王拱辰密谋，指使人弹劾苏舜钦。苏舜钦等人因此被捕入狱，一时朝野震惊。幸亏枢密副使韩琦出来讲了公道话，苏舜钦才被释放，但仍以监守自盗的罪名，削职为民。

"进奏院事件"的背后隐藏着复杂的政治斗争，吕夷简的主要斗争目标是范仲淹，倒苏只是倒范的一个前奏、一次演习。不久，范仲淹等人相继遭贬，庆历新政就这样宣告失败。

苏舜钦从此浪迹江湖，他来到苏州，建造了著名的园林沧浪亭，如今已成为苏州的一个名园。庆历八年，苏舜钦上书鸣冤，朝廷为他平反昭雪，复职为湖州长史。可惜得很，当年12月，长期郁闷不平的他因病逝世，终老于沧浪亭。这个迟到的平反，替他的一生画上了一个悲剧性的句号。

三十六、醉翁之意不在酒

人们常说"醉翁之意不在酒"，这句话出自欧阳修的《醉翁亭记》。当时，欧阳修担任滁州（今安徽滁县）知州。

为什么欧阳修明明酒量不佳，"饮少辄醉"，却偏偏喜欢喝酒；又自称"醉翁"，将新建的亭子命名为"醉翁亭"？原来，欧阳修之所以到滁州当太守，是因"帷薄不修"的罪名吃了一场冤枉官司，被贬谪到这儿的。

庆历五年（1045年）夏秋之交，河北转运按察欧阳修被逮捕入狱，下到开封府审讯，一时朝野震动。欧阳修是著名词臣，文学成就卓著，誉满海内，偏偏案涉风流而又扑逆迷离，自然引起四方注目。

欧阳修外甥女张氏是欧阳修姐夫的前妻所生，从小失去双亲，由欧阳修抚养成人，后嫁给侄儿欧阳晟为妻。这位张氏耐不住寂寞，趁欧阳晟当官外出之际与欧阳晟的仆人陈谏通奸，事发交开封府右军巡院审判。张氏在受审期间，为减轻罪名、解脱自己，胡乱招供，牵涉到未嫁时与欧阳修的"暧昧"关系，词多丑异。右军巡院的判官孙揆只上报了张氏与陈谏通奸之事，没有进一步扩展。

宰相陈执中大怒，他从亲信那里获知张氏的"供词"，认为大有妙用，就命令太常博士苏安世再去勘察，将张氏的供词肆意夸张，记录在案。为了慑服人心，他又派一位与欧阳修有矛盾的宦官王昭明前去监督。因为当初欧阳修出任河北转运使时，仁宗令王昭明同往，辅助欧阳修治理河北。欧阳修立即上书申说，严词拒绝宦官同往，迫使朝廷收回成命。陈执中以为王昭明一定会怀恨在心，伺机对欧阳修打击报复，不想王昭明是位有良知的宦官，他认为自己与欧阳修的矛盾纯属公务，并没有任何挟私报复的念头。

王昭明进行深入调查，发现供词都是"锻炼"所致，亦即严刑拷打的产物。苏安世听了，顿时害怕起来，不敢再修改右军巡院判官孙揆的勘察记录，只是增报了欧阳修侵吞张氏资产为自己买田产的事。最后，此案以"券既弗明，辨无所验"而了结。

案虽了结，但京城内外谣言四起，欧阳修与外甥女关系"暧昧"，越传越广。无风不起浪。这个桃色事件的背后，其实隐藏着一场严酷的政治迫害。

庆历四年（1044 年）4 月，正当范仲淹的"新政"蓬勃开展时，那些贪恋权势、昏庸不堪的元老派中刮起了一股议论朋党的阴风，诬陷范仲淹、欧阳修、尹沫、余靖等人结党营私。欧阳修愤而作《朋党论》，伸张正义。他提出：君子以同道为朋，小人以同利为朋；但真正的朋友，只有君子。文章进行了针锋相对地批驳。

为此，欧阳修出贬河北。

但是，欧阳修仍然不肯退缩，决心坚持操守、进退不敬，以自己的生命、前程去殉自己的事业、理想。因此，河北转运使任上，他又写下了《论杜衍范仲淹等罢政事状》，为已被罢官的范仲淹等人鸣冤叫屈，据理力争。

陈执中、夏竦等保守昏聩的老官僚对放言直谏的欧阳修怀恨在心，对欧阳修的职事又无从中伤，只好抓住机会炮制出这桩桃色案件。

案件以不了而了之，欧阳修却被革去现职，再贬为滁州太守。当年清秋 9 月，欧阳修怀着愤懑的心情，策马离开汴京。从此，愤慨满腹的欧阳修在勤政之余爱上了喝酒，自称"醉翁"，经常在醉翁亭流连光景、一醉方休。

"醉翁"之名，就这样传至今日，"醉翁亭"也成了著名的景点。

三十七、贺知章金龟换酒

唐天宝元年（742 年），江南会稽郡的剡溪一带有两个人正在尽兴遨游，或攀登青山、或泛舟碧波。其中一个身穿道袍，他的名字叫吴筠，是位信奉道家学说的隐士，颇有点仙风道骨；另一位就是著名的大诗人李白，对道家学说和道教也有浓厚的兴趣。两位好友正在赋诗饮酒、谈经论道，忽然一位道童急急忙忙赶来，报告一个特大喜讯："当今天子、玄宗皇帝召见吴筠先生！"

吴筠走了，李白为朋友的幸遇感到高兴，联想到自己，不免有一丝惆怅。

谁知没过多久，一名官员前来宣读圣旨——玄宗召见李白！李白顿时感到自己犹如平步青云、一飞冲天，匡济天下的机会终于降临了。他在诗里写道："仰天大笑出门去，我辈岂是蓬蒿人！"人到中年的李白居然天真得像孩子一样，手舞足蹈地奔向首都长安。原来，这是吴筠极力举荐的结果。吴筠颇通道家修身养性、延年益寿之术，玄宗将他请去，就是为了讨教长生之道，对吴筠的推荐自然十分重视。

李白到了长安，免不了与吴筠相见，深表谢意，当时他就住在名叫紫极宫的道观里。

一日，紫极宫里来了一位贵客，就是秘书监贺知章。贺知章不仅是一位高官，还是一名诗人、酒徒兼道教信奉者，两人自然一见如故。李白向贺知章出示了自己的作品，当贺知章读到《蜀道难》时，更是赞不绝口："这样的诗歌真可能惊天地、泣鬼神啊！"然后，他将李白看了又看，望着李白一派道家风范、神采飞扬的模样，大声地说："你可不是天上的谪仙人吗！你是太白星下凡啊！"从此，"李谪仙""诗仙"的称号不胫而走。

当贺知章知道李白不仅是诗仙，还是个酒仙时，更是激动万分，连忙拉李白上酒楼，非要来个一醉方休。他俩酒逢知己，喝得杯盘狼藉。很快，到了"买单"的时候，一摸腰包，两位"马大哈"都没带钱，这可如何是好。情急之下，贺知章突然大叫："有了，有了！"顺手掏出腰间佩饰的金龟，招呼店小二，将金龟当了付酒账，然后两人醉眼惺忪地扬长而去。

这件事其实非同小可。唐朝官员按品级颁赐鱼袋，鱼袋上用金属做的龟作为饰品：五品官用钢龟、四品用银龟、三品以上用金龟。贺知章担任的秘书监官居三品，自然佩金龟。这个金龟是皇帝所赐的，随便拿来换酒喝，追究起来，有违国法，在历史上是有案可查的。晋朝有个叫阮孚的官员，位居黄门侍郎、散骑常侍，佩饰金貂。阮孚就是"竹林七贤"之一、大酒鬼阮咸的次子。阮咸与姑妈家一个鲜卑族丫鬟恋爱，"故婢遂生胡儿"，取名叫阮孚，就是因为孚、胡同音。大概因为遗传的缘故，阮孚也十分贪杯，一次也可能是没带现款，付不出酒钱，便把皇帝所赐的金貂拿出来换酒，结果被监察官员检举弹劾。幸亏皇帝饶恕了他，总算没有治罪。

至于贺知章为什么也没有被追究，史书上没有明确的记载。想来唐王朝对官员的监察颇有漏洞；也可能事情牵扯到李白，唐玄宗正在用人之际，睁一眼闭一眼也就蒙混过关了。但是，不管怎么说，贺知章还是很讲哥们义气的，冒着风险替只一面之交的朋友买酒单，此情此举，感人至深。于是，金龟换酒就成了酒史中的一桩趣事、一段佳话。

三十八、刘伶病酒

如果说"竹林七贤"都是大酒鬼，那么刘伶就是其中的超级酒鬼。

刘伶，字伯伦，"身长六尺，容貌甚陋"，身材长相都不出挑，而且"沉默少言，不妄交游"。但是与嵇康、阮籍却一见如故，"欣然神解，携手入林"，一块儿钻进竹林喝酒、谈玄、聊天去了。

刘伶曾任西晋的建威将军，但他志不在仕途，而是"唯酒是务，焉知其余"，连出游时也念念不忘喝酒。刘伶出游用的是"鹿车"，也就是用鹿驾驶的车，这已经够令人称奇。他还特地在车上装载大量的酒，一路走，一路喝，痛快淋漓。更绝的是，车上还备了一把铁锹，有人问这铁锹干嘛用，刘伶得意地说："我喝酒多了，说不定会醉死，我吩咐仆人，在哪里醉死，就在哪里挖土埋藏。"喝酒喝到这个份上，可以说是最高境界了，连死都不怕，还怕喝酒吗？

酒鬼往往出洋相，刘伶的洋相比一般的酒鬼更多、更绝、更噱。他喝酒总是喝得酩酊大醉，喝醉以后更是不拘礼节、放浪形骸，居然在屋子里脱光衣服，赤身裸体，习以为常。客人们见了大为不悦，众口一词、纷纷谴责。刘伶却振振有辞："谁说我没有穿衣服？谁说我赤身裸体？我把天地当作大房子，把屋子当作贴身穿的衣裤，你们为什么钻进我的裤裆里呢？"于是"天地为栋宇，屋室为裤衣"就成了常用的典故，表现出文人的旷达心境。

《世说新语·任诞》还记载了刘伶更有意思的一个醉酒故事：

刘伶病酒渴甚，从妇求酒，妇捐酒毁器，涕泣谏曰："君饮太过，非摄生之道，必宜断之。"伶曰："甚善！我不能自禁，唯当祝鬼神，自誓断之耳，便可具酒肉。"妇曰："敬闻命。"供酒肉于神前，请伶祝誓，伶跪而祝曰："天生刘伶，以酒为名（名和'命'通用）。一饮一斛，五半解醒，妇人之言，慎不可听。"便引酒进肉，隗然已醉矣。

刘伶真是个活宝，先是把老婆逼急了，老婆被迫采取革命行动，把刘伶喝酒的家当统统砸个稀巴烂。刘伶却山人自有妙计，以发誓戒酒为幌子，让太太乖乖地把酒肉送上嘴来。以戒酒之名，行骗酒之实，真是不可救药。不过，这个招数也只能用一次，缺了诚信，就下不为例了。好在刘伶聪明，点子特别多，太太又好说话，所以刘伶也就与酒相伴终生了。

以上几个故事都发生在家里。在家里，刘伶是老大，绝对权威、绝对得胜，但到了外面，情况就复杂了。一天，刘伶外出喝酒，和一个酒鬼发生口角，相互争吵起来。那酒鬼大概文化程度低了几个档次，不知道君子动口不动手的基本原则，撸起袖子对着刘伶一拳头打过去。刘伶是谈玄论道的高手，却不是拳击的选手，当然不是那酒鬼的对手。但他还是有一手的，只见他不慌不忙，敞开前襟，说："别忙，您瞧瞧，我这两排鸡肋，哪配接受您高贵的拳头？"那酒鬼真被刘伶逗乐了，收回自己"高贵"的拳头，和刘伶对饮起来。

看来，刘伶也是个"可上九天揽月，可下五洋捉鳖"，龙门敢跳，狗洞也会钻的人，一看苗头不对，"好汉不吃眼前亏"。

三十九、劝君王饮酒听虞歌

朋友亲戚间的离别，常常设酒食送行。这类饯别的故事中动人心魄的有很多，霸王别姬是其中最悲凄的一个。

霸王别姬原是一个历史故事：西楚霸王项羽，有勇无谋、从强到弱，最后陷入十面埋伏。项羽见大势已去，纵酒悲歌。他的宠妃虞姬拔剑起舞，以解其忧。汉军袭来，虞姬持剑自刎。项王败至乌江，亦自刎而死。

司马迁的《史记》和后代的许多文学艺术作品都记载与描绘了这段凄凉的故事。京剧《霸王别姬》中的情景吟唱最为细腻深情、凄切动人。让我们来欣赏一下其中的主要内容。

刘邦会合诸侯，又向项羽讨战。项羽正担忧自己人马不够，难以取胜时，刘邦的谋臣韩信又设计谋划，张贴榜文，辱骂项羽，刺激项羽。项羽气得咬牙切齿，想立即出兵与刘邦交战。

楚霸王的宠妃虞姬听到消息，知道大王不听群臣谏言，要与刘邦交战，忧虑项羽会寡不敌众，陷入韩信设下的埋伏之中，败于刘邦手下。她对项羽说："依臣妾之见，只宜坚守，不可轻动。"项羽主意已定，不想回头。虞姬不敢多说，项羽让虞姬第二天同行。虞姬祝楚王旗开得胜，她在后宫备下酒席，与大王同饮。

次日，项羽刚备好人马，就遇一阵狂风，囊旗被折断，战马不敢行走。项羽不信邪，还是攻打沛郡，但遭到刘邦设下的十面埋伏，寡不敌众，惊慌逃回。虞姬对他说："兵家胜负乃是常情，何足挂虑。"她又摆上酒席，要与项羽同饮。项羽饮了几杯酒，想借琼浆消忧解闷，结果酒醉人乏、和衣而睡。

虞姬走出帐篷去散一下心，却听到士兵在唉声叹气，军中人心涣散。不一会，又听到城外一片楚歌声："家中撇得双亲在，朝朝暮暮盼儿归！"实际是汉兵在唱楚歌。虞姬大惊，叫醒项羽。项羽也以为是刘邦占领了楚地。

项羽觉得大势已去，恐怕今日就是与虞姬分别之日。正忧愁时，又听见他心爱的坐骑马乌骓在嘶叫，认为乌骓马也知大势已去。虞姬见项羽如此悲观，又吩咐手下备下酒菜，与大王消愁解闷。虞姬劝告项羽喝了几杯。项羽满怀深情，吟诗道："力拔山兮气盖世，时不利兮骓不逝；骓不逝兮可奉何，虞兮虞兮奉若何！"虞姬听罢，泪如雨下，提议为大王曼舞一回，聊以解忧。于是，她唱道："劝君饮酒听虞歌，解君忧闷舞婆娑。"为了不拖累楚王，虞姬拔出项羽的三尺宝剑，自刎在楚霸王的面前。

第二天天明，项王在乌江边杀死了汉兵数百人后，也用剑一抹脖子，自刎谢世。

第二节　当代名人与酒

一、曹雪芹与酒

曹雪芹嗜酒健谈、性情高傲，历经坎坷巨变，愁愤郁结，在贫病交加中挣扎，举家食粥，经常赊酒或卖画得钱以还酒债。新愁旧恨接踵而至时，他难以排解，只能一醉方休、白眼傲世而终。有诗为证。

《赠曹芹圃》（敦诚）
满径蓬高老不华，举家食粥酒常赊。
衡门僻荜愁今雨，废馆颓楼梦旧家。
司书青钱留客醉，步兵白眼向人斜。
阿谁买与猪肝食，日望西山餐暮霞。

芹圃为曹雪芹的另一号衡门，以横木为门，指简陋的房屋；白眼，出自《晋书·阮籍传》："籍又能为青白眼，见礼俗之士，以白眼对之"。曹雪芹和阮籍都具有傲岸的性格，厌恶和鄙视礼俗之人。

《赠曹雪芹》（敦敏）
碧水青山曲径遐，薜萝门巷足烟霞。
哥诗人去留僧舍，卖画钱来付酒家。
燕市哭歌悲遇合，秦淮风月忆繁华。
新愁旧恨知多少，一醉酕醄白眼斜。

二、李鸿章喝"古酒"

李鸿章（1823—1901 年），清末北洋大臣，因通外交、办洋务、建立北洋舰队而名噪一时。德国海军大臣来华，军舰停在渤海湾距大沽口外 20 余里处，请李鸿章到舰上赴宴，借此夸耀德国军舰为世界之最，并向清政府示威。那天正值狂风暴雨，军舰难以靠岸，李只好坐木制小舢板抵舰。岂料德方竟把喝剩下的残酒让给李喝，并声称这是酿于 15 世纪的世界第一古酒，李哭笑不得，只好勉强喝下后扫兴而归，多么屈辱啊！

三、梁实秋的抒情酒话

以下是梁实秋先生关于酒的一篇妙文：

酒实在是妙。几杯落肚之后就会觉得飘飘然、醺醺然。平素道貌岸然的人，也会绽出笑脸；一向沉默寡言的人，也会谈论风生。再灌几杯之后，所有苦闷烦恼全都忘了，酒醉耳热，只觉得意气飞扬，不可一世，若不及时制止，可就难免玉山颓倾，呕吐纵横，甚至撒风骂座，以及种种的酒失酒过全部地呈现出来。莎士比亚的《暴风雨》里的卡力班，那个象征原始人的怪物，初尝酒味，觉得妙不可言，以为把酒给他喝的那个人，是自天而降，以为酒是甘露琼浆，不知是人间所有物。美洲印第安人前与白人接触，就是被酒所倾倒，往往拿土地和人以交换一些酒浆。印第安人的衰灭，至少一部分是由于他们的沉湎于酒。

对此，我有过多年的体验，第一次醉是在六岁时，侍先君饭于致美斋楼上雅座（北京煤市街路西），窗外有一棵不知名的大叶树，随时簌簌作响，连喝几盅之后，微有醉意，先君禁我再喝，我一声不响地站在椅子上舀了一匙高汤泼在他的两截衫上。随后我就倒在旁边的小木炕上呼呼大睡，回家之后才醒。我的父母都喜欢酒，所以我一直都有喝酒的机会。

"酒有别肠，不必长大"，我小时候就瘦得如一根绿豆芽。酒量是可以慢慢磨练出来的，不过有其极限。我的酒量不大，也没有亲眼见过一般人所称的那种所谓海量。大概白酒一斤或黄酒三五斤即足以令任何人头昏目眩粘牙倒齿，惟酒无量，以不及于乱为度，看各人自制力如何。不为酒困，便是高手。

酒不能解忧，只是令人在由兴奋到麻醉的过程中暂时忘怀一切，即刘伶所谓"无忧无虑、其乐陶陶"。可是酒醒之后，所谓"忧心如醒"，那份病酒的滋味很不好受，所付代价也不算小。我居住在青岛时，那地方背山面海、风景如画，是很多人心目中最理想的宜居之所。唯一的缺憾是很少文化背景，没有古迹耐心寻味、没有适当的娱乐。看山观海，久了也会腻烦，于是呼朋聚欢，三日一小饮，五月一大宴，豁拳行令，三十斤花雕一坛，一夕而罄。当时作践了身体，这笔账日后要算。

一日，胡适之先生过青岛小憩，在宴席上看到八仙过海盛况大吃一惊，急忙取出他太太给他的一枚金戒指，上面携有"戒"字，戴在手上，表示免战。过后不久，胡先生就写信给我说："看你们喝酒的样子，就知道青岛不宜久居，还是到北京来吧!"我就到北京去了。现在回想起来，当年酗酒，哪里算得是勇，简直是狂。

酒能削弱人的自制力，所以有人酒后狂笑不置，也有人痛哭不已，更有人口吐洋语滔滔不绝，也许会把平凤不敢告人之事吐露一二，甚至把别人的隐私也当众抖露出来。最令人难堪的是强人饮酒，或单挑，或围剿，或投井下石，千方百计要把别人灌醉，有人诉诸武力，捏着人家的鼻子灌酒! 这也许是人类长久压抑下的一部分兽性的发泄，企图获取胜利的满足，比拿起石棒给人迎头一击要文明一些而已。那咄咄逼人、声嘶力竭的豁拳，在赢拳时那一声拖长了的绝叫也表达了内心的一种满足。在别处得不到满足，就让他们在聚饮时如愿以偿吧! 只是这种闹饮，以在有隔音设备的房屋里举行为宜，免得侵扰他人。

《菜根谭》所谓"花看半开，酒饮微醺"的趣味才是最令人低徊的境界。

四、傅杰先生与酒

> 昔时王谢珍家酿，展转流传历百年。
> 仿膳品尝当日味，飞觞共醉尚方延。

这首诗是溥杰老先生于 1982 年为通县酒厂生产的"俯酿酒"所作的。溥老先生一生唯两大嗜好：一饮酒，一赋诗。

不少人都知道溥先生和酒关系暧昧。他不仅爱喝酒、爱品酒，还喜欢给一些酒题字、赋诗。由于他身份特殊，对各种号称宫廷御酒的产品进行鉴别，令人信服。

上面提到的俯酿酒便是其一。它是我国清代皇族传统名酒，原名"香白酒"，与莲花白酒、菊花白酒俗称"京师三白酒"而闻名于世。他也曾为菊花白酒赋诗经他一赞，"三白"身份陡增。

> 媲莲花白，蹬邻竹叶青。
> 菊英夸寿世，药估庆延龄。
> 醇肇新风味，方传旧禁廷。

长征携作伴，跃进莫须停。

为莲花白酒题诗为：

酿美醇凝露，香幽远益精。
秘方传禁苑，寿世归闻名。

如今老先生已离去多年了，而他在酒坛上的信事也随着酒文化的发展记载于册，正如他为桂花陈酒所题的诗一样。

五、石达开醉酒惨败

石达开（1831—1863 年），广西贵港客家人，地主出身，是太平天国的领导人之一。1863 年 5 月，石达开兵败于四川大渡河畔；6 月，被诱至清营，旋即解往成都被害。

石达开惨败的原因固然是多方面的，但与饮酒也有点关系。据《石达开传》介绍：石军在遭清军围困之前，石达开正喜得贵子，在这大敌当前、全军生死攸关的紧急关头，他却被得子之喜冲昏了头脑，竟下令全军放假 3 天，痛饮庆贺。就此不但丧失了东渡的宝贵时机，而且在清军的猛烈进攻下，全军上下醉酒迎战，战斗力大大减弱，全军覆没是必然的结局。

六、鲁迅先生与酒

鲁迅很少独自一人在家里喝酒，只在会友等场合小酌而已。而且他能听从夫人及医生的劝告，尤其是到了晚年，已基本上不喝酒了。在此，笔者将两本书中有关鲁迅与酒的若干内容摘录于下，以证其实。

《鲁迅日记》记于 1912 年 5 月 5 日至 1936 年 5 月 18 日：

1912 年 5 月 31 日　谷清招饮于广和居，季市亦在坐。
1912 年 6 月 1 日　晚间同恂、铭伯、季市饮于广和居。
1912 年 6 月 13 日　晚小雨。饮于广和居，国亲为主，同席者铭伯、季市及俞英崖。

1912 年 6 月 19 日　旧端午节。夜铭伯、季市招我饮酒。

1912 年 7 月 22 日　大雨，遂不赴部。晚饮于陈公猛家，为蔡子民饯别也，此外为蔡谷青、俞英崖、王叔眉、季市及余，肴膳皆素。夜作均言三章，哀范君出，录存于此：

风雨飘遥日，余怀范爱农；华颠萎寥落，白眼看鸡虫；

世味秋荼苦，人间直道穷；奈何三月别，竟尔失畸躬？

海草国门碧，多年老异乡；狐狸方去穴，桃偶已登场；

故里寒云恶，炎天凛夜长；独沈清冷水，能否涤愁肠？

把酒论当世，先生小酒人；大圜犹茗艼，微醉自沈沦；

此别成终古，从兹绝绪言；故人云散尽，我亦等轻尘！

1912 年 8 月 9 日　同季市饮酒少许。

1912 年 8 月 17 日　上午往池田医院就诊，云已校可，且戒勿饮酒。

1912 年 8 月 22 日　晚钱稻孙来，同季市饮于广和居，每人均出资工元。

1914 年 1 月 21 日　晚童杭时招饮，不赴。

1924 年 2 月 6 日　夜失眠，尽酒一瓶。

1925 年 9 月 26 日　夜长虹来，并赠《闪光》5 本，汾酒工瓶，还其酒。

还的是什么酒，大概是绍兴酒之类的低度酒，因为鲁迅在日记中有"达夫来，并赠杨梅酒一瓶"的记载。他还曾说"我是极小心的，每次只喝一杯黄酒"；他也买"酒酿"吃，那是酒度很低的带糟米酒。

《鲁迅书信选》。鲁迅在 1926 年 6 月 14 日写给许广平的信中说："我已不喝酒，饭是每餐一大碗（方底的碗，等于尖底的两碗）。"

1934 年 12 月 6 日，鲁迅在致肖军和肖红的信中说："我其实是不喝酒的，只是在疲劳或愤慨的时候，有时喝一点，现在是绝对不喝了，不过会客的时候，是例外。说我怎样爱喝酒，也是'文学家'造的谣。"

七、叶圣陶

著名的教育家叶圣陶先生一生爱酒嗜酒，酒量很大，很少有人见他醉过。但他有过两次醉酒：一次是 1946 年朱德总司令的六十大寿，叶圣陶应邀赴宴。"酒逢知己千杯少"，当时他十分高兴，酒醉得难以自持，被工作人员护送回家！一次是抗战期间应邀与英国教授雷纳先生较量酒量，两人"酒逢对手"，一直对酌到太阳西下，最后雷纳先喝醉了，而叶圣陶却能自己走回家，最后醉倒在家里！

第八章
酒 吧 文 化

第一节　认识酒吧文化

　　酒吧在英语里是 BAR，原意是长条的木头或金属，像门把或栅栏之类的东西。据说：从前美国中西部的人骑马出行，到了路边的一个小店，就把马缰绳系在门口的一根横木上，进去喝上一杯，略作休息，然后继续赶路，这样的小店就称为 BAR。当然，这只是传说而已。

　　酒吧代表了一种新型的娱乐文化。在酒吧里，无需考虑社会地位、等级、礼仪等问题，相反，举止得体才是基本的交往准则。在这里，人们每天跨越出身、等级和地位进行交流，尊重彼此的看法。因此，酒吧或咖啡馆社交能培育出一种尊重和宽容别人思想的新态度。

　　酒吧一般是比较热闹的场所，所以到这里来寻求心理安慰、排遣孤独和寂寞的人会更多一些。酒吧和卡拉 OK 不同，它不需要对话，用音乐和酒来取代思想的交流和灵魂的对峙，所以，酒吧热闹的表象下仍然是孤独和寂寞者的世界。

　　在中国，酒吧娱乐有一种被"精英化"和"美学化"的现象。在中国的酒吧里你想喝什么都可以。现在酒吧里最受欢迎的当然莫过于啤酒，百威、喜力、嘉士伯、生力、太阳啤等最为畅销。嘉士伯、生力是男士的最爱，而酒味较淡的太阳啤加上一两片鲜柠檬则是女士的首选。红酒也渐渐流行起来，三五好友来一瓶干红，可以把酒畅谈到天明。另外，如果酒量好，又喜欢玩玩新花样的话，就一定会爱上 cocktail——鸡尾酒。其不但酒味浓郁，卖相还十分吸引人。特别是一些点燃后再喝的 cocktail，杯中的酒精在燃烧，掺了辣椒油的 cocktail 也在口中"燃烧"，这时喝酒也变成了一种艺术。在喜欢刺激的年轻人中，这种喝法是一种"酷"的表现。

　　如果你滴酒不沾的话，还可以选择喝茶、雪碧、可乐、果汁、鲜奶，甚至是纯净水、咖啡。不过现在街头的咖啡厅多了起来，酒吧里就很少看到有人点咖啡了，因为只有在咖啡厅那悠闲的环境里人们才能更好地细细品味咖啡的香浓。而到酒吧，还是喝酒为好。

第二节　中国别具特色的酒吧文化

　　"有音乐，有酒，还有很多的人。"——一般人对酒吧的认识似乎只止于此，而实际上，作为西方酒文化的标准模式，酒吧已越来越受到人们的重视。"酒吧文化"悄悄地，却是越来越多地出现在 20 世纪 90 年代中国大都市的一个个角落。北京的酒吧品种最多，上海的酒吧情调迷人，深圳的酒吧最不乏激情，它成为青年人的天下、亚文化的发生地。酒吧的兴起和红火与整个中国的经济、社会、文化的变化都有着密不可分的联系，酒吧的步伐始终跟随着时代。在中国的三大城市北京、上海及深圳，酒吧业的发展更是红红火火。

　　北京是全国城市中酒吧最多的地方，一般装饰讲究，服务周到，而酒吧的经营方式更是形形色色，各有特色。音乐风格、装饰风格的区别也决定了消费对象的情趣选择。北京的酒吧是国内最多种多样的：利用废弃大巴士的"汽车酒吧"；与足球相关的"足球酒吧"；能在里面看电影的"电影酒吧"；充满艺术情调的"艺术家酒吧"；还有挂满汽车牌照的"博物馆酒吧"。

　　上海的酒吧已出现基本稳定的三种格局，三类酒吧各有自己的鲜明特色，各有自己的特殊情调，由此也各有自己的基本常客。第一类酒吧是校园酒吧，集中在上海东北角，以大学为依托，江湾五角场为中心，这类酒吧最大的特色就是前卫，前卫的布置、前卫的音乐、前卫的话题。变异夸张的墙面画，别出心裁的题记，大多出于顾客随心所欲的涂写。不放流行音乐，没有轻柔的音乐，从头到尾播的都是摇滚音乐，每逢周末有表演，常有外国留学生夹杂其中，忘情敲打。第二类是音乐酒吧，这类酒吧主要讲究气氛情调和音乐效果，都配有专业级音响设备和最新潮的音乐 CD，时常还有乐队表演。柔和的灯光、柔软的墙饰，加上柔美的音乐，吸引着不少注重品位的音乐爱好者。日常经营往往都有音乐专业人士在背后指点，有的经营者就是音乐界人士和电视台、电台音乐节目的主持人。第三类是商业酒吧，这类酒吧无论大小，追求的是西方酒吧的温馨、随意和尽情的气氛，主要集中在大宾馆和商业街市。

深圳最早出现的是一间名叫"红公爵"的酒吧，它没有表演，也没有卡拉 OK，人们只是在里面喝酒、聊天和跳 DISCO。它的地方不大、装修也较随意，但却很受人欢迎；座位很拥挤，但使人更亲近；舞池很小，但 DJ 播出来的音乐却使人跳得很疯狂。酒吧成为一种急速发展的亚文化现象，开始受到深圳社会的关注，并吸引不同年龄、不同阶层的人去尝试和参与。各式各样的酒吧和 DISCO 开始在深圳流行起来，这种新的娱乐概念开始成为深圳生活的主流。深圳的酒吧最主要的特点是大型的音乐 Party（DISCO）及疯狂的电子音乐。那种强劲节拍的牵引和身处人群的参与感，令许多人几乎忘了自己。

1996 年底，在欧美及日本风行多时的 Rave Party（锐舞派对）和 Club Culture（俱乐部文化）开始正式传入深圳。1997 年 10 月在 HOUSE 举办的 Ministry of Sound Party 和在"阳光 JJ"举办的 The Future Mix Party 第一次让深圳人领略到 Rave Party 的疯狂魔力，由欧洲顶级 DJ 所带来的新兴电子音乐和舞曲令人疯狂起舞直至通宵达旦，他们的精彩现场混音和打碟表演令深圳人耳目一新。由 Rave Party 所引发的音乐、时装和娱乐潮流在酒吧和 DISCO 里成为一道风景，映照着深圳城市的生活夜空。

第九章
酒的养生与饮用

第一节　酒的营养价值

一、各类酒的营养价值

白酒由于含醇量高，人体摄入量受到一定的限制，因而其营养价值有限。但是其成分很复杂，例如茅台酒，经检验，其中含有香味素就多达70余种。这些物质中有不少是人体健康所必需的，其营养价值仅次于黄酒。适量饮白酒，有振奋精神、增进食欲、舒筋活血、祛湿御寒等作用。凡嗜爱白酒者，颇注重其风味。

黄酒有"国酒"之称，已有5000多年历史，是我国特有的、最古老的酒种。它属于低酒精度的酿造酒，几乎全部保留了发酵时产生的糖分、氨基酸、维生素和有机酸等有益成分，易被人体消化吸收，素有"液体蛋糕"的美称；还含有糖分、糊精、有机酸、氨基酸和各种维生素等，具有很高的营养价值。特别是所含多种多样的氨基酸，是其他酒所不能比拟的。如加饭黄酒含有17种氨基酸，其中有7种是人体必需而体内不能合成的氨基酸。黄酒的发热量也较高，超过啤酒和葡萄酒。而且，由于黄酒是以大米和黍米为原料，经过长时间的糖化、发酵，原料中的淀粉和蛋白质被酶分解成为低分子的糖类，易被人体消化吸收。因此，人们把黄酒列为营养饮料酒。

果酒都含有营养物质。以葡萄酒为例，葡萄酒除含有维生素 B_1、B_2、C、糖分和10多种氨基酸等营养成分外，还含有抗恶性贫血的维生素 B_{12}，一般每升含15微克左右，能直接被人体吸收。现已查明：葡萄酒中大约含有250种成分，其营养价值得到了充分肯定。喝葡萄酒有开胃、健身的作用，适量饮用，可以滋补身体、助消化、利尿和防治心血管病。

啤酒是营养性饮料，素有"液体面包"的美称，可生津解渴、消除疲劳、振奋精神、增强食欲、健胃利尿和促进血液循环。所以啤酒是医疗性饮料，能防治神经炎、脚气病、口角炎、舌炎、皮肤炎、软化血管、降低血脂、促进红细胞增长、阻止肝细胞脂肪化以及对肺、淋巴等部位结核有治疗作用等。啤酒也是抗癌性饮料，经动物试验、临床实践和科研证明，可以防治肠癌、食道癌、胃癌和血癌。一瓶啤酒含有30克糊精、糖分及多种维生素和矿物质，经人体消化后，能产生相当于5—6个鸡蛋、1斤瘦肉所产生的热量。因此，一般说啤酒是一种优良的饮料。

至于药酒中的各种补酒，由于分别含有人参、鹿茸、枸杞、当归、蛤蚧等补药，对人体的补益作用就更大了。

二、葡萄酒的价值

由于葡萄酒中存在各种有机、无机物质以及葡萄酒那独特的美妙口味，所以在适量饮用的条件下还能防止多种疾病、增强人体健康。

强身

葡萄酒和大多数食物不一样，不经过预先消化就可以被人体吸收，在合理饮用范围内，葡萄酒能直接对周围神经系统发生作用，给人以舒适、欣快的感觉。这种精神平衡状态，使我们的思维更为敏锐、判断更为精确。因此，对于那些由于焦虑而受神经官能症折磨的人，饮用少量的葡萄酒既可平息焦虑的心情，又可替代有副作用的镇定剂。

此外，我国古代医学家很早就认识到了葡萄酒有滋补、强身的作用，并有"葡萄益气调中、耐饥强志"和"暖腰肾、驻颜色、耐寒"等记述。

助消化

在胃中，60—100克葡萄酒可以使正常胃液的产量提高120毫升（包括1克游离盐酸）。葡萄酒有利于蛋白质的同化。红葡萄酒中的丹宁，可以增加肠道肌肉系统中的平滑肌纤维的收缩性。因此，葡萄酒可以调整结肠的功能，对结肠炎有一定的疗效。

甜白葡萄酒中还含有山梨酸钾，这有助于胆汁和胰腺的分泌，因此葡萄酒可以帮助消化、防治便秘。

利尿

一些白葡萄酒的酒石酸钾和硫酸钾含量较高,可以利尿、防治水肿。

杀菌

很早以前,人们就认识到葡萄酒具有杀菌作用。例如,防治感冒或流感的传统方法之一就是喝一杯热葡萄酒。葡萄酒的杀菌作用,可能主要是由于它含有多酚类物质。

防治心血管病

葡萄酒能提高血液中高密度脂蛋白的浓度,而高浓度脂蛋白可以将血液中的胆固醇运入肝内并在那里进行胆固醇—胆酸转化,防止胆固醇沉积于血管内膜,从而防治动脉硬化。葡萄酒中的原花色素对心血管病的防治起着重要作用。在动脉管壁中,原花色素能够稳定构成各种膜的胶原纤维,能抑制住氨酸脱羧酶,避免产生过多的能降低管壁透性的组胺,防止动脉硬化。

第二节　科学、正确与健康饮酒

一、适度饮酒

除了热量过高的原因之外,含酒精饮料的营养成分极低,过度饮用则有害身体健康。过度饮酒会影响人的判断力,让人失去自主性并造成许多严重的健康问题。

女性每天一杯,男性每天两杯的酒量,就会增加如高血压、中风、暴力以及某些癌症的风险。甚至每天一杯酒都会提高罹患乳腺癌的机率。

怀孕期间饮酒则容易增加生产方面的风险。饮酒过量还会造成社会治安与心理问题、肝脏硬化、胰脏发炎以及脑部与心脏的伤害。由于酒精热量高,会弥补人体的热量缺口,影响其他营养物质的吸收,因此饮酒过量还会造成营养不良。成年人喝酒都应该有所节制,并用餐点减缓酒精的吸收。

适度的定义是女性每天不超过一杯,男性每天不超过两杯。这项限制也是以两性体重与代谢的差异为基础的。

一杯的计算方式为 12 盎司的一般啤酒（150 卡）、5 盎司佐餐酒（100 卡）、1.5 盎司的 40%（40 度左右）蒸馏性酒（100 卡）。（提示：即使适度的酒量也会产生多余的热量）

适度饮酒可降低罹患心血管疾病的机率，尤其是 45 岁以上的女性以及 55 岁以上的男性。当然，还有其他因素也可降低心脏疾病的风险，包括健康的饮食、适当体能活动、禁烟并维持健康的体重值。

适度饮酒对年轻人的保健效果不大。年龄过小就开始喝酒会增加日后酗酒的机率。某些研究显示较年长的人对酒精所产生的作用会更为敏感。

如果你想饮酒，务必谨慎且适量维持在女性每天一杯、男性每天两杯的摄取量，并在用餐时饮用，藉以减缓酒精的吸收。开车时或开车前应避免饮酒，否则会为自己与他人带来危险并承担相应的后果。

而有些人是根本不该喝酒的，如儿童、无法自我节制的年轻人，特别是戒过酒的人、喝酒闹过事的人、家族中有饮酒问题的人，以及可能或已经怀孕的女性。对于女性怀孕期间任何阶段的安全酒精摄取量都尚未建立，包括最初的几周。许多生产方面的风险，包括致命的酒精症状，都是因为母亲在怀孕时的严重饮酒习惯所造成的。其他还有一些酒精造成的致命影响，在很低的饮酒量下都会发生。

任何人如果马上要驾驶、操作机器或参与需要注意力的活动，都不适宜饮酒。因为仅仅一杯酒，便会在人体血液中停留 2—3 小时。

非处方药物和其他一些药物，都会与酒精产生作用。酒精会改变许多药物的效力与毒性，某些药物还会增加血液中酒精的作用水平。如果是正在服药的病人，请向医护人员请教饮酒上该注意的事项，尤其是老年人更应如此。

到底何种程度的酒量才能称之为适度呢？在现实生活中，我们会经常看到许多人对此问题的回答都是非常简单的，但是实际上，这一问题的答案并不是简单的依靠数学公式就能计算出来的。另外，因为对饮酒的看法不同，对这一问题的回答也是众说纷纭。在欧洲从事有关饮酒问题研究的学者中，有人认为适量饮酒能够给人们带来健康的福音，也有人认为酒是社会的罪恶之源。很明显，他们在适度饮酒量的看法上存在着很大的差异。另外，在社会论理学家、宗教人士及人权主义者等不同群体当中，对饮酒所带来的社会问题也是看法不一。

在饮酒与保健问题研究得到发展的今天，饮酒者在界定自己的适度酒量时，最好首先注意以下三点：

1. 饮酒者的年龄

饮酒者需成年，而相对于 18—30 岁、30—65 岁和 65 岁以上不同年龄层的人而言，有关对适度饮酒量的界定是不一样的。饮酒者应首先考虑到自己的年龄，年轻人在酒量的调节上伸缩性较强，可以不拘于以前有关饮酒的旧习；但对于老年人而言，一定要根据自己的实际情况对酒量进行调节。

2. 饮酒者应从医学角度把自己的酒量控制在能够发挥其保健功效的范围内

对于 30—65 岁的健康男子而言，为了自己的健康着想，就应该把饮酒量控制在每日 30—50 克，这是最为适宜的。在德国和意大利等国的研究中，饮酒作为保健良药发挥其功效的酒量，即减少总死亡率的酒量上限虽然被界定为 80 克，但在世界其他各国的大部分研究中，每日适度饮酒量则被界定在 30—50 克。在有规律地饮酒的同时，把每日饮酒量控制在这一范围内是最为理想的。

如果每日饮酒量超过 30—50 克时，饮酒者也应该至少把酒量控制在不会对自己身体造成伤害的范围内。在法国和意大利，每日饮酒量在 108—128 克时，饮酒者的总死亡率是与禁酒者相持平的。虽然如此，在其他国家的大多数研究中还是把这一范围的酒量界定在了 60—80 克。从医学角度来看，这一范围内的酒量是不会有害于人体健康的，特别是对肝脏也不会造成任何损伤。

读者朋友们或许认为这一酒量已经算是很多了，但是我们在这里所指的是一天里所饮用的全部酒量。不管在一天的饮酒过程中连续饮第二次还是第三次，总之一天里的饮酒总量是与饮酒次数无关的。这样看来，其一天可饮用的酒量应该不算太多。

3. 饮酒者为消除压力与疲劳，在饮酒时也应注意对酒量的把握

酒能醉人，这是因为酒在进入人体后，会引起脑部细胞膜的变化，同时还会引起轻微的酒精麻痹。在这种状态下，人们往往会感觉自己好像是从理性的压抑中解脱出来一样，稍不留神就会造成饮酒量的增多，如果持续下去的话，最终导致人们的理性防线全面崩溃而丑态百出。但是对人体的脑细胞而言，饮酒却能起到镇定剂和催眠药的作用。

生活在现代的人每天都要面临很大的压力。比如趴在电脑前不分昼夜地工作、公路上持续几小时长途驾驶、面对工作与生活的种种压力等等，都会给人们带来压力与疲劳，而要想改变所处的社会环境是很难的。所以寻求消除压力的方法则是现代人开启成功大门的一把钥匙。

人们往往会通过饮酒和运动、与朋友聊天、看电视、吃东西等方式来缓解、消除所面临的压力。不管怎样，下班后选择以饮酒方式来缓解压力的人却是越来越多。

饮酒确实能够消除压力，使人们的身心得以放松并暂时从内心的苦闷中解脱出来，可以说是解除压力与疲劳的灵丹妙药。因此对于现代人而言，每日30—50克的饮酒量会舒缓他们的紧张与疲劳，使他们的身心得以放松，从而为他们忙碌的一天画上一个圆满的句号。

压力是导致动脉硬化产生的重要原因，除此之外，它还会引起胃溃疡、十二指肠溃疡以及大脑皮质坏死等症状。当饮酒者略感醉意时，大脑皮质会处于轻微的麻痹状态，在这种状态下，人们精神上的压力不仅会得到缓解，而且还会促进睡眠，使之恢复充沛的活力。

但是现在重要的是有关饮酒量的问题。所谓"饮酒至略感醉意的状态"，是饮酒者在现实生活中相当难以把握的。很多饮酒者在酒气略微上升后，就往往不能控制酒量，最终饮酒过量，而过量的饮酒同样也会给人带来精神和身体上的压力。许多饮酒者本来希望能够通过饮酒来缓解自身的压力，结果却往往事与愿违，不仅没有带来好的结果，反而给自己增加了更多的痛苦。这正像一句谚语所说的"打虎不成，反被虎咬"。所以，在饮酒时，一定要合理把握自己的饮酒状况，避免过量饮酒。

二、合理且适量地饮用葡萄酒

尽管葡萄酒对健康有着重要的作用，但这并不是鼓励人们不分场合、不加限制地喝葡萄酒，在一些特殊场合，饮酒是不合理，甚至是不合法的。比如：酒驾是违法行为，孕妇也没有必要冒险喝酒。而在更多的场合，则是适量饮用和正确饮用的问题。

葡萄酒的饮用量首先是与人们的经济收入和生活习惯有关。一些人显然比另一些人能更经常、更科学地饮用葡萄酒而得到葡萄酒带来的保健作用；而有一些人则由于不善饮，很少甚至不能享受到饮用葡萄酒所带来的健康和乐趣。对善饮者，男人最好每天饮用 1—4 杯葡萄酒，女人最好每天饮 1—2 杯葡萄酒。

三、饮酒与菜肴

（一）空服饮酒易引起醉酒

饮酒前摄取一定量的肉类食品可以使饮酒者不会较早感觉到醉意，而空腹饮酒是很容易引起醉酒，这是因为进入体内的酒精会马上被胃肠吸收，从而导致血液中酒精浓度在短时间内迅速升高。但是在饮酒之前或饮酒的过程中，如果能够先享用下酒菜或进餐的话，所摄取的酒精和食物就会在胃内混合，使胃肠对酒精的吸收速度减慢，血液中的酒精浓度就不会在短时间内迅速升高，饮酒者因此也不会过早感觉到醉意。在所有的下酒菜中，能够使上述效果体现最为明显的就是略微含有脂肪的肉类食品，因为它在胃肠内被消化、吸收的速度是极慢的。另外，在这方面牛奶也毫不逊色于肉类食品。饮酒之前倘若能喝上几杯牛奶的话，饮酒者在饮酒过程中同样也不会过早地感觉到醉意，这是因为牛奶中也含有丰富的蛋白质和脂肪。除此之外我们还要记住，在空腹饮用烈性酒譬如威士忌时，饮酒者往往不会马上感到醉意，这是因为烈性酒在被胃肠吸收之前往往会在胃内停留一段时间。

（二）下酒菜有益于防止胃壁的损伤

酒精对胃粘膜的侵蚀作用是由人体所摄取的酒精在经食道进入胃后的浓度所决定的。虽然其损伤程度会因人而异，但饮酒量越大，酒精对胃粘膜的损伤程度也就越严重。如果在饮酒的同时能够享用下酒菜或进餐的话，进人体内的酒精和食物会在胃内混合，从而减轻酒精对胃粘膜的直接性损伤，起到保护胃功能的作用。所以从保护胃的角度而言，饮酒者在饮酒时最好伴有下酒菜。

（三）饮酒而不进食容易造成人体的营养失调

对于饮酒者而言，会经常发生营养失调的现象。进餐时人体所摄取的每克碳水化合物或蛋白质中含有 4000 卡的热量，而 1 克酒精中就含有 7000 卡的热量，所以每天只喝酒，也能够为人体提供充足的热量。那些每天大量饮酒的人，仅仅依靠所摄取的酒精就能够摄取 40%—60% 的人体所必需的热量。因此他们在酒桌上不怎么吃菜，也不爱吃饭。虽然这些人表面上看起来很正常，但实际上已经造成了人体内的营养失调。

一般说来，造成饮酒者营养失调的原因莫过于：首先是饮酒所带给人体的过多热量，其次是饮食生活的变化，再就是胃肠的吸收功能障碍。在大多数情况下，大量饮酒的人都不喜欢在酒桌上进食，所以才导致了营养失调现象的产生。患有营养失调的饮酒者，他们体内主要是缺少维生素和无机质（矿物质）营养素。

缺乏维生素 B1（赛阿命）

在患有营养失调的饮酒者当中，最常见的症状是缺乏维生素 B1，特别是过量饮酒的人当中，这种现象尤为严重。

为什么会出现缺乏维生素 B1 的症状呢？这是因为饮酒能够给饮酒者带来饮食上的变化，使饮酒者产生厌食情绪而导致所摄取的食物（包括含有维生素 B1 的食品）减少。不仅如此，即使饮酒者摄取了少量的维生素 B1，由于酒精的作用，也不会顺利地被胃肠所吸收。在肝脏因饮酒而受损的情况下，饮酒者的维生素缺乏症会更为严重。饮酒后经常产生腹泻的饮酒者，其维生素缺乏症也会进一步加重。另外，维生素 B1 在酒精被分解的过程中也会被大量消耗掉。

过量饮酒的人在维生素缺乏的情况下，会很容易导致心脏损伤或脑神经功能障碍等症状，所以常饮酒的人应多补充维生素 B1。

缺乏核黄素（维生素 B2）与叶酸（维生素 B 的一种）

过量饮酒者因饮食生活的变化而导致在摄取含有此类维生素的食物方面不仅量减少了，而且还会由于酒精的分解作用而不被胃肠所吸收，所以加重了营养失调。建议上述患者朋友应该多服用一些含有此类维生素的营养药物。

缺乏无机质中的镁与铅

一般来说，在过量饮酒的情况下，饮酒者体内的像镁、铅等重要的无机质都会随人的小便而被大量排出体外，从而导致无机质的缺乏。在人体的所有无机质中，受饮酒影响最大的就是镁。在饮酒者当中，如果有人感觉手发抖或心情不安的话，在考虑原因时，应首先考虑是不是因缺少无机质中的镁。在前面我们已经讲到了，饮酒者容易缺少维生素 B1。如果人体要想对维生素 B1 进行补充的话，在新陈代谢的过程中，无机质中的镁会被大量消耗而导致人体内镁元素缺乏，所以在平时的饮食中不要忘记镁的补充。

铅是酒精在分解过程中所不可缺少的元素。饮酒不仅导致铅随人的小便被大量排出体外，而且在对酒精的分解过程中，特别是把酒精分解为乙醛时需要大量的铅，所以给人体进行铅的补充也是非常重要的。

缺乏维生素 C、维生素 E 以及蛋白质和适量的脂肪

饮酒者应该均衡饮食而不应出现偏食的现象。特别是在饮酒的同时最好能够多吃一些含有高蛋白和脂肪的食物，因为饮酒者中经常出现蛋白质缺乏的现象。另外，饮酒者还应该多补充一些人体所必需的维生素 C 和维生素 E，因为在饮酒者当中也经常会有维生素 C 和维生素 E 不足的现象。特别是在摄取维生素 C 的同时饮酒的话，酒精会给胃肠对维生素 C 的吸收带来麻烦，所以应尽量避免在饮酒前后摄取维生素 C。还有制作鸡尾酒时，如果把含有维生素 C 的桔汁等和酒精浓度高的酒混合在一起时，桔汁中的维生素 C 会遭到破坏。这一点也应该注意。

四、健康饮酒有讲究

(一) 老人饮酒应注意什么

以饮低浓度、高营养的酒类为适宜。

少喝粗制滥造的劣性酒。

掌握饮酒量，量力而行，以不超过 50 毫升为宜。

别喝闷酒。

(二) 新婚夫妇应忌酒

经科学研究发现，新郎、新娘若醉酒入房，在酒精的影响下将贻害下一代的健康。男性在同房前饮酒，可使精子异常，影响胎儿的正常形成和生长；女性在受孕前饮酒，会损伤受精卵，使染色体异常，引起自然流产、胎儿发育不良，以及婴孩智力障碍、反应迟钝、性格异常等等，被医学上称"胎儿酒精综合症"。

(三) 饮酒十八忌讳

忌饮酒过量；

忌"一饮而尽"；

忌空腹饮酒；

忌喝冷酒；

忌饮掺混酒；

忌酒和汽水同饮；

忌酒后受凉；

忌酒后看电视；

忌酒后喷农药；

忌睡前饮酒；

忌酒后洗澡；

忌带病饮酒；

忌孕期饮酒；

忌美酒加咖啡；

忌啤酒冷冻喝；

忌上午饮酒；

忌饮雄黄酒；

忌酒后马上用药。

（四）低度酒不宜久存

久存的低度酒中微生物繁殖，会导致变质。

（五）肝脏病人不宜饮酒

人体代谢酒精的主要器官是肝脏，所以一旦患肝脏病，应该停止饮酒。

第三节　酒的妙用

一、酒与烹饪

1. 在烹制较肥腻的肉、鱼时，如先将它们放在加少许酒的水中煨制一会儿，然后再调味烹制，可使其口感肥而不腻。

2. 做葱花饼或甜饼时，在面粉中掺一些啤酒，饼做成后又香又脆，还有点肉香味。

3. 夏天做凉面条，若面条结成团，可以喷一些米酒在面条上，面条容易挑散。

4. 在和面时，在面粉中加些啤酒，蒸出来的馒头松软香甜可口。

5. 夏季做各种凉拌菜时，加适量啤酒调拌，可提味增香。

6. 咸鱼如果过咸，可将鱼洗净后放在米酒中，浸泡 2—3 小时，可减弱咸味。

7. 在烹饪鱼虾肉时，用白酒或黄酒做调味品，使菜肴香气浓郁，可去掉鱼虾的腥臭味，使鱼虾肉禽的口味更鲜美。

8. 炒鸡蛋时加一点米酒，可以使鸡蛋鲜嫩松软，且富有光泽。

9. 如果在做菜时放多了醋，只要在菜中加一些米酒，就可以减轻酸味。

10. 饭烧焦时，锅巴很难从锅底上揭下来。如果在锅巴上洒上米酒，再焖一会儿，就很容易揭起。

11. 烤制小薄面饼时，在面粉中加一些啤酒，烤制出来的薄饼又香又脆。

12. 陈米煮饭时，放米 3 杯、水 2.5 杯、啤酒 0.5 杯，煮出来的米饭既松软有光泽又爽口，同新米一样。

13. 切下的火腿一时不吃时，在切口处涂上一些葡萄酒，然后包好放在冰箱里，可以保鲜不腐。

14. 把苹果放在葡萄酒中，再加上些砂糖煮一下，可制作出风味极佳的"酒醉苹果"。

15. 在烹调时，加一点儿葡萄酒，可以除去鱼肉的腥味。

16. 用油煎鱼时，在锅内喷上小半杯红葡萄酒，可以防止鱼肉粘锅。

17. 炒洋葱时，加少许葡萄酒，则不易炒焦。

18. 用电冰箱制冰块时，可先在水中掺些红葡萄酒，把这样的冰块放入冷面内食用，味道更好。

19. 人们吃冷面时，往往要在加点卤汁后，倒上一小匙甜酒，此面的味道就格外鲜美可口；若不用普通甜酒，而用白葡萄酒，那味道将更加独特。

20. 炒菜时加点葡萄酒，菜不会变馊。在鸡、鸭肉上浇葡萄酒，置于密闭的容器中再进行冷冻会防止变色且味道鲜美。

21. 炒鸡蛋时加点白酒，炒出的鸡蛋会更松软、芳香。

22. 洗鱼时弄破了苦胆，若立即用白酒洗刷，就不会有苦腥味了。

23. 在冰冻过的鱼身上遍洒米酒，鱼很快会解冻，且不会有异味。

二、酒与医疗保健

用酒煮一些食品，可有药膳作用

1. 酒煮鸡肉：鸡肉 60 克、生姜 6 克、米酒 1 碗。煮热喝汤食肉，有温行气血、驱风散寒、增加营养的作用。

2. 酒炖鱼头：大鱼头工个、生姜 6 克、米酒工碗。煮热喝汤，能祛头风、治头目眩晕。

3. 酒煮鸡蛋：鸡蛋 2 只，生姜 6 克捣成茸与鸡蛋混合，用少量食油置铁锅上煎至微焦，倒入米酒 1 碗煮沸服用，能健脾醒胃、治疗虚寒性食欲不振。

4. 黄酒红糖饮：黄酒 500 克煮沸后加红糖 200 克，继续煮 2—3 分钟，待凉，顿服或分 2 次服用，可治疗产后单纯性腹泻。

酒与疾病

1. 适量饮用葡萄酒可降低心脏病猝发的危险性，也能调养心血管系统疾病。每次服酒量不宜过多，每次服用 25—50 克即可，每天服 1—2 次。

2. 白葡萄酒味甜略带酸味，饮后刺激胃液、胆汁分泌，善解油腥，对鱼肉等油腻饮食尤佳。

3. 葡萄酒除含有糖分、氨基酸外，还含有丰富的维生素 B_{12}、B_1、B_2 及维生素 C，故对贫血有一定疗效。

4. 葡萄酒还能治疗流行性感冒。服用方法，每次取红葡萄酒 30—90 克，稍加温服之，每天 2—3 次。

5. 夏季感冒，可用红葡萄酒 1 小杯加热，打入 1 个鸡蛋，搅拌一下停止加热，温后饮可防感冒。

6. 患有慢性胃炎的人，可用甘蔗汁和葡萄酒各 1 盅，混合后服用，每日早晚各一次，效果好。

三、酒与美容

葡萄酒在健康市场和美容市场中也日益成为被重视的角色。红葡萄酒的美容功能源于酒中含有大量超强抗氧化剂，其中的 SOD 能中和身体所产生的自由基，保护细胞和器官免受氧化，令肌肤恢复美白光泽。红葡萄酒提炼的 SOD 活性特别高，其抗氧化功能比由葡萄直接提炼要高得多。

（一）葡萄酒与抗衰老

氧是人类生存所不能缺少的东西，但有时也会成为人类健康的大敌。人体每天都要经受来自外来和自身的有害物质的毁灭性攻击，这些有害物质中的大多数是自由基，而对人体最具破坏性的自由基则是活性氧基团。活性氧基团通常因贫血、大气污染、药物、过饱、吸烟、放射线、过分激烈的运动等原因生成。目前人们的各种疾病约 89% 起因于活性氧基团。心脏病、脑溢血以及帕金森症、痛风、风湿病、白内障和其他视觉障碍、风湿性关节炎等老年人退化疾病，都是由于氧化损害的长期积累而导致的。

所幸的是，经过长期进化，人类体内具备了处理这些氧化损害的机制，但是，不借助于我们所吃的食物，我们就不能有效地防御损害。而老年人的器官功能老化，疾病的增加，表明了尽早连续、适度地从膳食中摄取抗氧化物的重要性。

自 Harman 于 1956 年和 Tappel 于 1968 年提出抗氧化物可使人长寿以来，他们的推断已被不断证实，尤其是在 1989 年至 1993 年期间；发现抗氧化物在试管内、体外和体内具有保护许多系统免受自身和外来自由基攻击的功能。

研究人员发现，葡萄酒，尤其是干红葡萄酒中的花色素苷和丹宁等多酚类化合物具有活性氧消除功能。Maxwell 等人于 1994 年测试了红葡萄酒在人体血液中的抗氧化能力，发现喝下红葡萄酒后抗氧化活性就开始上升，90 分钟后达到最大，抗氧化活性平均上升 15%。日本的酒类技术中心与日研食品株式会社老化控制研究所于 1995 年、1996 年对 43 种进口和日本产的葡萄酒的活性氧消除功能进行了联合研究，取得了肯定的结果。

葡萄酒中许多成分能在人体内起到抗氧化物的作用。抗氧化物可以利用多种方式对活性氧基团产生作用。最简单的方式是清除活性物质。葡萄酒中的水杨酸、苯甲酸和它们的代谢物属于活性氧清除剂这一类抗氧化物。消除活性氧的另一种重要方式是由抗氧化剂向其提供一个氢离子，使其产生还原反应而将其除去。葡萄酒中的没食子酸、儿茶酚、槲皮酮、花青素等，都能与活性氧基团起还原作用而将其除去。

（二）葡萄酒浴有益健康与美容

人们都知道，适当喝红葡萄酒对人的身体是有益的，可是红葡萄酒仅仅是供人们饮用的吗？当然不是，法国人又发现了葡萄酒的一种新的用途，那就是洗葡萄酒浴。在大木桶或是浴缸里倒入葡萄酒，然后把身体整个浸泡在里面，就像洗澡一样，浸泡一会儿后，用双手轻轻按摩全身，直到搓得身体微微发热。这时，浑身都会有一种轻松舒服的感觉。据专家说：洗葡萄酒浴可以营养皮肤、强身健体。

最先想出葡萄酒浴的人是马蒂尔德·托马斯女士，她听法国波尔大学的科学家说，葡萄籽富含一种营养物质"多酚"，长期以来，人们一直相信维生素 E 和维生素 C 是抗衰老最有效的两种物质，可是葡萄籽中含有的多酚这种特殊的物质，其抗衰老的能力是维生素 E 的 50 倍，是维生素 C 的 25 倍。马蒂尔德和她的丈夫波特兰德开设了一个加工厂，产品包括皮肤清洁剂、沐浴液、护肤霜、生理调节剂（口服）和抗皱美容霜等。目前，马蒂尔德除了生产美容护肤品外还提供系列特色浴，主要包括下列几种：红葡萄酒浴、葡萄蜂蜜浴、墨尔乐浴、桶浴。以上这些都是"湿疗"，还有"干疗"，就是用葡萄籽榨的油、波尔多产的蜂蜜和天然植物精华搅和在一起，涂在身上和脸上，由皮肤美容专家进行两个多小时的按摩，有病治病、无病美容健身。这种"三合一"的产品能够疏通脉络、扩张血管及滋润皮肤，预防和消除雀斑和黄褐斑等，而且还能增强皮肤的抗病能力。据专家说：常用这种产品可以护肤美容、延缓衰老，使皮肤洁白、细腻、富有弹性。可以说，葡萄浑身都是宝，过去人们只是吃葡萄的果肉，把葡萄皮和籽都吐掉，酿酒也是这样，产生大量的葡萄皮和葡萄籽弃之不用，这实在是一种浪费，因为从某种意义上说，这些看起来没有用的东西价值反而更高，对人体的美容和保健都大有好处。

四、酒的其他妙用

1. 夏季外出旅游时，预先在水壶中加一小匙葡萄酒，能避免水变味。

2. 天热洗澡时，水中加些葡萄酒，能加速血液循环、消除疲倦、清爽皮肤。

3. 有神经衰弱及失眠者，睡前适量饮用葡萄酒，能早入梦乡。

4. 酱油中加点白酒，可以防霉。

5. 食醋中加一点白酒和食盐，搅拌后密封。这样存放的食醋不仅能保持其原有的味道，还可增加香味，日久也不会变质。

6. 鲜姜浸于白酒中，能久存不坏。

7. 在准备贮藏的大米内，用一酒瓶装 50—100 毫升的白酒，瓶身埋入米中，瓶口略高出米面，将容器密封，可防止大米生虫。

8. 油炸花生米保脆：炸好的花生米盛盘后趁热洒上少许白酒，搅拌均匀，再撒上少许食盐，这样即使放上几天也酥脆如初。

酒的其他妙用还有很多，这里就不再一一列举，总之它在我们生活中有许多神奇的作用，至于其他妙用，还有待人们发掘。

参考文献

1. 黄苗子：《茶酒闲聊》，生活·读书·新知三联书店 2006 年版。

2. 张建雄：《红酒心语》，上海书店出版社 2005 年版。

3. 中国红酒网：《酒逢知己——红酒生活》，农村读物出版社 2005 年版。

4. 颜金满：《果酱果醋果酒》，汕头大学出版社 2006 年版。

5. 周泽雄：《青梅煮酒》，岳麓出版社 1999 年版。

6. 罗启荣、何文丹主编：《中国酒文化大观》，广西民族出版社 2002 年版。

7. 金海豚第四医学工作室主编：《酒能治百病》，内蒙古人民出版社 2005 年版。

8. 朱年、朱迅芳编著：《酒与文化》，上海书店出版社 2001 年版。

9. 中和文化发展有限公司组编：《养生泡酒》，中国物资出版社 2005 年版。

10. 朱羽：《煮酒论英雄》，福建美术出版社 2001 年版。

11. 杨耀文选编：《那晚在酒中：文化名家谈酒录》，京华出版社 2005 年版。

12. 葛景春：《诗酒风流华章（唐诗与酒）》，河北人民出版社 2002 年版。

13. 许金根编著：《酒品与饮料》，浙江大学出版社 2005 年版。

14. 彭国梁主编：《百人小品：酒之趣》，珠海出版社 2004 年版。

15. 柳萌主编：《闻香识酒》，中国文联出版公司 2004 年版。

16. 杨国军主编：《绍兴酒鉴赏》，浙江摄影出版社 2006 年版。

17. 赵宝丰等编著：《蒸馏酒和发酵原酒制品 456 例》，科学技术文献出版社 2003 年版。

18. 邑心文编著：《酒的故事》，岳麓书社 2005 年版。

19. 张向持：《酒煮中国》，民族出版社 2005 年版。

20. 倪洪林编：《古代酒具鉴赏及收藏》，北方文艺出版社 2005

年版。

21. 胡膑、陈晓光主编：《变色龙：中国设计的力量（酒包装卷）》，湖南美术出版社 2005 年版。

22. 刘红杰主编：《茶酒的美容保健药用》，广西科学技术出版社 2004 年版。

23. 杜金鹏等编著：《中国古代酒具》，上海文艺出版社 1998 年版。

24. 章克昌主编：《酒精与蒸馏酒工艺学》，中国轻工业出版社 1995 年版。

25. 韩胜宝编著：《华夏酒文化寻根》，上海科学技术出版社 2003 年版。

26. 陈南军等编：《健康美食：红酒》，中国轻工业出版社 1999 年版。

27. 清月编：《酒韵》，地震出版社 2001 年版。

28. 田鸿牛、王子安编：《酒迷》，学苑出版社 2000 年版。

29. 张红宇编著：《家庭秘制药酒药茶》，海洋出版社 2004 年版。

30. 王昆吾：《唐代酒令艺术》，知识出版社 1995 年版。

31. 卜琳华编著：《啤酒》，黑龙江科学技术出版社 2003 年版。

32. 山泉主编：《酒戒今宵酒醒何处》，蓝天出版社 1999 年版。

33. 清月编著：《酒文化》，地震出版社 2004 年版。

34. 马汴梁编著：《饮酒与解酒的学问》，人民军医出版社 2006 年版。

35. 康明官编著：《酒文化问答》，化学工业出版社 2003 年版。

36. ［韩］李钟沬：《酒是药》，民族出版社 2005 年版。

37. 麻国钧、麻淑云编著：《中国酒令大观》，北京出版社 1996 年版。

图书在版编目（CIP）数据

中国酒文化/李争平编著. —北京：时事出版社，2022.11
ISBN 978-7-5195-0513-4

Ⅰ.①中…　Ⅱ.①李…　Ⅲ.①酒文化—中国　　Ⅳ.①TS971.22

中国版本图书馆 CIP 数据核字（2022）第 162925 号

出 版 发 行：时事出版社
地　　　址：北京市海淀区彰化路 138 号西荣阁 B 座 G2 层
邮　　　编：100097
发 行 热 线：(010) 88869831　88869832
传　　　真：(010) 88869875
电 子 邮 箱：shishichubanshe@ sina. com
网　　　址：www. shishishe. com
印　　　刷：北京良义印刷科技有限公司

开本：787×1092　1/16　印张：18.75　字数：340 千字
2022 年 11 月第 1 版　2022 年 11 月第 1 次印刷
定价：65.00 元
（如有印装质量问题，请与本社发行部联系调换）